电气工程、自动化专业系列教材

控制系统辨识算法与仿真

殷春武　陈俊英　编著

電子工業出版社
Publishing House of Electronics Industry
北京 · BEIJING

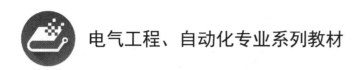

内容简介

本书从实际工程应用角度出发，从经典辨识、现代辨识和智能辨识三个方面介绍了以实验数据驱动建立系统数学模型的算法原理及其程序。全书共 9 章，包括绪论、辨识相关基础知识、线性系统经典辨识方法、基于最小二乘法的参数辨识、模型结构辨识、基于遗传算法的参数辨识及其应用、基于差分进化算法的参数辨识及其应用、基于麻雀搜索算法的参数辨识及其应用、基于极限学习机的系统在线辨识。本书大部分章节包含辨识算法的 MATLAB 程序，以帮助读者在系统参数辨识中应用算法，巩固所学内容，提升其解决实际问题的能力。

本书以“理论+案例+代码+仿真分析”的形式布局，注重算法理论与程序实现相结合，由浅入深，脉络清晰，可作为自动化、人工智能、应用数学、统计学和相近专业本科生或研究生的教材，也可作为专业技术人员的参考书。

图书在版编目（CIP）数据

控制系统辨识算法与仿真 / 殷春武，陈俊英编著.
北京 ： 电子工业出版社，2024. 10. -- ISBN 978-7-121-49070-5

Ⅰ. TP317

中国国家版本馆 CIP 数据核字第 2024Y2D760 号

责任编辑：牛晓丽
印　　刷：三河市君旺印务有限公司
装　　订：三河市君旺印务有限公司
出版发行：电子工业出版社
　　　　　北京市海淀区万寿路 173 信箱　　　邮编　100036
开　　本：787×1092　1/16　印张：15.25　字数：391 千字
版　　次：2024 年 10 月第 1 版
印　　次：2024 年 10 月第 1 次印刷
定　　价：69.80 元

凡所购买电子工业出版社图书有缺损问题，请向购买书店调换。若书店售缺，请与本社发行部联系，联系及邮购电话：（010）88254888，88258888。

质量投诉请发邮件至 zlts@phei.com.cn，盗版侵权举报请发邮件至 dbqq@phei.com.cn。

本书咨询联系方式：010-88254527。

前　　言

随着科技的进步和社会经济的发展，我们所面临问题的复杂程度、解决问题的艰巨程度明显加大，研究对象变得越来越复杂，对研究对象的性能约束也越来越多，以数值仿真的形式分析研究对象的综合性能成为理论应用于实际工程的首选验证方法，这就需要为研究对象建立用于数值仿真分析的模型——数学模型。运用已有知识和相关机理，分析研究对象本身的规律，建立反映输入与输出关系的数学模型的过程称为建模；在建模过程中，除分析研究对象本身的机理特性外，还需要借助实验数据来分析研究对象的运行规律，并检验所建立数学模型的精度。通过实验数据建立研究对象的数学模型的过程称为辨识，它是建模的一条十分重要的途径，也是本书的主要内容。建模与辨识是密不可分的两个范畴，两者是相互依存的。建模是更广泛的概念，包含对研究对象动态特性的分析和数学模型类型的选择；辨识主要依据研究对象的输入、输出数据，对模型的参数进行估计，因此，辨识涉及较多的参数估计算法。

建模与辨识除了在控制工程中有广泛应用，在经济系统、金融系统、生物医学工程系统、生态系统及其他社会人文系统中也得到了广泛的应用。“控制系统辨识算法与仿真”课程主要在本科高年级和研究生阶段开设。本科生在完成高等数学、线性代数和概率论等基础课程的学习后，即可学习现代辨识算法和智能优化算法；对于经典辨识算法的学习，要求本科生具有自动控制原理、线性系统理论等课程的理论基础。研究生通过学习建模与辨识的原理与方法，可进一步扩展数据分析方法和手段，增强系统建模能力，并培养科研探索能力。本书主要介绍经典辨识理论、线性系统参数辨识算法，并增加了当前比较流行的遗传算法、差分进化算法、麻雀搜索算法等智能寻优搜索算法，用于非线性系统参数的辨识；以上算法是有监督参数辨识，对于实际工程应用中需在线辨识被控系统时，只能获取系统跟踪误差信息而无法获取系统模型信息的无监督参数辨识的情况，本书给出了基于极限学习机的无监督在线辨识被控系统的方法和相关案例。第 2 章的基础知识包含概率论、随机过程和自动控制原理的基本知识，可根据实际情况选讲。第 4 章至第 9 章均包含各种辨识算法的 MATLAB 程序及其剖析。

“控制系统辨识算法与仿真”这门课程，本着“掌握算法设计原理，以程序实现加强算法理解，算法与实际运用相结合”的精神，强化目标导向，把系统建模、辨识和实际应用相结合，在注重辨识算法理论讲解的同时，注重学生程序实现能力和实际工程应用能力的培养。本书作者结合授课过程中学生的学情反馈和当前人工智能发展的方向，力求把模型辨识的基本概念、基本理论和基本方法讲清楚，并结合实例分析给出各种辨识算法的具体步骤、MATLAB 程序和应用领域，使读者易学、会用。

本书在编写过程中，参考和引用了大量有关系统辨识的论著等资料，在此对相关作者表示感谢。由于作者水平有限，书中难免存在不足之处，恳请读者批评指正。

目　　录

第 1 章　绪　　论

在现代控制论中，系统辨识、状态估计和控制理论是相互渗透的三个重要领域。系统辨识和状态估计离不开控制理论的支撑，而控制理论的应用也离不开系统辨识和状态估计的支持。随着被控系统复杂性的增加和控制精度要求的提高，控制理论的应用日益广泛，但控制理论的应用离不开对被控系统数学模型的准确把握。

在“自动控制原理”“线性系统理论”等课程中主要探讨了线性系统理论、最优控制理论和其他非线性控制理论，这些理论应用的前提是被控系统的数学模型及其参数是已知的，然而，在实际工程应用中，获取精确的数学模型往往是一项极具挑战性的任务。有些系统的数学模型可以通过理论分析的方法推导出来，但其数学模型的参数可能会因控制系统运行环境的改变而改变，因此需要根据运行环境来确定模型参数。

对于一些难以用理论分析方法推导出数学模型的控制对象，如化学生产过程，通常只知道数学模型的一般形式及其部分参数，有时甚至连数学模型的一般形式都无法确定。特别是一些复杂系统，人们对该系统的运行机理几乎毫无所知，很难用理论分析方法建立数学模型，在这种情况下，利用系统的输入、输出观测数据建立精确的数学模型更为便捷。因此，对于所研究的被控对象，常常需要借助观测到的系统输入、输出数据来确定系统的数学模型及其参数，这就是所谓的系统辨识。目前，系统辨识理论的研究和应用已经深入各个领域，在航空、航天、海洋工程、工程控制、生物学、医学、水文学、建筑学、管理学及社会经济等方面的应用也越来越广泛。

系统辨识是通过实验数据来建立系统精确数学模型的过程，因此对于已经存在的系统，必须通过实验采集系统的输入、输出数据才能进行系统辨识。如果系统在设计时还没有建立，就无法使用系统辨识方法来确定其数学模型，此时只能依靠理论分析方法来建立数学模型，即使是较为粗略的模型也是有必要的。对于基于理论分析方法建立的数学模型，通过计算机进行数值模拟计算和分析，可以得出许多有用的结论，为系统设计提供依据，因此，在讨论系统辨识时，不能忽视理论建模的重要性。

本章主要介绍系统辨识的一些基础知识，包括系统数学模型及建模方法，系统辨识的定义、内容和步骤，系统辨识中常用的误差准则。

1.1　系统数学模型及建模方法

1.1.1　系统和模型

系统是指按照某种相互依存的关系联系在一起的对象集合。将研究对象视为一个系统，从整体行为的角度对其进行研究，是现代科学技术中一种重要的方法论。这里研究的“对象”

是抽象的，关键在于研究其输入、输出关系，只要处理输入、输出的因果关系，就可以将许多不同的问题进行统一处理。对于一个系统，通常只关注其整体行为，而不一定要深入探究产生这些行为的内在机制。

模型是指将有关实际系统本质部分的信息压缩成有用的描述形式。模型可用于揭示系统的运动规律，是对系统的客观呈现或概括，是分析、预测和控制系统行为特征的有力工具。模型的主要功能在于模拟系统的行为，而非详细描述系统的实际结构。例如，一个电子系统可以模拟人的心血管系统，而一个假肢可以模仿人的肢体，但在结构上它们与实际系统可能完全不同。

建立系统的数学模型即建模（Modeling），是研究系统的重要方法。建模这一概念涵盖了广泛的领域，凡是使用数学模型表示系统某种因果关系的，都属于建模的范畴。建模过程包括对系统的数学描述、建立数学方程、进行模拟实验及验证模型的准确性等步骤。通过建模，可以更好地理解系统的行为模式、预测未来的发展趋势、优化系统的性能等。

对于实际系统而言，建模一般不可能考虑所有因素，因此，模型是根据使用目的对实际系统进行的一种近似描述。对模型精度要求越高，模型就会变得越复杂；相反，如果适当降低对模型的精度要求，只考虑主要因素而忽略次要因素，模型就会更加简单。

因此，在建立实际系统的模型时，存在精确性和复杂性的矛盾。如何找到两者的折中解决办法，是建立实际系统模型的关键所在。

1.1.2 模型的表现形式

模型通常有如下主要表现形式：

（1）直觉模型。直觉模型将系统特性以非解析形式直接存储在人脑中，依靠个体直觉来控制系统的变化。例如，司机对汽车的驾驶、指挥员对战斗的指挥，都依赖于直觉模型。

（2）物理模型。物理模型是根据相似原理把实际系统加以缩小的复制品，或是实际系统的一种物理模拟。例如，建筑模型、风洞和水洞模型，以及传热学模型、电力系统动态模型等都属于物理模型。

（3）图表模型。图表模型以图形或表格的形式来表现系统的特性，如阶跃响应、脉冲响应和频率特性等。图表模型也称为非参数模型。

（4）数学模型。数学模型以数学结构的形式反映实际系统的行为特性。常用的数学模型有代数方程、微分方程、差分方程、状态方程、传递函数、非线性微分方程及分布参数方程等。这些数学模型又称为参数模型。当模型的结构、阶次和参数确定后，数学模型也就确定了。

1.1.3 数学模型的分类

数学模型的分类方法有多种，其中常见的是根据连续与离散、定常与时变、集中参数与分布参数来进行分类。这些分类方法在“信号与系统分析”“线性系统理论”等课程中已经有所介绍，这里不再赘述。此外，数学模型还可以从线性与非线性、动态与静态、确定性与随机性、宏观与微观等不同角度进行区分。这些分类方法有助于更好地理解和应用数学模型，在科学研究和工程实践中发挥着重要作用。

1. **线性模型和非线性模型**

（1）线性模型。线性模型主要用于刻画线性系统或可近似为线性关系的系统，其显著特征是满足叠加原理并且具有均匀性，具体运算方式如下：

$$(\alpha_1+\alpha_2)x=\alpha_1 x+\alpha_2 x$$

$$\alpha_1(\alpha_2 x)=\alpha_2(\alpha_1 x)$$

$$\alpha(x_1+x_2)=\alpha x_1+\alpha x_2$$

式中，x 为系统状态变量；α_1，α_2 分别为作用于系统状态变量 x 的算子。

（2）非线性模型。非线性模型用来描述输入、输出变量之间不满足线性关系的非线性系统，此类系统一般不满足叠加原理。

在讨论模型的线性和非线性问题时，要注意：系统线性是指模型的输出关于输入变量是线性的，而不是模型的输出关于参数是线性的。如果模型的输出关于参数是线性的，则称为参数空间线性。如果模型经过适当的数学变换，从非线性模型转换成线性模型，那么原模型就被称为本质线性模型；否则，原模型被称为非本质线性模型。

2. **动态模型和静态模型**

（1）动态模型。动态模型是描述系统在过渡过程中各状态变量之间关系的模型，通常是关于时间的函数。这种模型能够捕捉系统随时间的变化情况，适用于描述系统的演化过程。

（2）静态模型。静态模型是描述系统在稳态条件下（各状态变量的各阶导数均为 0）各状态变量之间关系的模型。它用来描述系统在某一特定状态下的属性，不是关于时间的函数。这种模型适用于研究系统在某一特定状态下的性质。

3. **确定性模型和随机性模型**

（1）确定性模型。当系统由确定性模型描述时，系统的状态确定后，其输出响应是唯一确定的，不存在不确定性。这种模型能够准确地预测系统的行为，为决策者提供可靠的信息。

（2）随机性模型。与确定性模型不同，当系统由随机性模型描述时，即使状态确定了，系统的输出响应仍然具有不确定性。这种模型适用于描述存在随机干扰或不确定性的系统。

4. **宏观模型与微观模型**

（1）宏观模型。宏观模型是用来研究事物的宏观线性关系的模型，一般用联立方程或积分方程来描述。这种模型从整体上把握系统的运行规律，有助于人们对系统整体的深入理解。

（2）微观模型。微观模型是用来研究事物内部微小单元的运动规律的模型，一般用微分方程或差分方程来描述。这种模型深入系统的微观层面，揭示了系统内部各个组成部分之间的相互作用和运动规律。

1.1.4 建模的主要目的和原则

1. 建模的主要目的

（1）深化对系统的研究：把对素材的感性认识提高到理性阶段，通过建模，更全面、更深刻地研究事物的发展变化规律。

（2）分析、设计、仿真：在设计复杂系统时，常需要借助模型计算相关数值，或基于模型进行系统模拟或数值仿真，并对仿真结果进行分析、研究。在比较系统设计方案、选择系统参数、对系统进行最优化设计、综合最优控制时，都必须以建立的模型为基础。

（3）预测（预报）：利用模型预测工程系统的工作状况和性能，如电力负荷预报、系统故障预测等。

2. 建模时需要遵循的原则

（1）建模的目的要明确：在建模前，必须清晰地了解建模的目的和需求，以便选择合适的建模方法和模型结构。根据不同的建模目的，可能需要采用不同的建模方法和技术，最终获得的模型表达式也会有所不同。

（2）模型中各个变量的物理概念要明确：在建模时，需要清晰地定义模型中各个变量的物理概念。这有助于确保模型的准确性和可解释性，也有助于提高模型的可信度和可靠性。

（3）系统要具有可辨识性：在建模时，需要确保系统的可辨识性，即模型的结构应该是合理的，输入信号应该保持持续激励，并且数据应该是充分的。这样可以确保模型能够准确地反映系统的实际情况，并且具有足够的精度和可靠性。

（4）节省原则：在建模时，需要遵循节省原则，即被辨识模型参数的个数要尽量少。这有助于减少模型的复杂性和计算量，也有助于提高模型的可靠性和可解释性。

通过遵循这些原则，可以建立更加准确、可靠、高效的模型。

1.1.5 建立数学模型的方法

建立数学模型的方法可分为机理建模、数据建模、混合建模。

1. 机理建模（理论建模、白箱建模）

机理建模是指根据所研究系统的运动规律或物理机理，利用物质和能量的守恒性及连续性原理，运用一些已知的物理定律（如牛顿定律、流体力学定律、热力学定律等），结合物理量之间的关系，利用数学方法推导出数学模型。这种建模方法要求建模者对系统的机理有较清楚的了解，且掌握相关学科的专业知识。机理建模只能用于较为简单系统的建模，对于比较复杂的实际系统，这种建模方法有很大的局限性。

2. 数据建模（测试法、实验建模、黑箱建模）

系统的动态特性必然反映在其输入、输出数据中，且系统的输入、输出信号通常是可测量的。对于一个实际存在的系统，通过观察、测量并记录其输入、输出实验数据，利用这些数据提供的信息来建立该系统的数学模型，就是数据建模。

数据建模的优点在于它不需要利用先验信息，对相关学科的专业知识水平要求较低，建模时间相对较短，并能提供由其他方法难以提供的环境或噪声的动态特性。然而，这种建模方法也存在一些不足之处：为了获取所需的最大信息量，必须设计合理的实验，但在实际工程应用中，设计合理的实验往往存在较大的困难。

3. **混合建模**

在实际复杂工程问题的建模过程中，通常可以透过现象挖掘系统的运行原理，并依据建模者的专业领域知识，精准确定数学模型的结构，或者给出某些参数的取值范围，再结合实验测量的输入与输出数据，实现数学模型非参数或参数的辨识，这就是混合建模。这种建模方法综合了机理建模和数据建模的优点，往往能够显著提高建模的速度和精度。

总之，对于不同的系统和应用场景，需要选择合适的建模方法。对于简单的系统，机理建模是一种常用的方法；对于复杂的实际系统，数据建模和混合建模更为常用。在实际应用中，需要根据具体的问题和数据特点来选择合适的建模方法。

1.2 系统辨识的定义、内容和步骤

1.2.1 系统辨识的定义和要素

系统辨识最初由美国自动控制专家扎德（Zadeh）于 1956 年提出，其定义如下：在输入、输出数据的基础上，从一组给定的模型类中，确定一个与所测系统等价的模型。然而，这个定义对模型的要求较高，要求建立一个与系统动态过程完全等价的模型，这在实践中可能面临一定的困难。随后，荷兰控制科学家艾克霍夫（Eykhoff）在 1974 年提出一个更为实用的定义，即系统辨识可以归纳为用模型来表示客观系统本质特征的演算，并用该模型将对于客观系统的理解表示成有用的形式。1978 年，Ljung 对已有的系统辨识定义进行了综合，给出了突出系统辨识三要素的定义：系统辨识就是在模型类中，按照某个准则，选择一个与被辨识系统的观测数据拟合得最好的模型。

系统辨识的三要素如下：

（1）数据：这是系统辨识的基础，由观测系统获得，不具有唯一性，会受到观测时间、观测目的和观测手段的影响。

（2）等价准则：这是系统辨识的目标，规定了所建模型与系统动态过程等价的评判标准。

（3）模型类：这是模型的寻找范围，规定了模型的形式。模型类不是唯一的，辨识目的、辨识方法不同，模型类也不同。

这三个要素是评判数据拟合方法优劣的必要条件。只有在相同的三要素下，才可以评判数据拟合方法的优劣；在不同的三要素下，辨识的系统模型可能存在一定的差异。等价准则和模型类应根据辨识目的来设置。辨识目的与三要素之间的关系如图 1-1 所示。

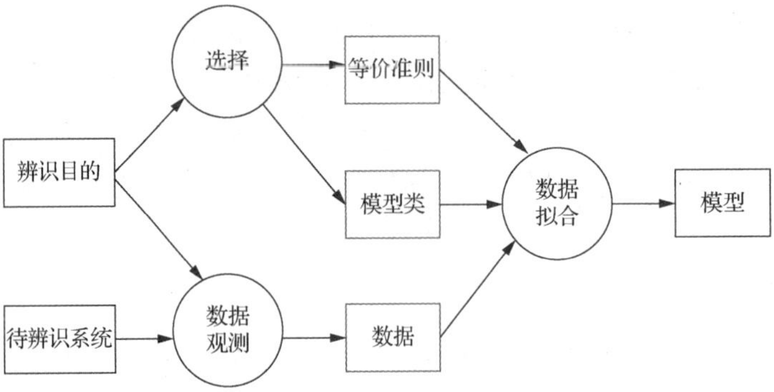

图 1-1　辨识目的与三要素之间的关系

1.2.2　系统辨识的内容和步骤

根据系统辨识的定义，可以明确辨识目的是利用观测到的系统输入、输出数据（可能包含噪声），通过选择适当的误差准则，从一组模型中确定一个与所研究系统拟合程度最佳的模型。因此，可以将系统辨识的过程归纳为如图 1-2 所示的几个关键步骤。

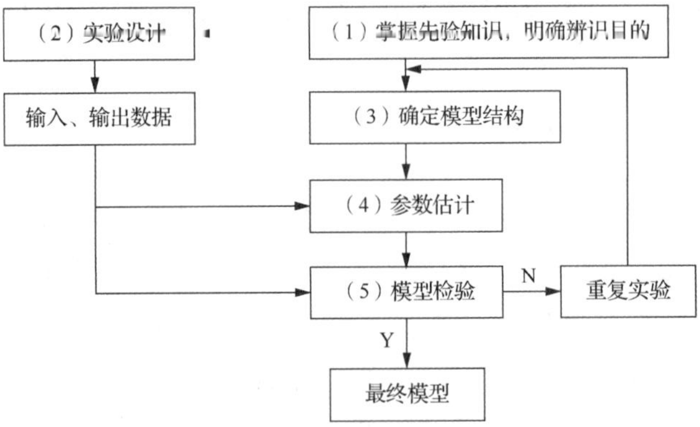

图 1-2　系统辨识的步骤

第一步，掌握先验知识，明确辨识目的。确保问题定义清晰、准确。第二步，实验设计。通过精心设计实验，选择适当的输入信号以获取关键信息，并考虑可能存在的噪声干扰。第三步，确定模型结构。在实验数据的基础上，利用对系统动态特性的推断，确定系统的数学模型结构。第四步，参数估计。利用实验数据进行参数估计，优化模型参数，使其能够准确描述系统行为。第五步，模型检验。通过独立的数据集验证模型的性能，确保其对未知数据的泛化能力。整个过程可能需要多次迭代，调整模型结构或参数以不断提高辨识的准确性和可靠性。下面分别介绍系统辨识过程中涉及的重要步骤。

1. 掌握先验知识，明确辨识目的

在进行系统辨识之前，应该尽可能多地了解有关于系统的先验知识，包括系统的非线性程度、时变或非时变特性、比例或积分特性、时间常数、过渡过程时间及工作环境条件等。这些先验知识将为选择合适的系统数学模型类型和设计辨识实验提供重要的指导。

明确模型应用的目的十分重要，模型应用的目的不仅决定了如何观测数据、如何选择三要素以及采用何种数据拟合方法，还会影响辨识结果的精度。

在某些情况下，系统的分析和评价依赖于几个主要参数，而这些参数无法直接测量。此时，需要借助可以直接测量的实验数据，采用系统辨识方法建立模型并估计不可直接测量的参数，以便于系统的分析和评估。在这种情况下，系统辨识的主要目的是估计具有特定物理意义的参数。

另外，当模型应用的目的是研究不同的控制策略、待设计变量对所研究的系统的影响，或分析扰动对系统可能产生的影响，且直接对系统本身进行实验研究难以实现时，只能寻求另外的途径。其中一个途径就是建立描述系统的数学模型，用数学模型的运算结果来模拟真实系统的行为。在这种情况下，系统辨识的目的就是建立仿真模型。

2. 实验设计

由于数据测量仪器固有的测量误差和外部环境干扰，观测到的输入、输出数据通常会带有噪声。通过重复实验并采集多组数据，可以减小测量误差的影响，从而获得更可靠的平均数据。系统辨识的实验原理如图 1-3 所示。

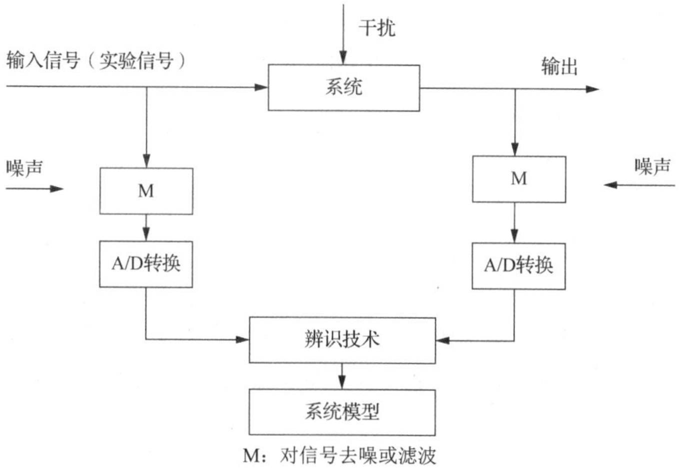

图 1-3　系统辨识的实验原理

如图 1-3 所示，设计系统辨识实验的主要步骤包括选择适当的输入信号，测量系统在不同输入下的输出信号，然后对这些信号进行处理，包括去噪和滤波、模拟/数字（A/D）转换等环节。基于经过处理的实验数据，运用辨识技术来建立系统的数学模型。关键在于通过实验获得的数据揭示系统的真实动态特性，并将其用数学模型来描述，以便进一步分析系统的行为、进行控制设计或进行其他工程应用。下面就实验中需重点关注的内容进行讲述。

1）确定观测变量

在实验规划阶段，为了达到辨识目的并考虑系统变量的实际物理含义，需要明确输入变量和输出变量。要求输入变量能够进行设置，输出变量能够进行测量，并且输入变量和输出变量的关系能够体现系统的本质运行规律。

对于输入信号，必须包含足够丰富的频率分量（称为持续激励）。通常可选择阶跃信号、脉冲信号、余弦波信号、伪随机序列信号和自然干扰信号等作为输入信号。

2）确定实验期限和采样间隔

实验时间受到突变或干扰、漂移、经济性等限制，无法无限延长，通常应至少为系统主时间常数的 10 倍时长。

$$NT_0 \geqslant 10T_a \tag{1-1}$$

式中，N 为采样次数；T_a 为系统主时间常数；T_0 为采样周期，由香农采样定理决定。

3）确定开环或闭环辨识

在一般情况下，对系统进行开环辨识。对于那些本身具备固有反馈的系统，如化工和生物系统，如果不能进行开环辨识，则必须进行闭环辨识。在进行闭环辨识时，需要分析系统的可辨识性。系统的可辨识性是指所使用的模型是否与真实系统等价，以及参数辨识能否得到唯一解。

4）输入/输出数据的产生、检测和存储

要获得用于系统辨识的输入、输出数据，需要选择相关设备（如信号发生器、计算机）来生成输入信号、检测输出数据和存储输入、输出数据。需要注意的是，采用不同的系统辨识方法可能需要不同类型的测试信号，并要求使用不同的设备来产生这些测试信号。因此，在实践中，需要根据辨识目的来选择适当的测试信号和相应的设备。

5）确定离线或在线辨识

离线辨识：在选定模型类别后，当系统模型结构和模型阶数固定不变时，采集全部测试数据。接着，运用最小二乘法、极大似然法或其他参数辨识算法，对数据实行一次性批量处理，从而得出模型参数的估计值。这种方法被称作离线辨识或批处理法。

离线辨识的优点在于能够提高参数估值的精度。然而，此方法也存在一些缺点：首先，它需要存储大量的数据，因此对计算机的存储容量有一定的要求；其次，辨识过程中涉及的运算量较大；最后，当获得新的数据时，需要重新计算参数估值，这会消耗较多的时间。图 1-4 是离线辨识过程示意图。

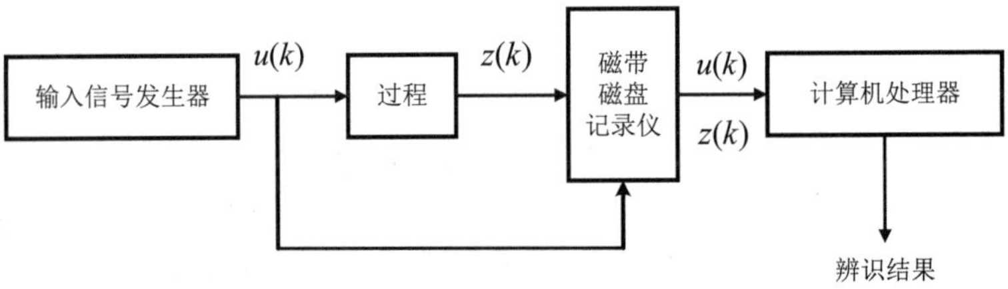

图 1-4　离线辨识过程示意图

在线辨识：在线辨识是一种实时进行模型参数辨识的方法，其中系统的模型结构和阶数是预先设定的。通过使用最小二乘法、极大似然法或其他参数辨识算法，根据获得的部分输入和输出数据计算出初步的模型参数估计值。随着新的输入和输出数据的获取，采用递推算法对初步估计值进行修正，得到新的参数估计值。这个过程不断迭代，通过新数据的不断更新，模型参数的估计值逐渐收敛至系统真实值。

在线辨识的数据处理方式分为实时处理和间歇式处理。实时处理是指每次获取新的输入和输出数据时都对参数估计值进行即时更新，而间歇式处理则是指在获取一批新的数据后进行一次更新。

在线辨识主要采用递推最小二乘法、递推极大似然法或其他参数辨识递推算法。其优势在于所需的计算机存储量和运算量相对较小，适用于实时控制系统。然而，其缺点在于初步估计值可能存在较大偏差，需要引入新的数据进行逐步修正，以提高参数估计值的准确性。在线辨识在实现自适应控制方面具有重要应用，因为它能够在短时间内获取系统参数，适应系统动态变化。在线辨识过程示意图如图 1-5 所示。

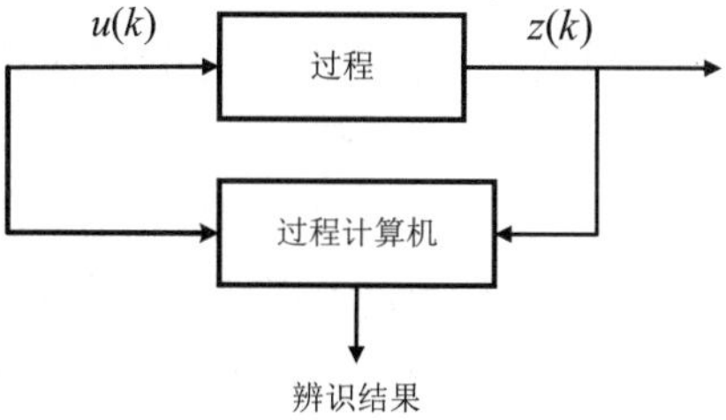

图 1-5　在线辨识过程示意图

3. 确定模型结构

确定模型结构是系统辨识的关键步骤之一，涉及选择适当的数学形式以描述系统的动态行为，主要包括确定模型的形式、模型的阶数和纯滞后时间。确定模型结构时主要的考虑因素：静态或动态、线性或非线性、时变或非时变、确定性或随机性、集中参数或分布参数、时域或频域、参数或非参数形式等。

（1）静态或动态：静态模型仅考虑系统输入和输出之间的直接关系，而动态模型则考虑系统对过去输入的依赖，包括时滞等动态特性。

（2）线性或非线性：线性模型假设系统响应是输入的线性组合，而非线性模型允许系统响应与输入之间存在非线性关系，更适用于描述复杂系统。

（3）时变或非时变：时变模型考虑系统参数随时间的变化，而非时变模型假设系统参数是恒定的。

（4）确定性或随机性：确定性模型假设系统响应是确定性的，完全由输入决定；而随机性模型考虑系统响应中的随机性和不确定性，通常用于描述实际系统中的噪声和扰动。

（5）集中参数或分布参数：集中参数模型使用少量参数来描述系统，而分布参数模型涉及参数在系统中的分布。

（6）时域或频域：时域模型描述系统在时间上的响应，而频域模型通过频率响应分析系统的行为。

（7）参数或非参数形式：参数形式的模型包含明确定义的参数，而非参数形式的模型通常基于数据的特性，如核函数方法。

在确定模型结构时，工程经验和领域知识非常重要。选择适当的模型结构有助于更准确地捕捉系统的动态特性，提高系统辨识的成功率。模型结构的选择也可能需要通过试错的方法不断调整，以适应实际系统的复杂性。

4. **参数估计**

参数估计是系统辨识过程中的一个关键步骤，涉及使用实验数据来计算模型中的未知参数，以便使模型的输出与实际观测数据相匹配。在模型结构确定后，模型的未知部分以未知参数的形式出现，需选择参数辨识方法，利用测试中获得的输入、输出数据估计模型中的未知参数。参数估计是系统辨识中的一项复杂任务，需要综合运用数学、统计学和工程学的知识。合适的参数估计可以使得模型更好地反映实际系统的动态特性。

5. **模型检验**

模型检验是指对建立的数学模型或统计模型进行验证和评估的过程。在系统辨识过程中，评估实际测量输出与模型计算输出之间的差异是核心任务之一。这一差异分析有助于确保模型预测的准确性和精度。为了实现这一目标，需要进行模型检验，以确保在给定的评价准则下，两种输出之间的偏差满足精度要求。当模型未能满足评价准则的精度要求时，可以通过修改模型结构的假设来解决问题。例如，可以调整模型中的参数数量，改变模型的结构，以更好地拟合实际数据。此外，还可以通过修改实验设计的参数来尝试解决问题，例如，在不同的实验条件下进行实验，或增加实验样本的数量，以提高模型的泛化能力。为了满足评价准则的精度要求，需要不断修改和优化模型结构的假设以及实验设计，反复实验并仔细分析实验结果，直至获得令人满意的模型。

1.3 系统辨识中常用的误差准则

在系统辨识过程中，等价准则被用于评估模型与实际系统之间的接近程度，它是系统辨识的三个关键要素之一。等价准则一般是关于估计误差的函数，因此，也称为误差准则，误差准则也被称为等价准则、损失函数、准则函数或误差准则函数等。通常情况下，误差准则可以表示为误差的泛函：

$$J(\theta)=\sum_{k=1}^{N} f\left[\varepsilon(k)\right] \tag{1-2}$$

式中，N 是采集样本数据的个数；k 表示第 k 个采样；θ 是参数向量；$f\left[\varepsilon(k)\right]$ 是 $\varepsilon(k)$ 的函数；$\varepsilon(k)$ 是定义的误差函数。$\varepsilon(k)$ 应广义地理解为模型与实际系统的误差，它可以是输出误差或输入误差，也可以是广义误差。在辨识过程中，不同的误差准则对应不同的算法。在应用中，基于误差平方和函数建立的误差准则（平方误差准则）是最常用的误差准则，具体公式为

$$f\left[\varepsilon(k)\right]=\varepsilon^2(k) \tag{1-3}$$

1.3.1 输出误差准则

输出误差准则是在系统辨识或控制中用来衡量模型输出与实际输出之间差异的准则，输出误差图如图 1-6 所示。最常见的输出误差准则是平方误差准则，但也有其他输出误差准则，具体的选择取决于问题的性质和建模的要求。一种常见的输出误差准则是绝对值误差准则，

当实际系统的输出和模型的输出分别为 $y(k)$ 和 $y_{\mathrm{m}}(k)$ 时，其公式为

$$\varepsilon(k)=\left|y(k)-y_{\mathrm{m}}(k)\right| \tag{1-4}$$

式中，$\varepsilon(k)$ 称为输出误差。如果扰动是作用在系统输出端的白噪声，则应当选择这种误差准则。输出误差通常是模型参数的非线性函数，因此，在这种误差准则下，辨识问题将转换成复杂的非线性最优化问题。

相对于平方误差准则，绝对值误差准则对异常值（大误差）更具鲁棒性，因为它不会受到平方的放大影响。在某些应用中，例如控制系统中的鲁棒控制或存在大幅度误差的情况下，选择绝对值误差准则可能更合适。不同的误差准则会导致不同的优化问题并影响最终的模型参数估计效果，因此在选择时需要考虑问题的特性和应用的要求。

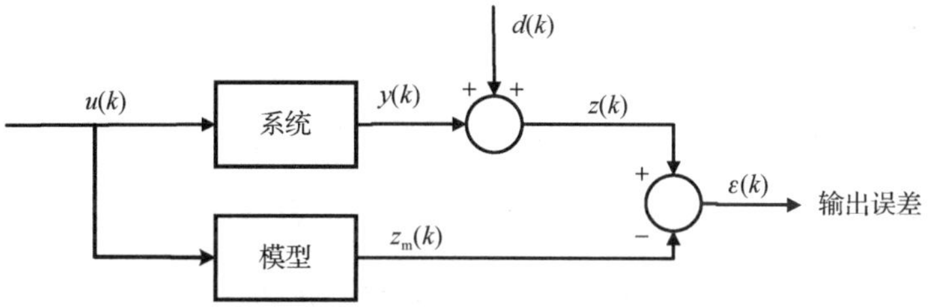

$u(k)$为控制输入；$y(k)$为系统的实际输出；$d(k)$代表系统的外部干扰；$z(k)$代表存在外部干扰的输出；$z_{\mathrm{m}}(k)$代表模型的输出；$\varepsilon(k)$ 代表输出误差

图 1-6　输出误差图

1.3.2　输入误差准则

输入误差准则是在系统辨识或控制中用来衡量模型输入与实际输入之间差异的准则。输入误差图如图 1-7 所示。输入误差通常是模型输入和实际输入之间的差异，表示为

$$\varepsilon(k)=u(k)-u_{\mathrm{m}}(k)=u(k)-S^{-1}[y_{\mathrm{m}}(k)] \tag{1-5}$$

式中，$u_{\mathrm{m}}(k)$ 表示产生输出 $y_{\mathrm{m}}(k)$ 的模型输入；符号 S^{-1} 表示模型是可逆的，也就是说，总可以找到产生给定输出的唯一输入。如果扰动是作用在系统输入端的白噪声，则应选择这种误差准则，但这种误差准则仅具有理论意义，实际中几乎不用。

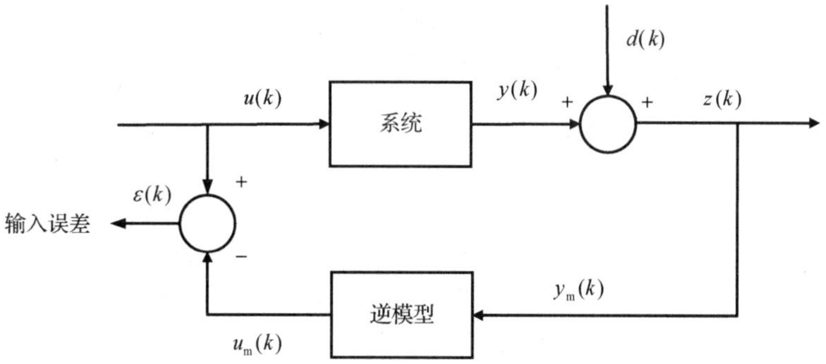

图 1-7　输入误差图

1.3.3 广义误差准则

广义误差准则是一个相对抽象的概念，涵盖了多种可能的误差度量方式，可以根据具体的问题和应用来定义。在系统辨识和控制领域，广义误差准则通常是关于模型输出、输入或参数的某种函数。广义误差定义为

$$\varepsilon(k)=S_2^{-1}[y(k)]-S_1[u(k)] \tag{1-6}$$

式中，S_1,S_2^{-1} 称为广义模型，且模型 S_2 是可逆的。在广义误差中，最常用的是方程式误差。例如：

$$\begin{aligned} S_1:&\quad B(q^{-1})=b_1q^{-1}+b_2q^{-2}+\cdots+b_mq^{-m} \\ S_2^{-1}:&\quad A(q^{-1})=1+a_1q^{-1}+a_2q^{-2}+\cdots+a_nq^{-n} \end{aligned} \tag{1-7}$$

则方程式误差为

$$\varepsilon(k)=A(q^{-1})y(k)-B(q^{-1})u(k) \tag{1-8}$$

广义误差示意图如图 1-8 所示。

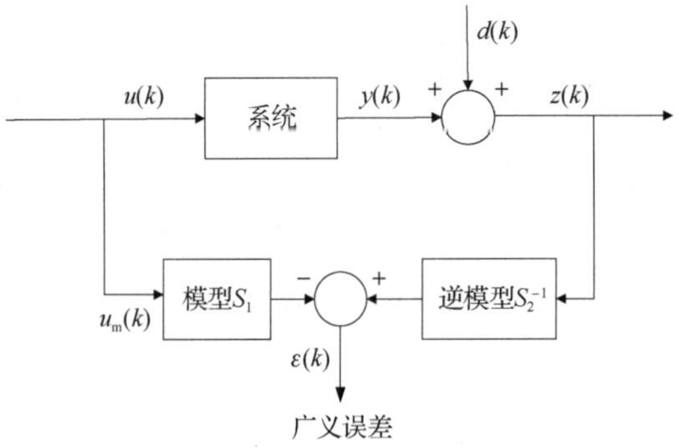

图 1-8 广义误差示意图

思 考 题

1. 系统的数学模型指什么？数学模型有哪些类型？
2. 系统建模的三种方法是什么？各有什么特点？
3. 根据系统辨识的定义来阐述系统辨识的基本原理。
4. 系统辨识的三要素是什么？

第 2 章　辨识相关基础知识

在系统辨识过程中，会用到矩阵理论、概率论、数理统计、随机过程的数字特征知识，以及信号与系统分析、自动控制原理和线性系统理论中的相关知识。本章主要对后面章节中将会用到的相关基础知识予以介绍。

2.1　随机变量及其数字特征

定义 1： 设 E 是随机试验，Ω 是其样本空间，如果对于某一个 $\omega \in \Omega$，有一个确定的实数 $X(\omega) = x$ 与之对应，则称 $X(\omega)$ 为随机变量。

本书中用大写字母 X、Y、Z 等表示随机变量，它们的取值用相应的小写字母 x、y、z 表示。

根据取值的性质，随机变量分为离散型随机变量和非离散型随机变量。离散型随机变量的可能取值是可数的，如掷骰子的结果；与之相对，非离散型随机变量的可能取值是不可数的，如连续时间内的温度变化。为了深入理解随机现象，了解随机变量的分布是至关重要的。对于离散型随机变量，通常通过概率质量函数进行描述，如伯努利分布；而对于非离散型随机变量，通常通过概率密度函数进行描述，如正态分布。这些分布反映了随机变量不同取值的概率规律，有助于对随机现象进行建模和分析。

定义 2： 设 X 是一个随机变量，对任意的 $x \in \mathbf{R}$，称函数

$$F(x) = P\{X \leqslant x\} \tag{2-1}$$

为随机变量 X 的分布函数。

分布函数是一个普通函数，它的定义域是 $(-\infty, +\infty)$，如果将 X 看成是数轴上随机点的坐标，那么 $F(x)$ 在 x 点处的函数值就表示随机点 X 落在区间 $(-\infty, x]$ 上的概率。

定义 3： 若随机变量 X 可能取值的数目是有限的或可列无限的，则称 X 是离散型随机变量。若离散型随机变量 X 的取值为 x_k（$k = 1, 2, \cdots$）的概率为

$$P\{X = x_k\} = p_k,\ k = 1, 2, \cdots \tag{2-2}$$

则称 $\{p_k, k = 1, 2, \cdots\}$ 为随机变量 X 的**概率分布**或**分布律**。X 的分布律如表 2-1 所示。

表 2-1　X 的分布律

X	x_1	x_2	…	x_k	…
P	p_1	p_2	…	p_k	…

由概率的可加性可知，离散型随机变量 X 的分布函数为

$$F(x)=P\{X\leqslant x\}=\sum_{x_k\leqslant x}P\{X=x_k\}=\sum_{x_k\leqslant x}p_k \tag{2-3}$$

定义 4： 设随机变量的分布函数为 $F(x)$，若存在非负函数 $f(x)$，使得对任意实数 x 有

$$F(x)=\int_{-\infty}^{x}f(t)\mathrm{d}t \tag{2-4}$$

则称 X 具有连续型分布或称 X 为连续型随机变量，称 $f(x)$ 为 X 的概率密度函数或概率密度。

由定义 4 可知，概率密度函数有下列性质。

性质 1： 概率密度函数 $f(x)\geqslant 0$（因为概率不能小于 0）。

性质 2： $\int_{-\infty}^{+\infty}f(x)\mathrm{d}x=1$。

例 1　设随机变量 X 的概率密度函数是

$$f(x)=\begin{cases}\dfrac{A}{\sqrt{1-x^2}} & |x|<1\\ 0 & \text{其他}\end{cases}$$

试求：（1）系数 A；（2）X 落在区间 $\left(-\frac{1}{2},\frac{1}{2}\right)$，$\left(-\frac{\sqrt{3}}{2},2\right)$ 内的概率。

解：（1）根据概率密度函数的性质 2，可得

$$1=\int_{-\infty}^{+\infty}f(x)\mathrm{d}x=\int_{-1}^{1}\frac{A}{\sqrt{1-x^2}}\mathrm{d}x=A\arcsin x\,|_{-1}^{1}=A\pi$$

所 $A={1}/{\pi}$。

（2）$P\left(-\frac{1}{2}<X<\frac{1}{2}\right)=\int_{-\frac{1}{2}}^{\frac{1}{2}}\frac{1}{\pi\sqrt{1-x^2}}\mathrm{d}x=\frac{1}{\pi}\arcsin x\bigg|_{-\frac{1}{2}}^{\frac{1}{2}}=\frac{1}{3}$

$$P\left(-\frac{\sqrt{3}}{2}<X<2\right)=\int_{-\frac{\sqrt{3}}{2}}^{2}\frac{1}{\pi\sqrt{1-x^2}}\mathrm{d}x=\int_{-\frac{\sqrt{3}}{2}}^{1}\frac{1}{\pi\sqrt{1-x^2}}\mathrm{d}x=\frac{1}{\pi}\arcsin x\bigg|_{-\frac{\sqrt{3}}{2}}^{1}=\frac{5}{6}$$

例 2　设随机变量 X 的概率密度函数是

$$f(x)=\begin{cases}\lambda\mathrm{e}^{-\lambda x} & x>0\\ 0 & x\leqslant 0\end{cases}$$

其中 $\lambda>0$，则称 X 服从参数为 λ 的指数分布。若某电子元件的寿命 X 服从参数 λ=1/2000 的指数分布，求 $P(X\leqslant 1200)$。

解：$P(X\leqslant 1200)=\int_{0}^{1200}\frac{1}{2000}\mathrm{e}^{-\frac{x}{2000}}\mathrm{d}x=-\mathrm{e}^{-\frac{x}{2000}}\,|_{0}^{1200}=1-\mathrm{e}^{-0.6}\approx 0.451$

电子元件的使用寿命、电话的通话时间等都可以用指数分布来描述。

定义 5： 如果连续型随机变量 X 的概率密度函数为

$$f(x)=\frac{1}{\sqrt{2\pi}\sigma}\mathrm{e}^{-\frac{(x-\mu)^2}{2\sigma^2}} \tag{2-5}$$

式中，μ,σ^2 均为常数且 $\sigma>0$，则称 X 服从参数为 μ,σ^2 的正态分布或高斯分布，记为 $X\sim N(\mu,\sigma^2)$。当 μ=0，σ=1 时，对应的正态分布为标准正态分布，记为 $X\sim N(0,1)$，其概

率密度函数为 $f(x)=\frac{1}{\sqrt{2\pi}}\mathrm{e}^{-\frac{x^2}{2}}$，分布函数 $\Phi(x)=\frac{1}{\sqrt{2\pi}}\int_{-\infty}^{x}\mathrm{e}^{-\frac{t^2}{2}}\mathrm{d}t$。

例 3　若随机变量 X 的概率密度函数为 $\varphi(x)=\frac{1}{\sqrt{2\pi}}\mathrm{e}^{-\frac{x^2}{2}}$，求 X 的线性函数 $Y=\sigma X+\mu$ 的概率密度函数（其中 μ,σ 均为常数，且 $\sigma>0$）。

解：随机变量 Y 的分布函数为

$$F_Y(y)=P(Y<y)=P(\sigma X+\mu<y)$$

$$=P(X<\frac{y-\mu}{\sigma})=\int_{-\infty}^{\frac{y-\mu}{\sigma}}\frac{1}{\sqrt{2\pi}}\mathrm{e}^{-\frac{v^2}{2}}\mathrm{d}v$$

两边对 y 求导，得到随机变量 Y 的概率密度函数

$$f(y)=\frac{1}{\sigma\sqrt{2\pi}}\mathrm{e}^{-\frac{(y-\mu)^2}{2\sigma^2}}$$

例 4　已知某车间工人完成某道工序的时间 X 服从正态分布 $N(10,3^2)$，问：（1）从该车间工人中任选一人，其完成该道工序的时间不到 7 分钟的概率；（2）为了保证生产连续进行，要求以 95%的概率保证该道工序上工人完成工作所需时间不多于 15 分钟，这一要求能否得到保证？

解：根据已知条件，$X\sim N(10,3^2)$，故 $Y=\frac{X-10}{3}\sim N(0,1)$

（1）$P(X\leqslant 7)=P\left(\frac{X-10}{3}\leqslant\frac{7-10}{3}\right)$

$$=P(Y<-1)=\Phi(-1)=1-\Phi(1)=1-0.8413=0.1587$$

（2）$P(X\leqslant 15)=P(Y\leqslant\frac{15-10}{3})=\Phi(1.67)=0.9525>0.95$，故要求能够得到保证。

定义 6： 设 (X,Y) 是二维随机变量，对于任意实数 x,y，称二元函数

$$F(x,y)=P\{X\leqslant x,Y\leqslant y\} \tag{2-6}$$

为 (X,Y) 的分布函数或 X 与 Y 的联合分布函数。

同理可得，对离散型二维随机变量有

$$F(x,y)=P\{X\leqslant x,Y\leqslant y\}=\sum_{x_i\leqslant x}\sum_{y_j\leqslant y}P\{X=x_i,Y=y_i\}=\sum_{x_i\leqslant x}\sum_{y_j\leqslant y}p_{ij} \tag{2-7}$$

对连续型随机变量有

$$F(x,y)=\int_{-\infty}^{x}\int_{-\infty}^{y}f(u,v)\mathrm{d}u\mathrm{d}v \tag{2-8}$$

称 $f(x,y)$ 为 (X,Y) 的联合概率密度或密度函数。

定义 7： 设离散型随机变量 X 的分布律为

$$P\{X=x_k\}=p_k,\ k=1,2,\cdots \tag{2-9}$$

若级数 $\sum_{n=1}^{\infty}x_n p_n$ 绝对收敛，则称级数 $\sum_{n=1}^{\infty}x_n p_n$ 为随机变量 X 的**数学期望或平均值**（简称**期望或均值**），记为 $E(X)$，即

$$E(X)=\sum_{n=1}^{\infty}x_n p_n \tag{2-10}$$

定义 8：设连续型随机变量 X 的概率密度函数为 $f(x)$，若积分 $\int_{-\infty}^{+\infty}xf(x)\mathrm{d}x$ 绝对收敛，则称积分 $\int_{-\infty}^{+\infty}xf(x)\mathrm{d}x$ 为随机变量 X 的**数学期望**或**平均值**（简称**期望**或**均值**），记为 $E(X)$，即

$$E(X)=\int_{-\infty}^{+\infty}xf(x)\mathrm{d}x \tag{2-11}$$

例 5　X 的分布律如表 2-2 所示。

表 2-2　X 的分布律

X	-1	0	2	3
P	$\frac{1}{8}$	$\frac{1}{4}$	$\frac{3}{8}$	$\frac{1}{4}$

求：$E(X)$，$E(X^2)$，$E(-2X+1)$。

解：$E(X)=(-1)\times\frac{1}{8}+0\times\frac{1}{4}+2\times\frac{3}{8}+3\times\frac{1}{4}=\frac{11}{8}$

$E(X^2)=(-1)^2\times\frac{1}{8}+0^2\times\frac{1}{4}+2^2\times\frac{3}{8}+3^2\times\frac{1}{4}=\frac{31}{8}$

$E(-2X+1)=3\times\frac{1}{8}+1\times\frac{1}{4}+(-3)\times\frac{3}{8}+(-5)\times\frac{1}{4}=-\frac{7}{4}$

例 6　设随机变量 X 服从均匀分布

$$f(x)=\begin{cases}\frac{1}{a} & 0<x<a\\ 0 & 其他\end{cases}$$

求 X 和 $Y=5X^2$ 的均值。

解：$E(X)=\int_{-\infty}^{+\infty}xf(x)\mathrm{d}x=\int_0^a x\frac{1}{a}\mathrm{d}x=\frac{1}{2}a$

$E(Y)=\int_{-\infty}^{+\infty}5x^2f(x)\mathrm{d}x=\int_0^a 5x^2\frac{1}{a}\mathrm{d}x=\frac{5}{3}a^2$

例 7　某工厂生产的某种设备的寿命 X（以年记）服从指数分布，其概率密度函数为

$$f(x)=\begin{cases}\frac{1}{4}\mathrm{e}^{-\frac{x}{4}} & x>0\\ 0 & x\leqslant 0\end{cases}$$

工厂规定，出售的设备若在一年内损坏可调换，如果工厂售出一台设备的盈利为 100 元，调换一台设备厂方需花费 300 元，求厂方出售一台设备净盈利的均值。

解：设 Y 表示净盈利，由题意可知

$$y=g(x)=\begin{cases}100-300 & x\leqslant 1\\ 100 & x>1\end{cases}$$

所以

$$
\begin{aligned}
E(Y) &= \int_{-\infty}^{+\infty} g(x) f(x) \mathrm{d}x \\
&= \frac{1}{4}\int_{0}^{1}(100-300)\mathrm{e}^{-\frac{x}{4}}\mathrm{d}x + \frac{1}{4}\int_{1}^{+\infty}100\,\mathrm{e}^{-\frac{x}{4}}\mathrm{d}x \\
&= 200\,\mathrm{e}^{-\frac{x}{4}}\Big|_{0}^{1} - 100\,\mathrm{e}^{-\frac{x}{4}}\Big|_{1}^{+\infty} = 300\,\mathrm{e}^{-\frac{1}{4}} - 200 \approx 33.64
\end{aligned}
$$

即出售一台设备的平均盈利为 33.64 元。

定义 9：设 $F(x)$ 是随机变量 X 的分布函数，则称

$$
D(X) = \sigma_X^2 = \begin{cases} \int_{-\infty}^{+\infty}\left[x - E(X)\right]^2 f(x)\mathrm{d}x \\ \sum_{i=1}^{\infty}\left[x_i - E(X)\right]^2 p_i \end{cases} \tag{2-12}
$$

为随机变量 X 的**方差**。

方差开平方后称为标准差或均方差

$$
\sigma(X)=\sqrt{D(X)} \tag{2-13}
$$

均值和方差是描述概率分布特征的重要指标，它们描述了随机变量分布的中心位置和分散程度。均值的不同表现为概率密度函数曲线沿横轴的平移，而方差的不同则表现为概率密度函数曲线在均值附近的集中程度。

定义 10：设二维随机向量 $X=(X_1,X_2)$，则随机变量 X_1 和 X_2 的**相关矩**定义为

$$
R_{X_1X_2} = E(X_1X_2) \tag{2-14}
$$

称

$$
C_{X_1X_2} = E\{[X_1 - E(X_1)][X_2 - E(X_2)]\} \tag{2-15}
$$

为随机变量 X_1 和 X_2 的**协方差**。

相关矩和协方差间的关系为

$$
C_{X_1X_2} = R_{X_1X_2} - E(X_1)E(X_2) \tag{2-16}
$$

相关矩和协方差反映了两个随机变量之间的关联程度。

2.2　随机过程及其数字特征

为阐明随机过程的概念，先给出一个实例。

例 8　用 $X(t)$ 表示每天 t 时刻的气温，对于固定的时刻 t，气温 $X(t)$ 是随机变量；当 $t \in T = [0,24]$ 取遍 T 中每个值时，得到一簇随机变量 $\{X(t), t \in T\}$，即随机过程。

定义 11：设随机试验 E 的样本空间为 $S=\{s\}$，$T=\{t\}\subset R$ 是一个参数。若对每一个 $t\in T$，都有一个随机变量 $X(t)$ 与之对应，则随机变量簇 $\{X(t),t\in T\}$ 称为**随机过程**。简言之，随机过程 $X(t)$ 是一组随时间变化的随机变量。

当时间 $t=t_0$ 固定时，随机过程 $X(t_0)$ 实际上是一个随机变量，工程上称为随机过程在 t_0 时刻的状态。每进行一次随机试验，即可得到该随机变量 $X(t_0)$ 的一个状态观测值 $x(t_0)$；所有

状态的观测值可记为$x_1(t_0),x_2(t_0),\cdots,x_k(t_0),\cdots$。

当随机变量固定时，$X(t)$是一个关于时间t的普通函数，工程上称为随机过程的一个样本函数或实现。

随机过程与随机变量的主要区别是随机过程增加了时间因素，基于此，随机变量的数字特征可扩展为随机过程的数字特征。下面给出随机过程的数字特征描述。

数学期望（又称均值）：

$$\mu_X(t)=E[X(t)]=\begin{cases}\dfrac{1}{n}\sum\limits_{i=1}^{n}x_i(t)\\ \int_{-\infty}^{+\infty}X(t)f(x)\mathrm{d}x\end{cases} \tag{2-17}$$

式中，$f(x)$为随机过程$X(t)$中随机变量的概率密度函数；$\mu_X(t)$相当于随机过程的摆动中心。

均方差（又称二阶原点矩）：

$$\psi_X^2(t)=E[X^2(t)]=\begin{cases}\dfrac{1}{n}\sum\limits_{i=1}^{n}x_i^2(t)\\ \int_{-\infty}^{+\infty}X^2(t)f(x)\mathrm{d}x\end{cases} \tag{2-18}$$

方差函数（又称二阶中心距）

$$\sigma_X^2(t)=E\{[X(t)-E(X(t))]^2\}=\begin{cases}\dfrac{1}{n}\sum\limits_{i=1}^{n}[x_i(t)-\mu_X(t)]^2\\ \int_{-\infty}^{+\infty}[X(t)-\mu_X(t)]^2f(x)\mathrm{d}x\end{cases} \tag{2-19}$$

方差函数反映了随机过程偏离摆动中心的程度。

自相关函数：如果随机过程t_1时刻的信号在一定程度上影响t_2时刻的值，则称$X(t_1)$和$X(t_2)$是相关的。从数学上刻画随机过程在两个不同时刻点的依赖关系，这种关系可用自相关函数来度量。

$$R_{XX}(t_1,t_2)=E[X(t_1)X(t_2)]=\begin{cases}\dfrac{1}{n}\sum\limits_{i=1}^{n}[x_i(t_1)x_i(t_2)]\\ \int_{-\infty}^{+\infty}\int_{-\infty}^{+\infty}X(t_1)X(t_2)f(x_1,x_2;t_1,t_2)\mathrm{d}x_1\mathrm{d}x_2\end{cases} \tag{2-20}$$

式中，$f(x_1,x_2;t_1,t_2)$为随机过程$X(t)$在t_1时刻和t_2时刻的联合概率密度，或看作随机变量$X(t_1)$与随机变量$X(t_2)$的联合概率密度。

当$t_1=t_2$时，则有

$$R_{XX}(t_1,t_2)=E[X(t_1)X(t_1)]=\psi_X^2(t_1) \tag{2-21}$$

因此，不等式$R_{XX}(t_1,t_2)\leqslant R_{XX}(t_1,t_1)$成立。

在实际工程应用中，联合概率密度$f(x_1,x_2;t_1,t_2)$并不一定能获取，这时可根据自相关函数和均值的关系式来计算自相关函数。

自协方差函数：

$$
\begin{aligned}
C_{XX}(t_1,t_2) &= E\{[X(t_1)-\mu_X(t_1)][X(t_2)-\mu_X(t_2)]\} \\
&= R_{XX}(t_1,t_2)-\mu_X(t_1)\mu_X(t_2) \\
&= \int_{-\infty}^{\infty}\int_{-\infty}^{\infty}[X(t_1)-\mu_X(t_1)][X(t_2)-\mu_X(t_2)]f(x_1,x_2;t_1,t_2)\mathrm{d}x_1\mathrm{d}x_2
\end{aligned} \tag{2-22}
$$

当 $t_1=t_2$ 时，则有

$$
C_{XX}(t_1,t_2)=E\{[X(t_1)-\mu_X(t_1)]^2\}=\sigma_X^2(t_1) \tag{2-23}
$$

以上数字特征均是针对同一个随机过程而言的，系统辨识过程中最常用的是均值和自相关函数。考虑到我们所研究的对象为控制系统，系统辨识会涉及输入和输出两个信号，下面给出反映两个不同随机过程相互关系的互相关函数与互协方差函数。

互相关函数：

$$
R_{XY}(t_1,t_2)=E[X(t_1)Y(t_2)]=\begin{cases}\dfrac{1}{n}\sum\limits_{i=1}^{n}[x_i(t_1)y_i(t_2)] \\ \int_{-\infty}^{\infty}\int_{-\infty}^{\infty}X(t_1)Y(t_2)f(x,y;t_1,t_2)\mathrm{d}x\mathrm{d}y\end{cases} \tag{2-24}
$$

互协方差函数：

$$
\begin{aligned}
C_{XY}(t_1,t_2) &= E\{[X(t_1)-\mu_X(t_1)][Y(t_2)-\mu_Y(t_2)]\} \\
&= R_{XY}(t_1,t_2)-\mu_X(t_1)\mu_Y(t_2) \\
&= \int_{-\infty}^{\infty}\int_{-\infty}^{\infty}[X(t_1)-\mu_X(t_1)][Y(t_2)-\mu_Y(t_2)]f(x,y;t_1,t_2)\mathrm{d}x\mathrm{d}y
\end{aligned} \tag{2-25}
$$

互协方差函数反映的是两个随机过程的线性相关程度。当 $C_{XY}(t_1,t_2)=0$ 时，说明 t_1 时刻的 $X(t_1)$ 和 t_2 时刻的 $Y(t_2)$ 不相关，且有 $R_{XY}(t_1,t_2)=\mu_X(t_1)\mu_Y(t_2)$。同时，若 $R_{XY}(t_1,t_2)=\mu_X(t_1)\mu_Y(t_2)$，也说明随机过程 $X(t_1)$ 和 $Y(t_2)$ 不相关。

2.3　平稳随机过程及其各态历经性

2.3.1　平稳随机过程

在自然科学与工程技术研究中，存在诸多随机过程，这些过程在时间上的变化和相互关系表明，其未来的状态不仅与当前的状态有关，还与其过去的状态有关，同时，其统计特征不会随着时间的推移而改变。换言之，此类随机过程的性质仅与变量间的时间间隔有关，而与所考察的起点无必然联系，这类重要的随机过程称为平稳随机过程。

平稳随机过程在各领域的应用十分广泛，包括通信理论、控制理论、生物学和经济学等，这些应用领域需要借助平稳随机过程的特性来研究和分析各种问题，因此，平稳随机过程在科学研究与实际应用中都具有重要的地位和价值。

平稳随机过程如图 2-1 所示，非平稳随机过程如图 2-2 所示。图 2-1 中随机过程 $X(t)$ 的各个样本曲线 $x_1(t),x_2(t),x_3(t),x_4(t)$ 在不同时间 t 处的均值是相同的，而图 2-2 中随机过程 $X(t)$ 的各个样本曲线 $x_1(t),x_2(t),x_3(t),x_4(t)$ 在不同时间 t 处的均值不同。

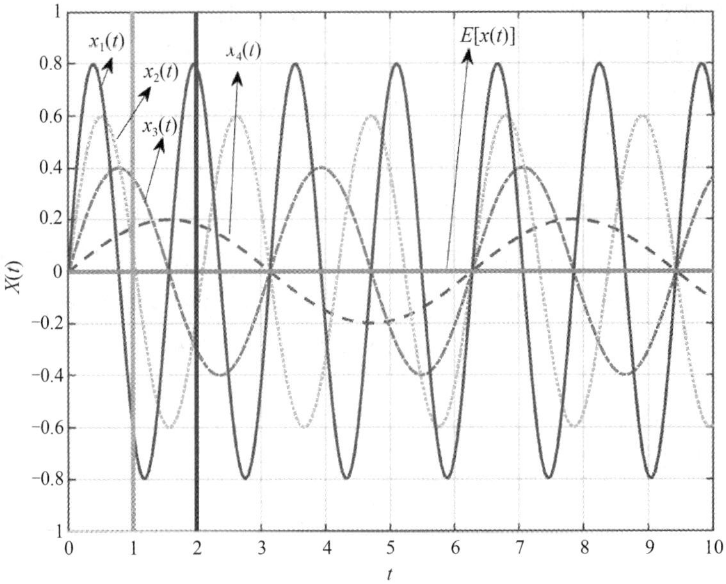

图 2-1　平稳随机过程

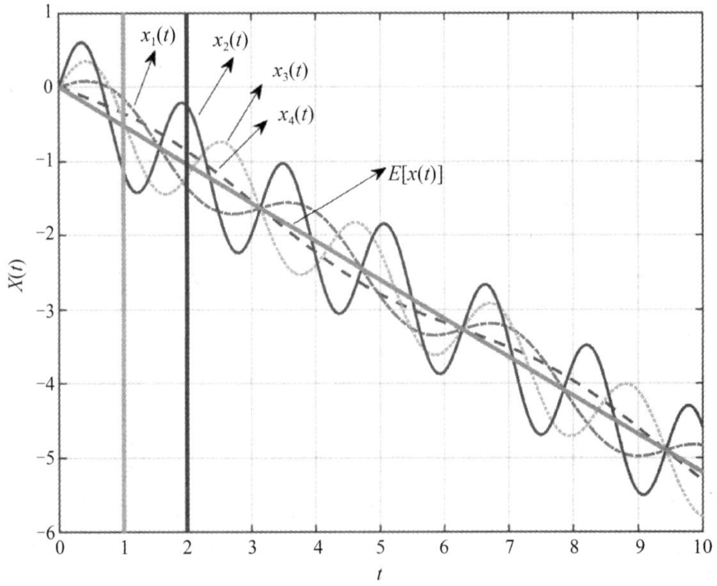

图 2-2　非平稳随机过程

定义 12：如果随机过程 $X(t)$ 满足：

$$\begin{cases} E[X(t)] = \mu_X \\ R_{XX}(t_1, t_2) = R_{XX}(\tau) \\ E[X^2(t)] < \infty \end{cases} \tag{2-26}$$

则称该随机过程 $X(t)$ 为**平稳随机过程**，其中，$\tau = t_1 - t_2$；μ_X 为一个常数。需要指出的是，工程上所涉及的随机过程一般都满足 $E[X^2(t)] < \infty$，因此，在判别随机过程是否为平稳随机

过程时，只考虑 $E[X(t)]=\mu_X$，$R_{XX}(t_1,t_2)=R_{XX}(\tau)$，一般不再考虑 $E[X^2(t)]<\infty$。

从平稳随机过程的定义可以看出，平稳随机过程的统计性质不依赖于时间的绝对原点，仅为时差的函数，与计时起点无关。每条曲线的变化是不同的，但它们的统计规律（数字特征）是一样的。

平稳随机过程是数学中的一个概念，在足够长的时间内，许多生产过程的统计特性变化缓慢，可以认为其具有平稳随机过程的特性。本书后续讨论的所有随机过程均属于平稳随机过程。

例 9　设随机过程 $X(t)=tY$，其中 Y 为随机变量，试讨论随机过程 $X(t)$ 的平稳性。

解：$E[X(t)]=E(tY)=tE(Y)=t\mu_Y$

$R_{XX}(t_1,t_2)=E[X(t_1)X(t_2)]=E(t_1t_2Y^2)=t_1t_2E(Y^2)$

可见，该随机过程的均值和自相关函数均与时间有关，所以该随机过程不是平稳随机过程。

例 10　设随机过程 $X(t)=X\mathrm{e}^{(\omega t+\theta)}$，其中 X 是均值为 0 的随机变量，ω,θ 为常数。试讨论随机过程 $X(t)$ 的平稳性。

解：$E[X(t)]=E[X\mathrm{e}^{(\omega t+\theta)}]=\mathrm{e}^{(\omega t+\theta)}E(X)=0$

$$
\begin{aligned}
R_{XX}(t_1,t_2)&=E[X(t_1)X(t_2)]=E[X\mathrm{e}^{(\omega t_1+\theta)}X\mathrm{e}^{(\omega t_2+\theta)}]\\
&=\mathrm{e}^{\omega(t_1+t_2)+2\theta}E(X^2)=\sigma^2\mathrm{e}^{\omega(t_1+t_2)+2\theta}
\end{aligned}
$$

该随机过程的均值与时间无关，但自相关函数与时间有关，所以该随机过程不是平稳随机过程。

例 11　设随机过程

$$X(t)=A\cos(\omega_0 t+\varPhi)$$

式中，A,ω_0 为常数；$\varPhi$ 为在 $[0,2\pi]$ 上均匀分布的随机变量。试讨论随机过程 $X(t)$ 的平稳性。

解：由题意可知，随机变量 $\varPhi$ 的概率密度函数为

$$f_\varPhi(\varphi)=\begin{cases}\dfrac{1}{2\pi} & 0<\varphi<2\pi\\ 0 & \text{其他}\end{cases}$$

$$E[X(t)]=E[A\cos(\omega_0 t+\varPhi)]=A\int_{-\infty}^{+\infty}\frac{1}{2\pi}\cos(\omega_0 t+\varphi)\,\mathrm{d}\varphi=0$$

$$
\begin{aligned}
R_{XX}(t,t+\tau)&=E[A\cos(\omega_0 t+\varPhi)A\cos(\omega_0 t+\omega_0\tau+\varPhi)]\\
&=\frac{A^2}{2}E[\cos(\omega_0\tau)+\cos(2\omega_0 t+\omega_0\tau+2\varPhi)]\\
&=\frac{A^2}{2}\cos(\omega_0\tau)
\end{aligned}
$$

该随机过程的均值和自相关函数均与时间无关，所以该随机过程是平稳随机过程。

平稳随机过程的相关性质如下：

（1）$R_{XX}(0)=E[X^2(t)]=\varPsi_X^2\geqslant 0$。

（2）$R_{XX}(-\tau)=R_{XX}(\tau)$，即 $R_{XX}(\tau)$ 是 τ 的偶函数。

以上性质说明平稳随机过程的自相关函数与计时的起点无关，只要时差的大小不变，时差无论是正还是负，计算出来的自相关函数值是一样的。但需要注意的是，互相关函数既不是奇函数，也不是偶函数，但满足 $R_{XY}(-\tau)=R_{YX}(\tau)$ 。

（3）关于自相关函数和自协方差函数有下列不等式：

$$|R_{XX}(\tau)|\leqslant R_{XX}(0)\text{和}|C_{XX}(\tau)|\leqslant C_{XX}(0)=\sigma_X^2$$

此式表明自相关函数在 $t=0$ 处取得最大值。

（4）如果平稳随机过程 $X(t)$ 满足条件 $X(t)=X(t+T)$ ，则称为周期平稳随机过程。周期平稳随机过程的自相关函数必然是周期函数，其周期与随机过程的周期相同。

2.3.2 各态历经性

以上讨论的随机过程，所涉及的是大量样本函数的集合，计算其数字特征时，都是在特定时刻对大量的样本函数求统计平均值，然而，在实际工程应用中不可能在固定时间多次测量样本，或在同一时刻进行大量实验。

那么能否用一个样本函数（由一次随机试验得到）的时间平均值（观察时间足够长）代替上述统计平均值呢？辛钦证明，如果满足一定的条件，对于平稳随机过程，一个样本函数的时间平均值在概率意义上将趋近于该过程的统计平均值。也就是说，由平稳随机过程的任何一个样本函数都能得到随机过程的全部样本函数统计信息，具备这种特性的随机过程，称其具有各态历经性（遍历性）。具有各态历经性和不具有各态历经性的随机过程示意图如图 2-3 所示。

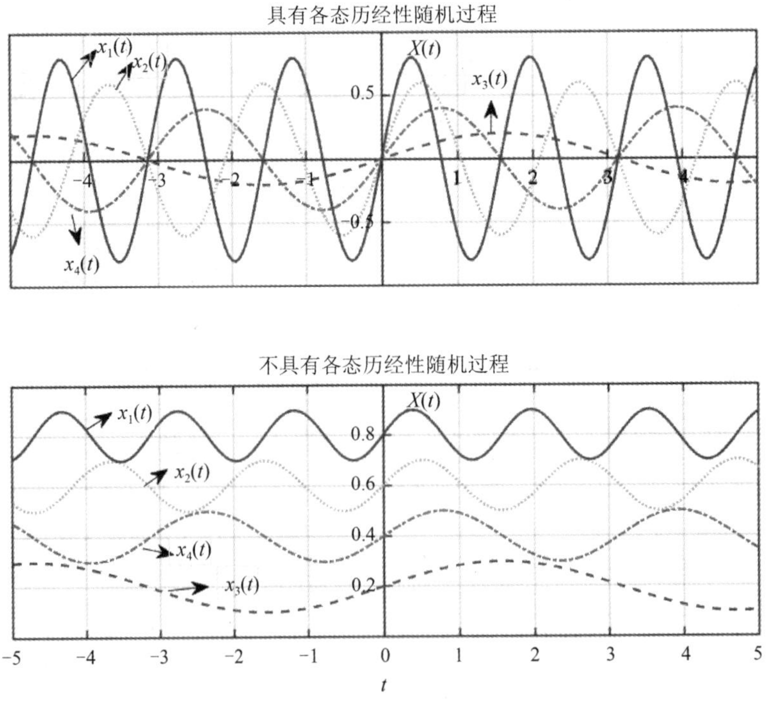

图 2-3　具有各态历经性和不具有各态历经性的随机过程示意图

定义 13：设 $X(t)$ 为平稳随机过程，则分别称

$$\overline{X(t)} = \lim_{T\to\infty}\frac{1}{2T}\int_{-T}^{+T} X(t)\mathrm{d}t \tag{2-27}$$

$$\overline{X(t)X(t+\tau)} = \lim_{T\to\infty}\frac{1}{2T}\int_{-T}^{+T} X(t)X(t+\tau)\mathrm{d}t \tag{2-28}$$

为随机过程 $X(t)$ 的时间均值和时间自相关函数。

定义 14：若随机过程 $X(t)$ 满足：

$$\overline{X(t)} = E[X(t)] = \mu_X \tag{2-29}$$

则称随机过程 $X(t)$ 的时间均值具有各态历经性。若

$$\overline{X(t)X(t+\tau)} = E[X(t)X(t+\tau)] = R_{XX}(\tau) \tag{2-30}$$

则称随机过程 $X(t)$ 的时间自相关函数具有各态历经性。

定义 15：若随机过程 $X(t)$ 的时间均值和时间自相关函数都具有各态历经性，则称 $X(t)$ 为各态历经性随机过程。

当随机过程 $X(t)$ 具有各态历经性时，在实际工程应用中，只能使 T 取尽可能大的有限值。假定 $T = NT_0$，$\tau = lT_0$ 为采样时间，则有

$$E[X(t)] = \mu_X = \frac{1}{N}\sum_{k=1}^{N} x(k) \tag{2-31}$$

$$E[X(t)X(t+\tau)] = R_{XX}(\tau) = \frac{1}{N-1}\sum_{k=1}^{N-1} x(k)x(k+l) \tag{2-32}$$

例 12　设随机过程 $X(t) = \cos(2t+\varPhi)$，其中变量 $\varPhi$ 是在 $[0, 2\pi]$ 上服从均匀分布的随机变量。（1）写出随机变量 $\varPhi$ 的概率密度函数；（2）计算 $X(t)$ 的均值与自相关函数；（3）判断 $X(t)$ 的平稳性；（4）计算 $X(t)$ 的时间均值和时间自相关函数；（5）判断 $X(t)$ 的各态历经性。（$\cos^2\alpha = \dfrac{1+\cos 2\alpha}{2}$，$\cos\alpha\cos\beta = \dfrac{1}{2}[\cos(\alpha+\beta)+\cos(\alpha-\beta)]$）

解：（1）随机变量 $\varPhi$ 的概率密度函数为

$$f_\varPhi(\varphi) = \begin{cases} \dfrac{1}{2\pi} & 0 \leqslant \varphi \leqslant 2\pi \\ 0 & \text{其他} \end{cases}$$

（2）计算随机过程 $X(t)$ 的均值与自相关函数，分别为

$$E[X(t)] = \int_0^{2\pi} f_\varPhi(\varphi)\cos(2t+\varphi)\,\mathrm{d}\varphi = \frac{1}{2\pi}\int_0^{2\pi}\cos(2t+\varphi)\,\mathrm{d}\varphi = \frac{1}{2\pi}\sin(2t+\varphi)\Big|_0^{2\pi} = 0$$

$$\begin{aligned} R_{XX}(t_1,t_2) &= E[X(t_1)X(t_2)] = E[\cos(2t_1+\varphi)\cos(2t_2+\varphi)] \\ &= E\left[\frac{\cos 2(t_1+\varphi+t_2)+\cos 2(t_1-t_2)}{2}\right] = \frac{1}{2}\int_0^{2\pi}\frac{\cos 2(t_1+\varphi+t_2)}{2\pi}\mathrm{d}\varphi + \frac{1}{2}\int_0^{2\pi}\frac{\cos 2(t_1-t_2)}{2\pi}\mathrm{d}\varphi \\ &= \frac{1}{8\pi}\sin 2(t_1+\varphi+t_2)\Big|_0^{2\pi} + \frac{1}{2}\cos 2(t_1-t_2) = \frac{1}{2}\cos 2(t_1-t_2) = \frac{1}{2}\cos 2\tau \end{aligned}$$

式中，$\tau = t_1 - t_2$。

（3）判断随机过程 $X(t)$ 的平稳性：

因为 $E[X(t)]=0$，$R_{XX}(t_1,t_2)=\frac{1}{2}\cos 2\tau$，其中 $\tau=t_1-t_2$，则随机过程 $X(t)$ 为平稳随机过程。

（4）随机过程 $X(t)$ 的时间均值为

$$\overline{X(t)}=\lim_{T\to\infty}\frac{1}{2T}\int_{-T}^{T}X(t)\mathrm{d}t=\lim_{T\to\infty}\frac{1}{2T}\int_{-T}^{T}\cos(2t+\varphi)\mathrm{d}t=\lim_{T\to\infty}\frac{\sin(2t+\varphi)\big|_{-T}^{T}}{4T}=0$$

随机过程 $X(t)$ 的时间自相关函数为

$$\begin{aligned}\overline{X(t)X(t+\tau)}&=\lim_{T\to\infty}\frac{1}{2T}\int_{-T}^{T}X(t)X(t+\tau)\mathrm{d}t\\&=\lim_{T\to\infty}\frac{1}{2T}\int_{-T}^{T}\cos(2t+\varphi)\cos(2t+2\tau+\varphi)\mathrm{d}t\\&=\lim_{T\to\infty}\frac{1}{2T}\int_{-T}^{T}\frac{[\cos(4t+2\varphi+2\tau)+\cos(2\tau)]}{2}\mathrm{d}t\\&=\lim_{T\to\infty}\frac{1}{4T}\int_{-T}^{T}\cos(4t+2\varphi+2\tau)\mathrm{d}t+\lim_{T\to\infty}\frac{1}{4T}\int_{-T}^{T}\cos(2\tau)\mathrm{d}t\\&=\lim_{T\to\infty}\frac{\sin(4t+2\varphi+2\tau)\big|_{-T}^{T}}{16T}+\frac{\cos(2\tau)}{2}=0+\frac{\cos(2\tau)}{2}=\frac{\cos(2\tau)}{2}\end{aligned}$$

（5）判断随机过程 $X(t)$ 的各态历经性：

$E[X(t)]=\overline{X(t)}=0$，$R_{XX}(t_1,t_2)=\overline{X(t)X(t+\tau)}=\frac{1}{2}\cos 2\tau$，其中 $\tau=t_1-t_2$，则随机过程 $X(t)$ 具有各态历经性。

2.3.3 白噪声

白噪声是一种在频谱上均匀分布的随机信号，其定义基于白光谱分析的概念。在频谱中，白噪声的功率谱密度是常数，表示在所有频率上具有相等的能量，即白噪声在不同频率上的能量分布均匀，就像白光中各种颜色的光波均匀分布一样。在系统辨识中，白噪声是一种具有重要意义的测试信号，能有效简化模型参数辨识的过程，下面给出白噪声的定义。

定义 16： 若平稳随机过程 $X(t)$ 满足：

（1）均值 $\mu_X=0$；

（2）自相关函数 $R_{XX}=k\delta(\tau)$。

则称该随机过程 $X(t)$ 为白噪声，它是一种特殊的平稳随机过程。其中函数 $\delta(\tau)$ 称为**狄拉克函数**，其性质为

（1）$\delta(\tau)=\begin{cases}0 & \tau\neq 0\\ \infty & \tau=0\end{cases}$；

（2）$\int_{-\infty}^{+\infty}\delta(\tau)\mathrm{d}\tau=1$。

狄拉克函数有一个非常重要的运算性质，即对任意连续函数 $f(x)$，有

$$\int_{-\infty}^{+\infty}f(x)\delta(x-\tau)\mathrm{d}x=f(\tau)\tag{2-33}$$

白噪声是一种最为简单的随机过程，其严格定义是一种均值为 0 的平稳随机过程，或者

可以理解为由一系列相互独立的随机变量组合而成的理想化随机过程。白噪声的特性在于其“无记忆性”，也就是说，白噪声在某一时刻的数值与该时刻以前的任何时刻的数值无关，也不会影响该时刻以后的任何数值。

2.4　控制系统的时域响应分析

时域响应分析是一种在时域内直接研究系统在典型输入信号作用下，其输出响应随时间变化规律的方法。通过分析被控系统输出量的时域表达式，可以评估系统的稳定性、瞬态和稳态性能。系统的时域响应包括瞬态响应和稳态响应两个主要方面。

瞬态响应是指在输入信号作用下，系统的输出量从初始状态到达一个新的稳定状态的响应过程，也称为动态响应或过渡过程。瞬态响应可进一步分为状态响应和输出响应，通常通过瞬态性能指标来描述系统的动态品质。

稳态响应则是指当时间 t 趋于无穷大时系统的输出响应，反映了系统的最终变化趋势和跟踪精度。

通常情况下，人们更关注稳定系统的时域响应，通过观察系统在典型输入信号作用下的输出变化，对系统的动态性能进行分析。

2.4.1　常用的典型输入信号

常用的典型输入信号有下面几种形式。

1. 脉冲函数

脉冲函数的定义为

$$r(t)=A\delta(t) \tag{2-34}$$

式中，A 为脉冲函数的幅值。A=1 的脉冲函数称为单位脉冲函数，也称为狄拉克函数。

2. 阶跃函数

阶跃函数的定义为

$$r(t)=\begin{cases}A & t\geqslant 0\\ 0 & t<0\end{cases} \tag{2-35}$$

式中，A 为阶跃函数的阶跃值。A=1 的阶跃函数称为单位阶跃函数，记为 $1(t)$。阶跃函数示意图如图 2-4 所示。

3. 斜坡函数（速度阶跃函数）

斜坡函数的定义为

$$r(t)=\begin{cases}Bt & t\geqslant 0\\ 0 & t<0\end{cases} \tag{2-36}$$

式中，B 为速度阶跃值。B=1 的斜坡函数为单位斜坡函数。斜坡函数示意图如图 2-5 所示。

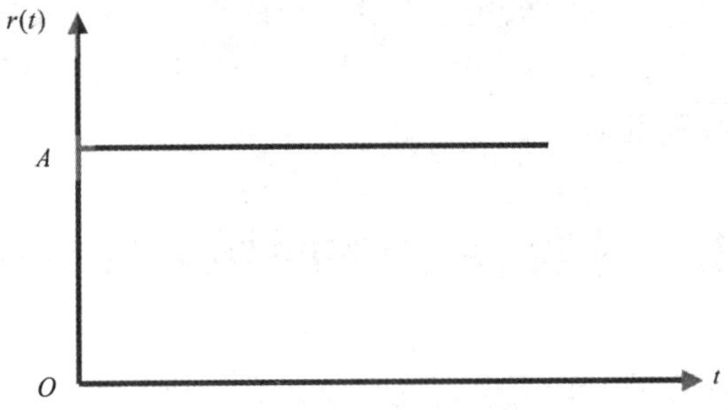

图 2-4　阶跃函数示意图

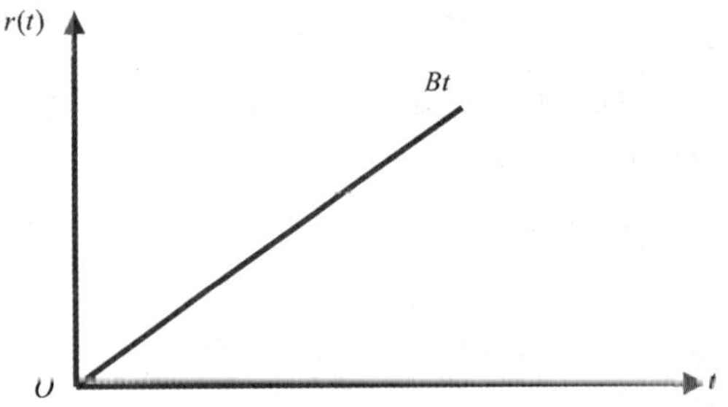

图 2-5　斜坡函数示意图

4. **抛物线函数（加速度阶跃函数）**

抛物线函数的定义为

$$r(t)=\begin{cases}\frac{1}{2}Ct^2 & t\geqslant 0\\ 0 & t<0\end{cases} \tag{2-37}$$

式中，C 为加速度阶跃值。C=1 的抛物线函数称为单位抛物线函数。抛物线函数示意图如图 2-6 所示。

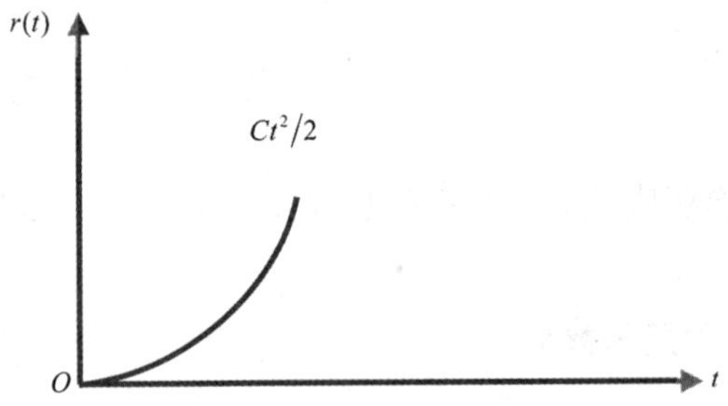

图 2-6　抛物线函数示意图

5. **正弦函数**

正弦函数的定义为

$$r(t)=\begin{cases}A\sin\omega t & t\geqslant 0\\ 0 & t<0\end{cases} \tag{2-38}$$

式中，A 为正弦函数的阶跃值；ω 为频率。A=1 的正弦函数称为单位正弦函数。正弦函数示意图如图 2-7 所示。

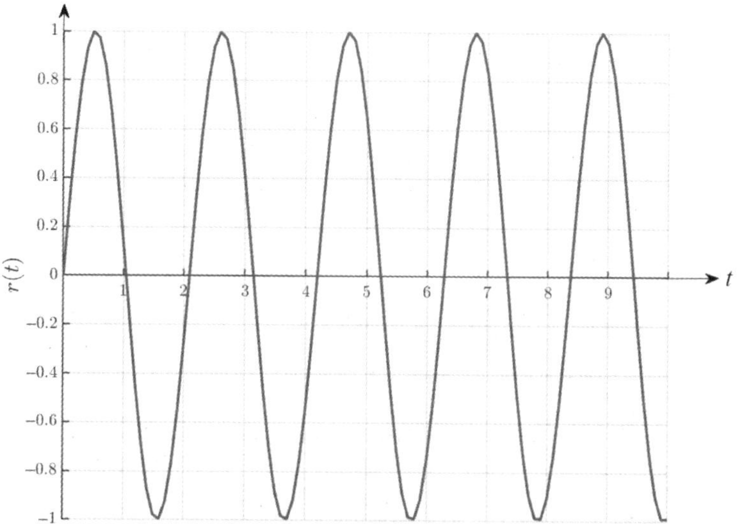

图 2-7　正弦函数示意图

2.4.2　瞬态性能指标

为了定量地描述控制系统对单位阶跃输入信号的瞬态响应特性，通常采用延迟时间、上升时间等瞬态响应性能指标对其进行描述。当用单位阶跃信号激励稳定的线性定常系统时，被控系统的瞬态响应包含衰减振荡和单调变化两种类型；当被控系统的瞬态响应是衰减振荡类型时，其瞬态响应性能指标定义如下：

延迟时间 t_d（Delay Time）：响应曲线第一次达到稳态值一半时所需的时间。

上升时间 t_r（Rising Time）：响应曲线从稳态值的 10%上升到 90%所需的时间。对于无振荡系统，上升时间越短，响应速度越快；对于振荡系统，上升时间也可以定义为由 0 开始，首次达到稳态值所需的时间。

峰值时间 t_p（Peak Time）：响应曲线达到第一个峰值所需要的时间。

调节时间 t_s（Settling Time）：响应曲线达到并永远保持在一个允许误差范围内所需的最短时间。误差范围通常以稳态值的百分数（通常取 5%或 2%）表示。

超调量 M_p **或** $\sigma\%$（Maximum Overshoot）：超出稳态值的最大偏离量，其对应的增幅（百分比）可表示为

$$\sigma\%=\frac{h(t_p)-h(\infty)}{h(\infty)}\times 100\% \tag{2-39}$$

稳态误差 e_{ss}：期望值与系统稳定时的实际稳定值之差。

t_r 或 t_p 主要用来评价系统的响应速度；t_s 是反映响应速度和阻尼程度的综合性指标，从

整体上反映系统的调节性能；M_p 直接反映了系统的相对稳定性；e_{ss} 是稳定性能指标，其值越小，系统精度越高。这些性能指标可以对系统瞬态响应特性进行定量评估，有助于分析和优化控制系统的性能。图 2-8 是单位阶跃响应曲线性能指标示意图。

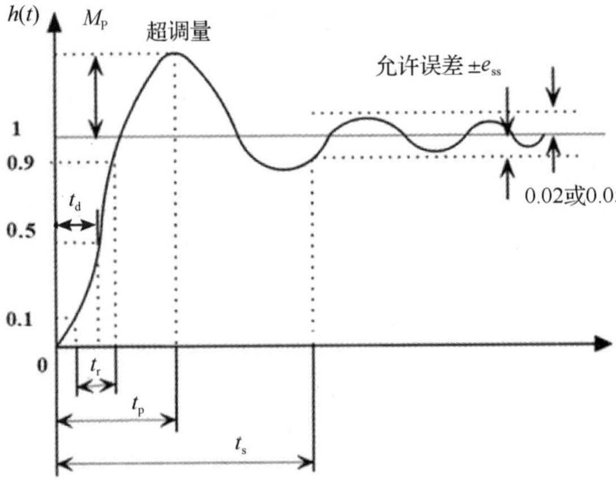

图 2-8　单位阶跃响应曲线性能指标示意图

已知系统传递函数，求其性能指标的 MATLAB 程序如下。

```
clear
dum=[4];  den2=[1 1.6 4];        %这个根据系统的传递函数参数值设置
sys2=tf(dum, den2);
[y, t, x]=step(sys2);
mp=max(y);                       %超调量
tp=spline(y, t, mp)              %峰值时间
cs=length(t);yss=y(cs)           %稳态值
ct=(mp - yss)/yss                %相对超调量
```

2.4.3　一阶系统的瞬态性能分析

一阶系统的微分方程为

$$T\frac{\mathrm{d}x}{\mathrm{d}t}+x(t)=u(t) \tag{2-40}$$

式中，$x(t)$ 为输出量；$u(t)$ 为输入量；$T=\frac{1}{K}$ 为时间函数，K 为系统的极值。该一阶系统的传递函数为

$$G(s)=\frac{1}{Ts+1} \tag{2-41}$$

1. 一阶系统的单位阶跃响应

一阶系统的单位阶跃响应为

$$x(t)=1-\mathrm{e}^{-\frac{1}{T}t}, \ t\geqslant 0 \tag{2-42}$$

其响应曲线如图 2-9 所示。

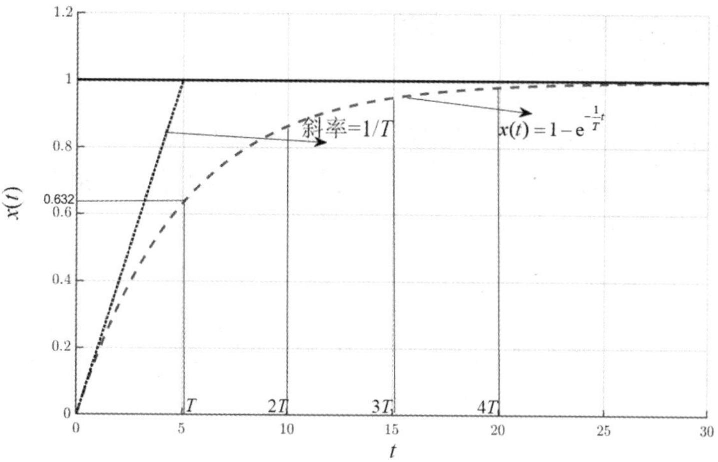

图 2-9　一阶系统的单位阶跃响应曲线

时间常数 T 是表征系统响应特性的唯一参数，它与输出值有确定的对应关系：

$$t = T，x(T) = 0.632$$

$$t = 2T，x(2T) = 0.865$$

$$t = 3T，x(3T) = 0.950$$

$$t = 4T，x(4T) = 0.982$$

可以使用实验方法，依据输出值来鉴别和判断被测系统是否为一阶系统。一阶系统的单位阶跃响应曲线的初始斜率为

$$k = \frac{1}{T} \tag{2-43}$$

可根据式（2-43）估算一阶系统的时间常数 T 。

2. 一阶系统的单位脉冲响应

根据图 2-10 所示的一阶系统的单位脉冲响应曲线，可以观察到一阶系统的特性。当测试信号为单位脉冲信号时，可以通过测量系统输出信号并绘制脉冲响应曲线来确定系统的阶次。通过观察绘制的脉冲响应曲线变化趋势，可以判断该系统是否为一阶系统。

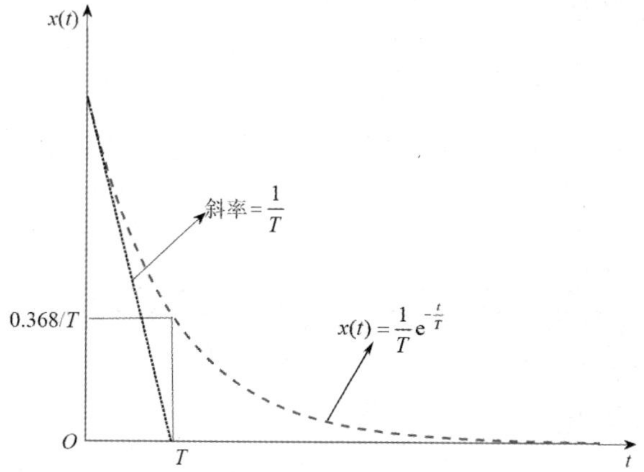

图 2-10　一阶系统的单位脉冲响应曲线

3. 一阶系统的单位斜坡（速度）响应

一阶系统的单位斜坡响应曲线如图 2-11 所示。当测试信号为单位斜坡响应信号时，测量并获得系统的输出数据，绘制系统的响应曲线。通过观察绘制的系统响应曲线与图 2-11 所示曲线的变化趋势是否相似，可以确定该系统是否为一阶系统。如果两条曲线的变化趋势相似，就可以认为该系统是一阶系统。

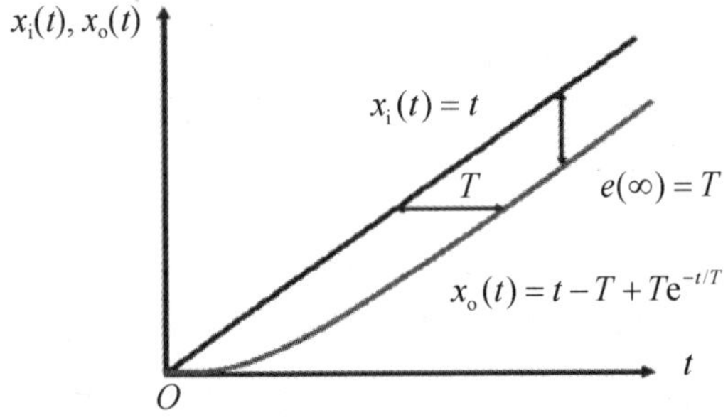

图 2-11 一阶系统的单位斜坡响应曲线

一阶系统不同输入信号下的响应表达式如表 2-3 所示。

表 2-3 一阶系统不同输入信号下的响应表达式

传递函数	输入信号（时域）	输出响应	稳态误差
$\frac{1}{Ts+1}$	$\delta(t)$	$\frac{1}{T}e^{-\frac{t}{T}}$（$t \geqslant 0$）	0
	$1(t)$	$1-e^{-\frac{t}{T}}$（$t \geqslant 0$）	0
	t	$t-T+Te^{-\frac{t}{T}}$（$t \geqslant 0$）	T
	$\frac{1}{2}t^2$	$\frac{1}{2}t^2-Tt+T^2(1-e^{-\frac{t}{T}})$（$t \geqslant 0$）	无穷大

2.4.4 典型二阶系统瞬态性能分析

二阶系统的传递函数为

$$\Phi(s)=\frac{C(s)}{R(s)}=\frac{K}{s(Ts+1)+K} \tag{2-44}$$

式中，K 为系统的开环增益；T 为时间常数。为方便分析，常把二阶系统的传递函数写成标准形式，即

$$\Phi(s)=\frac{C(s)}{R(s)}=\frac{K}{Ts^2+s+K}=\frac{\frac{K}{T}}{s^2+\frac{1}{T}s+\frac{K}{T}}=\frac{{\omega_n}^2}{s^2+2\xi\omega_n s+{\omega_n}^2} \tag{2-45}$$

式中，$\omega_n=\sqrt{\frac{K}{T}}$ 称为自然频率（无阻尼振荡频率）；$\xi=\frac{1}{2\sqrt{TK}}$ 称为阻尼比（相对阻尼系数）。这样二阶系统的过渡过程就可以用 ω_n 和 ξ 两个参数加以描述。二阶系统的特征方程为

$$s^2 + 2\xi\omega_n s + \omega_n^2 = 0 \tag{2-46}$$

解得特征方程的两个特征根（极点）为

$$s_{1,2} = -\xi\omega_n \pm \omega_n\sqrt{\xi^2 - 1} \tag{2-47}$$

其极点分布如图 2-12 所示。

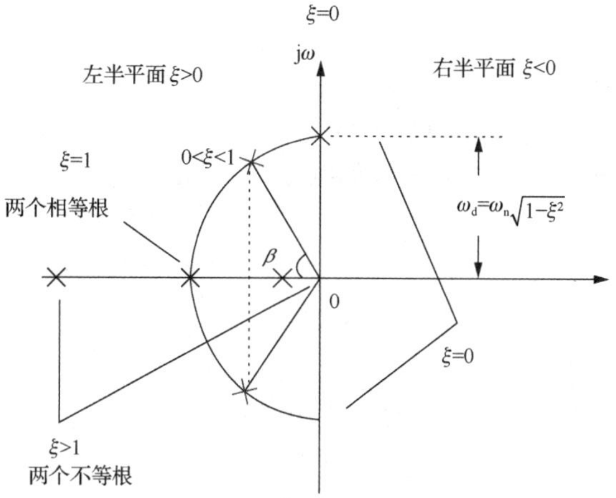

图 2-12　二阶系统的极点分布图

典型二阶系统在单位阶跃信号作用下的响应分析如下。

1. **欠阻尼**（$0<\xi<1$）

在这种情况下，单位阶跃响应函数为

$$c(t) = 1 - \frac{e^{-\xi\omega_n t}}{\sqrt{1-\xi^2}}\sin(\omega_d t + \varphi) \tag{2-48}$$

式中，$\omega_d = \omega_n\sqrt{1-\xi^2}$ 称为阻尼振荡频率；$\varphi=\arctan\dfrac{\sqrt{1-\xi^2}}{\xi}$，其单位阶跃响应曲线如图 2-13 所示。

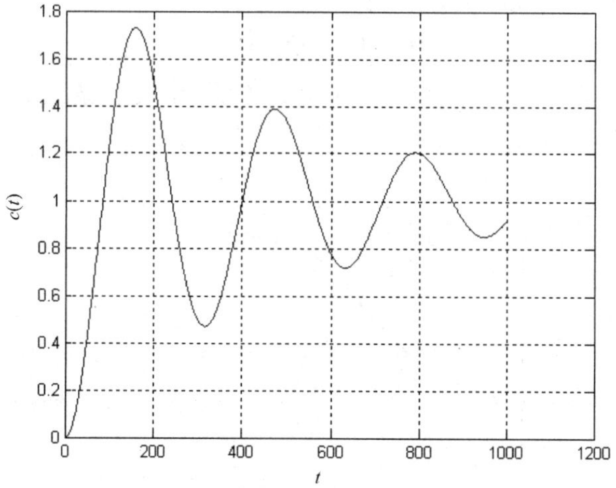

图 2-13　欠阻尼二阶系统的单位阶跃响应曲线

对应于欠阻尼（0< ξ <1）时的动态过程，单位阶跃响应曲线为一条衰减的正弦振荡曲线，其衰减速度取决于 $\xi\omega_n$ 值的大小，而衰减振荡的周期为

$$T_d = \frac{2\pi}{\omega_d} = \frac{2\pi}{\omega_n\sqrt{1-\xi^2}} \tag{2-49}$$

2. **无阻尼（ ξ=0 ）**

在这种情况下，单位阶跃响应函数为

$$c(t) = 1 - \cos\omega_n t \quad t \geqslant 0$$

无阻尼二阶系统的单位阶跃响应曲线如图 2-14 所示。

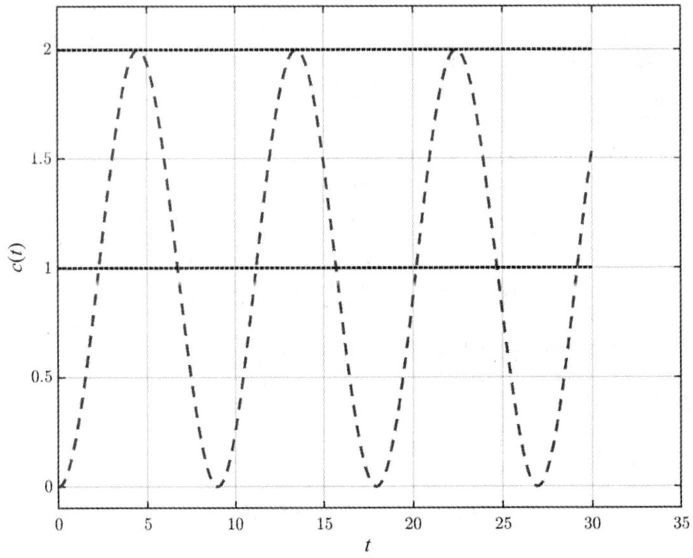

图 2-14 无阻尼二阶系统的单位阶跃响应曲线

3. **临界阻尼（ ξ=1 ）**

在这种情况下，单位阶跃响应函数为

$$c(t) = 1 - (\omega_n t + 1)e^{-\omega_n t} \tag{2-50}$$

临界阻尼二阶系统的单位阶跃响应曲线如图 2-15 所示，是一条无超调的单调上升的曲线。

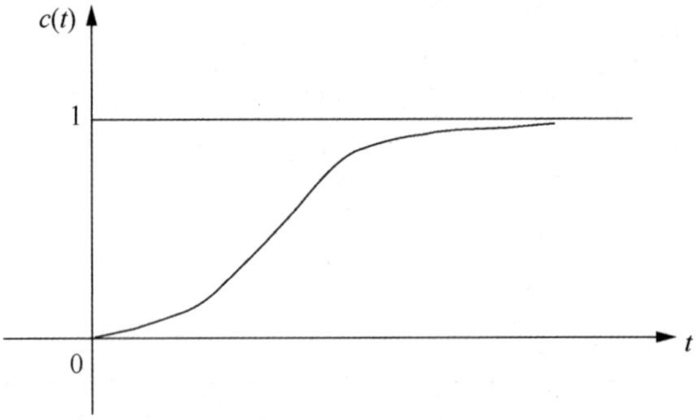

图 2-15 临界阻尼二阶系统的单位阶跃响应曲线

4. 过阻尼（$\xi>1$）

在这种情况下，单位阶跃响应函数为

$$c(t)=1-\mathrm{e}^{-(\xi-\sqrt{\xi^2-1})t} \tag{2-51}$$

此时二阶系统可以近似视为惯性系统。单位阶跃信号的瞬态响应不会出现超调或振荡，并且过渡过程比临界阻尼状态的持续时间要长。对于不允许产生振荡的控制系统，应该工作在过阻尼状态，其瞬态响应指标类似于一阶系统，因此可以参考一阶系统的相关特性。

在大多数控制系统中，通常允许存在适度的振荡特性，因此系统常常工作在欠阻尼状态下。接下来将探讨二阶系统在欠阻尼状态下其瞬态响应的具体指标。

上升时间 $t_\mathrm{r}=\dfrac{\pi-\beta}{\omega_\mathrm{d}}$，其中 $\beta=\arctan\dfrac{\sqrt{1-\xi^2}}{\xi}$。

峰值时间 $t_\mathrm{p}=\dfrac{\pi}{\omega_\mathrm{d}}=\dfrac{\pi}{\omega_\mathrm{n}\sqrt{1-\xi^2}}$。

超调量 $M_\mathrm{p}=\mathrm{e}^{-\frac{\xi}{\sqrt{1-\xi^2}}\pi}$。

调节时间：当稳态误差为 0.02 时，$t_\mathrm{s}=\dfrac{4}{\xi\omega_\mathrm{n}}$；当稳态误差为 0.05 时，$t_\mathrm{s}=\dfrac{3}{\xi\omega_\mathrm{n}}$。

2.5　系统传递函数与状态方程的相互转换

设系统的传递函数为

$$G(s)=\frac{Y(s)}{U(s)}=\frac{b_n s^n+b_{n-1}s^{n-1}+\cdots+b_1 s+b_0}{s^n+a_{n-1}s^{n-1}+\cdots+a_1 s+a_0}$$

应用综合除法有

$$G(s)=b_n+\frac{\beta_{n-1}s^{n-1}+\cdots+\beta_1 s+\beta_0}{s^n+a_{n-1}s^{n-1}+\cdots+a_1 s+a_0}\cong b_n+\frac{N(s)}{D(s)}$$

式中，b_n 是直接联系输入、输出量的前馈系数，当 $G(s)$ 的分母次数大于分子次数时，$b_n=0$；$\dfrac{N(s)}{D(s)}$ 是严格有理真分式，其分子各项的系数分别为

$$\begin{cases}\beta_0=b_0-a_0 b_n\\ \beta_1=b_1-a_1 b_n\\ \quad\vdots\\ \beta_{n-1}=b_{n-1}-a_{n-1}b_n\end{cases}$$

下面介绍由 $\dfrac{N(s)}{D(s)}$ 导出几种标准型动态方程的方法。

1. $N(s)/D(s)$ 串联分解

如图 2-16 所示，取 z 为中间变量，将 $N(s)/D(s)$ 分解为相串联的两部分。

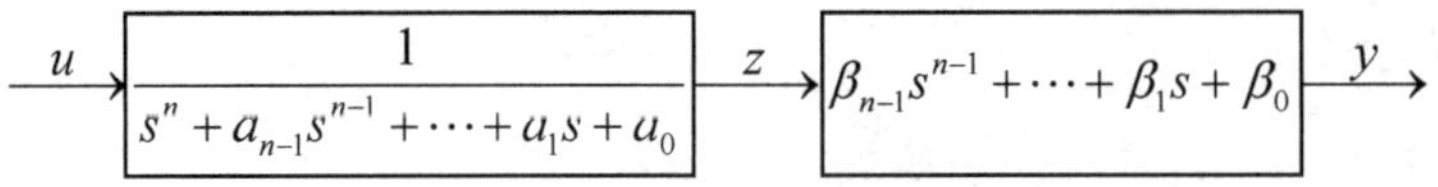

图 2-16　传递函数的串联分解图

根据图 2-16 所示串联分解图，可得到

$$z^{(n)} + a_{n-1}z^{(n-1)} + \cdots + a_1\dot{z} + a_0 z = u$$

$$y = \beta_{n-1}z^{(n-1)} + \cdots + \beta_1\dot{z} + \beta_0 z$$

选取状态变量 $x_1 = z$，$x_2 = \dot{z}$（一阶导数），…，$x_n = z^{(n-1)}$（n−1 阶导数），则状态方程为

$$\begin{cases} \dot{x}_1 = x_2 \\ \dot{x}_2 = x_3 \\ \quad\vdots \\ \dot{x}_n = -a_0 x_1 - a_1 x_2 - \cdots - a_{n-1}x_n + u \end{cases}$$

输出方程为

$$y = \beta_0 x_1 + \beta_1 x_2 + \cdots + \beta_{n-1}x_n$$

将状态方程和输出方程写成向量-矩阵形式，得到可控标准型动态方程为

$$\begin{cases} \dot{\boldsymbol{x}} - \boldsymbol{A}_c + \boldsymbol{b}_c u \\ y = \boldsymbol{c}_c \boldsymbol{x} \end{cases}$$

式中

$$\boldsymbol{A}_c = \begin{bmatrix} 0 & 1 & 0 & \cdots & 0 \\ 0 & 0 & 1 & \cdots & 0 \\ \vdots & \vdots & \vdots & & \vdots \\ 0 & 0 & 0 & \cdots & 1 \\ -a_0 & -a_1 & -a_2 & \cdots & -a_n \end{bmatrix},\quad \boldsymbol{b}_c = \begin{bmatrix} 0 \\ 0 \\ \vdots \\ 0 \\ 1 \end{bmatrix},\quad \boldsymbol{c}_c = [\beta_0, \beta_1, \cdots, \beta_{n-1}]$$

可控标准型的结构框图如图 2-17 所示。

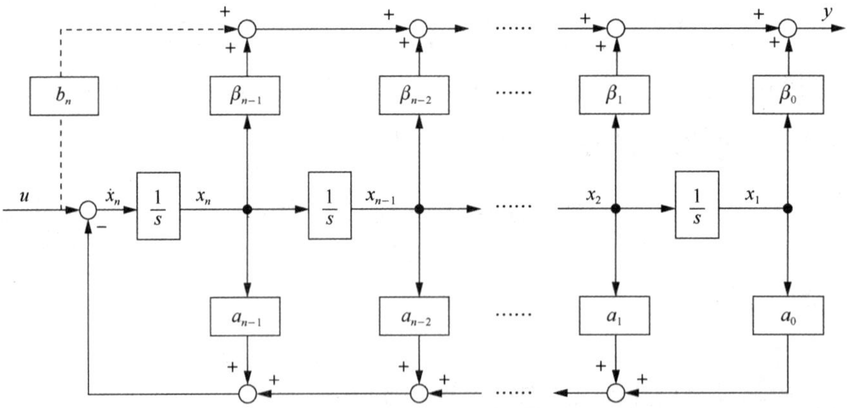

图 2-17　可控标准型的结构框图

当 $G(s) = b_n + N(s)/D(s)$ 时，$\boldsymbol{A}_c, \boldsymbol{b}_c, \boldsymbol{c}_c$ 不变，此时输出为

$$y = \boldsymbol{c}_c \boldsymbol{x} + b_n u$$

当 $b_n = 0$ 时，若选取系数矩阵 $\boldsymbol{A}_o = \boldsymbol{A}_c^{\mathrm{T}}$，$\boldsymbol{b}_o = \boldsymbol{c}_c^{\mathrm{T}}$，$\boldsymbol{c}_o = b_c^{\mathrm{T}}$，则可以得到状态方程和输出方程的可观标准型动态方程：

$$\begin{cases} \dot{\boldsymbol{x}} = \boldsymbol{A}_o + \boldsymbol{b}_o u \\ y = \boldsymbol{c}_o \boldsymbol{x} \end{cases}$$

式中

$$\boldsymbol{A}_o = \begin{bmatrix} 0 & 0 & \cdots & 0 & -a_0 \\ 1 & 0 & \cdots & 0 & -a_1 \\ 0 & 1 & \cdots & 0 & -a_2 \\ \vdots & \vdots & & \vdots & \vdots \\ 0 & 0 & \cdots & 1 & -a_{n-1} \end{bmatrix},\quad \boldsymbol{b}_o = \begin{bmatrix} \beta_0 \\ \beta_1 \\ \vdots \\ \beta_{n-1} \end{bmatrix},\quad \boldsymbol{c}_o = \begin{bmatrix} 0 & \cdots & 0 & 1 \end{bmatrix}$$

可观标准型的结构框图如图 2-18 所示。

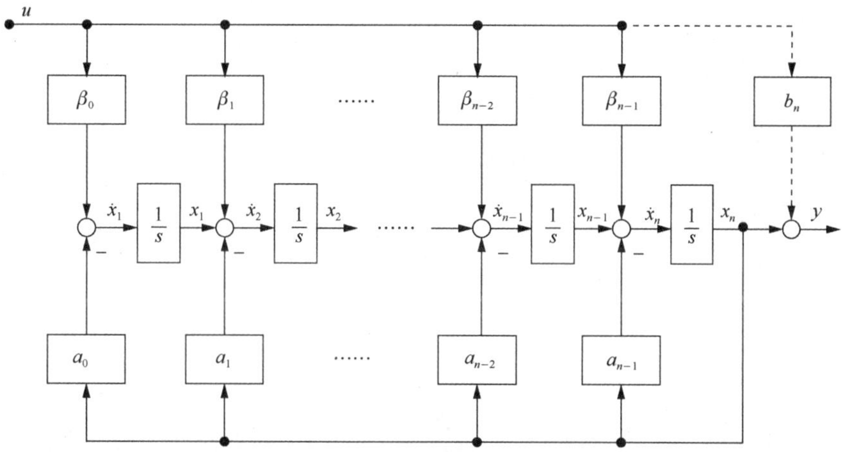

图 2-18　可观标准型的结构框图

例 13　设二阶系统的微分方程为 $\ddot{y} + 2\xi\omega\dot{y} + \omega^2 y = T\dot{u} + u$，试写出该系统的可控标准型和可观标准型动态方程的各矩阵。

解：系统的传递函数为

$$G(s) = \frac{Y(s)}{U(s)} = \frac{Ts+1}{s^2 + 2\xi\omega s + \omega^2}$$

可控标准型动态方程的各矩阵为

$$\boldsymbol{x}_c = \begin{bmatrix} x_{c1} \\ x_{c2} \end{bmatrix},\quad \boldsymbol{A}_c = \begin{bmatrix} 0 & 1 \\ -\omega^2 & -2\xi\omega \end{bmatrix},\quad \boldsymbol{b}_c = \begin{bmatrix} 0 \\ 1 \end{bmatrix},\quad \boldsymbol{c}_c = \begin{bmatrix} 1 & T \end{bmatrix}$$

可观标准型动态方程的各矩阵为

$$\boldsymbol{x}_o = \begin{bmatrix} x_{o1} \\ x_{o2} \end{bmatrix},\quad \boldsymbol{A}_o = \begin{bmatrix} 0 & -\omega^2 \\ 1 & -2\xi\omega \end{bmatrix},\quad \boldsymbol{b}_o = \begin{bmatrix} 1 \\ T \end{bmatrix},\quad \boldsymbol{c}_o = \begin{bmatrix} 0 & 1 \end{bmatrix}$$

2. $N(s)/D(s)$ 只含单实极点的情况

当 $N(s)/D(s)$ 只含单实极点时，系统的动态方程除了可化为可控标准型或可观标准型动态方程，还可化为对角型动态方程，其系数矩阵是一个对角矩阵。

设$D(s)=(s-\lambda_1)(s-\lambda_2)\cdots(s-\lambda_n)$，式中$\lambda_1,\lambda_2,\cdots,\lambda_n$为系统的单实极点，则传递函数可展开为部分分式之和：

$$\frac{Y(s)}{U(s)}=\frac{N(s)}{D(s)}=\sum_{i=1}^{n}\frac{c_i}{s-\lambda_i}$$

式中，$c_i=\lim\limits_{s\to\lambda_i}(s-\lambda_i)\dfrac{N(s)}{D(s)}$。传递函数经过变形后得到

$$Y(s)=\sum_{i=1}^{n}\frac{c_i}{s-\lambda_i}U(s)$$

若令状态变量$X_i(s)=\dfrac{1}{s-\lambda_i}U(s)$，则其反变换结果为

$$\begin{cases}\dot{x}_1=\lambda_1x_1+u\\ \dot{x}_2=\lambda_2x_2+u\\ \quad\vdots\\ \dot{x}_n=\lambda_nx_n+u\\ y=c_1x_1+c_2x_2+\cdots+c_nx_n\end{cases}$$

其向量-矩阵形式为

$$\begin{bmatrix}\dot{x}_1\\ \dot{x}_2\\ \vdots\\ \dot{x}_n\end{bmatrix}=\begin{bmatrix}\lambda_1 & & & 0\\ & \lambda_2 & & \\ & & \ddots & \\ 0 & & & \lambda_n\end{bmatrix}\begin{bmatrix}x_1\\ x_2\\ \vdots\\ x_n\end{bmatrix}+\begin{bmatrix}1\\ 1\\ \vdots\\ 1\end{bmatrix}u,\quad y=[c_1,c_2,\cdots,c_n]\begin{bmatrix}x_1\\ x_2\\ \vdots\\ x_n\end{bmatrix}$$

若令状态变量$X_i(s)=\dfrac{c_i}{s-\lambda_i}U(s)$，则$Y(s)=\sum\limits_{i=1}^{n}X_i(s)$，对其进行反拉普拉斯变换并展开，有

$$\begin{cases}\dot{x}_1=\lambda_1x_1+c_1u\\ \dot{x}_2=\lambda_2x_2+c_2u\\ \quad\vdots\\ \dot{x}_n=\lambda_nx_n+c_nu\\ y=x_1+x_2+\cdots+x_n\end{cases}$$

其向量-矩阵形式为

$$\begin{bmatrix}\dot{x}_1\\ \dot{x}_2\\ \vdots\\ \dot{x}_n\end{bmatrix}=\begin{bmatrix}\lambda_1 & & & 0\\ & \lambda_2 & & \\ & & \ddots & \\ 0 & & & \lambda_n\end{bmatrix}\begin{bmatrix}x_1\\ x_2\\ \vdots\\ x_n\end{bmatrix}+\begin{bmatrix}c_1\\ c_2\\ \vdots\\ c_n\end{bmatrix}u,\quad y=\begin{bmatrix}1 & 1 & \cdots & 1\end{bmatrix}\begin{bmatrix}x_1\\ x_2\\ \vdots\\ x_n\end{bmatrix}$$

3. $N(s)/D(s)$含重实极点的情况

当传递函数除含单实极点外还含有重实极点时，系统的动态方程不仅可化为可控标准型或可观标准型动态方程，还可化为约当标准型动态方程，其系数矩阵是一个含约当块的矩阵。

设$D(s)=(s-\lambda_1)^3(s-\lambda_4)\cdots(s-\lambda_n)$，式中$\lambda_1$为三重实极点，$\lambda_4,\cdots,\lambda_n$为单实极点，则传递

函数可展开为部分分式之和：

$$\frac{Y(s)}{U(s)}=\frac{N(s)}{D(s)}=\frac{c_{11}}{(s-\lambda_1)^3}+\frac{c_{12}}{(s-\lambda_1)^2}+\frac{c_{13}}{s-\lambda_1}+\sum_{i=1}^{n}\frac{c_i}{s-\lambda_i}$$

其状态变量的选取方法与只含单实极点时相同，可分别得出向量-矩阵形式的动态方程：

$$\begin{cases}\begin{bmatrix}\dot{x}_{11}\\ \dot{x}_{12}\\ \dot{x}_{13}\\ \dot{x}_4\\ \vdots\\ \dot{x}_n\end{bmatrix}=\begin{bmatrix}\lambda_1 & 1 & & & & \\ & \lambda_1 & 1 & & 0 & \\ & & \lambda_1 & & & \\ & & & \lambda_4 & & \\ & 0 & & & \ddots & \\ & & & & & \lambda_n\end{bmatrix}\begin{bmatrix}x_{11}\\ x_{12}\\ x_{13}\\ x_4\\ \vdots\\ x_n\end{bmatrix}+\begin{bmatrix}0\\ 0\\ 1\\ 1\\ \vdots\\ 1\end{bmatrix}u\\ y=[c_{11},c_{12},c_{13},c_4,\cdots,c_n]\boldsymbol{x}\end{cases}$$

或

$$\begin{cases}\begin{bmatrix}\dot{x}_{11}\\ \dot{x}_{12}\\ \dot{x}_{13}\\ \dot{x}_4\\ \vdots\\ \dot{x}_n\end{bmatrix}=\begin{bmatrix}\lambda_1 & & & & & \\ 1 & \lambda_1 & & & 0 & \\ & 1 & \lambda_1 & & & \\ & & & \lambda_4 & & \\ & 0 & & & \ddots & \\ & & & & & \lambda_n\end{bmatrix}\begin{bmatrix}x_{11}\\ x_{12}\\ x_{13}\\ x_4\\ \vdots\\ x_n\end{bmatrix}+\begin{bmatrix}c_{11}\\ c_{12}\\ c_{13}\\ c_4\\ \vdots\\ c_n\end{bmatrix}u\\ y=[0,0,1,1,\cdots,1]\boldsymbol{x}\end{cases}$$

思　考　题

1．随机过程 $X(t)=V\sin\omega_0 t$，其中 ω_0 为常数，V 是标准正态随机变量。求该随机过程的均值、方差、相关函数和协方差函数。

2．随机变量 X 服从如下分布：

$$F_X(x)=\begin{cases}A-\mathrm{e}^{\frac{-x^2}{2}} & x\geqslant 0\\ 0 & x<0\end{cases}$$

求：（1）系数 A；（2）落在区间(−1,1)内的概率；（3）X 的概率密度函数。

3．设随机过程 $X(t)=5t\cos\Phi$，其中变量 Φ 是在 $[0,2\pi]$ 上服从均匀分布的随机变量。讨论随机变量 $X(t)$ 的各态历经性。（$\cos^2\alpha=\dfrac{1+\cos 2\alpha}{2}$）

4．试述平稳随机过程的定义和各态历经性在系统辨识中的现实意义。

5．描述系统动态性能的指标有哪些？

第 3 章　线性系统经典辨识方法

经典辨识方法是依据经典控制理论进行系统辨识的方法。在经典控制理论中，线性系统的动态特性通常用传递函数 $G(s)$、频率响应 $G(\mathrm{j}\omega)$、脉冲响应 $g(t)$ 或阶跃响应 $h(t)$ 来表示。通过给线性系统施加不同的特定测试信号，根据测量的系统输出数据绘制曲线图，再结合经典控制理论的相关结论，可以得出线性系统的传递函数。

3.1　阶跃响应法

在系统辨识中，阶跃响应法是一种常见的方法。阶跃响应法是指在待辨识系统上施加一个已知的阶跃扰动，并记录系统的瞬态输出响应数据，根据这些响应数据绘制随时间变化的曲线，称为时间响应曲线，然后利用经典控制理论推导出待辨识系统的传递函数。

阶跃响应法的一般辨识流程如下：

（1）**选择测试信号**：在待辨识系统处于某一稳态时，选择一个阶跃信号作为测试信号。在系统的输入端额外增加阶跃扰动，使得系统重新达到稳态。

（2）**测量阶跃响应值**：在测量系统的输出序列时，应使用测量仪器以等间隔时间 Δ 进行测量，记录系统的输出序列 $y(k\Delta)$。通常，在不同的工况（如最大负荷、平均负荷、最小负荷）下，应进行多次重复试验，并取几次试验的平均值作为最终的阶跃响应值。这样可以消除干扰带来的偶然性误差。

当阶跃信号的正值（向上的幅值）和负值（向下的幅值）导致系统的输出响应值有较大差异时，可以认为待辨识系统的非线性特性较强。在这种情况下，可以减小阶跃信号的幅值，再次进行测试。

（3）**绘制阶跃响应曲线图**：根据第（2）步得到的阶跃响应序列 $y(k\Delta)$ 绘制关于时间 t 的阶跃响应曲线图。

（4）**选择模型类**：根据阶跃响应曲线的形状，初步判断系统的阶数。常见的一阶和二阶系统的阶跃响应曲线具有以下特征：

一阶系统的阶跃响应曲线呈指数衰减，没有超调。

二阶系统的阶跃响应曲线有超调，并且可能出现振荡。

如果阶跃响应曲线的特征明显，可以尝试建立一阶或二阶的传递函数模型。如果曲线比较复杂，可能需要考虑更高阶的模型，但要注意高阶模型可能会引入不必要的复杂性。多数工业系统都可以用具有纯滞后性的一阶或二阶的传递函数模型来描述，由于采用阶跃响应法拟合传递函数的误差较大，因此建立三阶或三阶以上的传递函数模型，实际意义不大。

（5）**辨识**：一旦确定了模型的阶数，接下来就是计算模型的参数。这通常涉及使用系统响应数据进行曲线拟合或数学建模，可以通过拟合或优化算法，使用采集到的阶跃响应数据来估计模型参数的值。根据自动控制原理中时域响应与传递函数的时间常数、比例系数、延迟因子等的关系，实现传递函数相关参数的辨识。

（6）**模型验证**：使用建立的数学模型来预测系统对其他输入信号的响应，并与实际测量结果进行比较，以验证模型的准确性和可靠性。如系统实际输出与辨识模型模拟值之间的偏差满足给定的精度要求则输出模型，否则转到第（4）步。

通过以上阶跃响应法的辨识流程可以看出，阶跃响应法辨识的核心问题是根据阶跃响应序列 $y(k\varDelta)$ 绘制阶跃响应曲线。阶跃响应曲线的绘制方法有两种：一种是直接测定法，另一种是间接测定法。

直接测定法：在直接测定法中，对系统施加一个突变的阶跃输入信号，然后测量系统的输出响应，可以通过测量设备来获取系统响应的数据。在实际实验中，可在线绘制阶跃响应曲线，即将扰动 $u(t)$ 加到稳态输入 u_0 上，记录被测系统的输入值、输出值，直到被测系统进入一个新的稳定状态为止。

间接测定法：对于不具有自平衡能力的对象（如包含积分环节的系统等），若仍将阶跃输入信号作为测试信号，则会引起输出量的持续变化，以致其超出系统正常运行允许的界限。这时经常采用在输入端施加方波信号的方法，先获得系统的方波响应，再将方波响应转换成阶跃响应。

方波信号可以看作一个正阶跃信号和一个带延时的负阶跃信号的叠加，如图 3-1 所示。

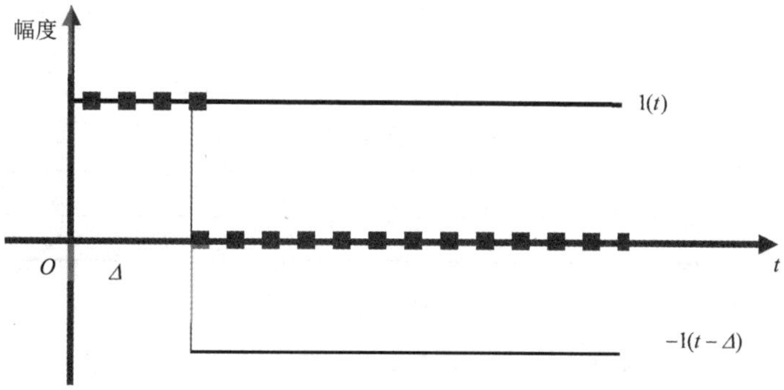

图 3-1　方波信号可看作两个信号的叠加

方波信号 $u(t)$ 可视为两个等幅值阶跃信号 $u_1(t)$ 和 $u_2(t)$ 的叠加，设阶跃信号的幅值为 A，则两个阶跃信号分别记为 $u_1(t)=A*1(t)$， $u_2(t)=-A*1(t-\varDelta)$，则方波信号

$$u(t)=u_1(t)+u_2(t)=A*1(t)-A*1(t-\varDelta)=A[1(t)-1(t-\varDelta)] \tag{3-1}$$

则输出信号 $y(t)$ 也可以视为两个阶跃信号的叠加，即

$$y(t)=y_1(t)+y_2(t)=y_1(t)-y_1(t-\varDelta) \tag{3-2}$$

根据式（3-2），可得到

$$y_1(t)=y(t)+y_1(t-\varDelta) \tag{3-3}$$

一般令 $y_1(0)=0$，分别令 $t=\varDelta,2\varDelta,3\varDelta,4\varDelta,5\varDelta,\cdots$，则有

$y_1(\varDelta)=y(\varDelta)+y_1(\varDelta-\varDelta)=y(\varDelta)+y_1(0)=y(\varDelta)$

$$y_1(2\varDelta)=y(2\varDelta)+y_1(2\varDelta-\varDelta)=y(2\varDelta)+y_1(\varDelta)=y(2\varDelta)+y(\varDelta)=\sum_{i=1}^{2}y(i\varDelta)$$

$$y_1(3\varDelta)=y(3\varDelta)+y_1(3\varDelta-\varDelta)=y(3\varDelta)+y_1(2\varDelta)=\sum_{i=1}^{3}y(i\varDelta)$$

$$\vdots$$

$$y_1(k\varDelta)=y(k\varDelta)+y_1(k\varDelta-\varDelta)=y(k\varDelta)+y_1\left[(k-1)\varDelta\right]=\sum_{i=1}^{k}y(i\varDelta)$$

从以上推导可以看出，测得方波响应信号 $y(\varDelta)$，$y(2\varDelta)$，$y(3\varDelta),\cdots$ 后，就可以快速计算出阶跃响应信号 $y_1(\varDelta)$，$y_1(2\varDelta)$，$y_1(3\varDelta),\cdots$。方波信号的响应曲线与阶跃响应曲线的关系如图 3-2 所示。

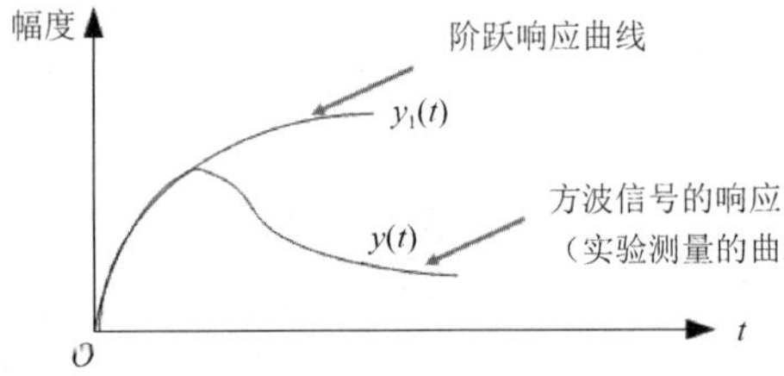

（a）理想曲线

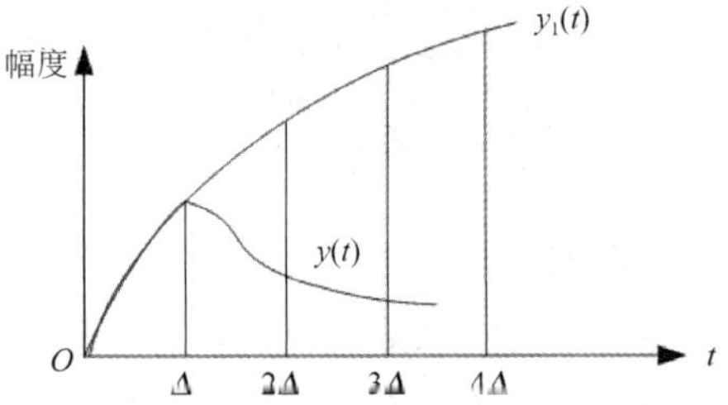

（b）等间隔采样曲线

图 3-2　方波信号的响应曲线与阶跃响应曲线的关系

例 1　以方波信号为输入信号激励某系统，采集到该系统在采样时间点的输出（方波响应序列）如表 3-1 所示。

表 3-1　方波响应序列

采样时间	$\varDelta$	$2\varDelta$	$3\varDelta$	$4\varDelta$	$5\varDelta$	$6\varDelta$	$7\varDelta$	$8\varDelta$	$9\varDelta$	$10\varDelta$
方波响应	2.18	1.97	1.83	1.67	1.61	1.56	1.49	1.42	1.38	1.31

试计算该系统对应采样时间点的阶跃响应值。

解：根据阶跃响应与方波响应的关系式：

$$y_1(k\varDelta)=y(k\varDelta)+y_1\left[(k-1)\varDelta\right]=\sum_{i=1}^{k}y(i\varDelta)$$

得到

$y_1(\varDelta)=y(\varDelta)=2.18$

$y_1(2\varDelta)=y_1(\varDelta)+y(2\varDelta)=2.18+1.97=4.15$

$y_1(3\varDelta)=y_1(2\varDelta)+y(3\varDelta)=4.15+1.83=5.98$

$y_1(4\varDelta)=y_1(3\varDelta)+y(4\varDelta)=5.98+1.67=7.65$

$\vdots$

$y_1(10\varDelta)=y_1(9\varDelta)+y(10\varDelta)=15.11+1.31=16.42$

最终得到的阶跃响应值如表 3-2 所示。

表 3-2　方波响应序列和阶跃响应序列

采样时间	Δ	2Δ	3Δ	4Δ	5Δ	6Δ	7Δ	8Δ	9Δ	10Δ
方波响应	2.18	1.97	1.83	1.67	1.61	1.56	1.49	1.42	1.38	1.31
阶跃响应	2.18	4.15	5.98	7.65	9.26	10.82	12.31	13.73	15.11	16.42

在采用阶跃响应法建模的过程中，要注意以下**测试要点**：

（1）阶跃扰动的取值范围：在阶跃响应测试中，应确保阶跃扰动的幅值适当。阶跃扰动的取值范围在额定值的 5%～20%，通常取额定值的 8%～10%，在这个范围内取值有助于产生足够的系统响应，以便分析系统的动态特性。

（2）多次测试并取平均值：通过反复测试并取多次实验的平均值，可以减小噪声或其他干扰引起的偶然性误差，有助于提高测量的准确性和可靠性。

（3）在不同工况下进行实验：在不同工况（最大负荷、平均负荷、最小负荷等）下进行实验是很重要的。系统的动态响应可能在不同负荷下有所变化，因此在不同工况下进行实验可以更全面地了解系统的性能。

（4）施加反向阶跃输入信号：通过施加反向阶跃输入信号，使系统从一个稳态过渡到另一个稳态，以检验系统的非线性特性。

（5）准确记录计时起点：精确记录施加阶跃输入信号的计时起点对于后续的数据分析非常关键，应确保在数据处理中使用准确的时间信息。

在得到系统的阶跃响应曲线后，即可由阶跃响应曲线确定系统的传递函数。在通过阶跃响应曲线确定系统的传递函数时，一般假设传递函数的结构是已知的。阶跃响应曲线的特征参数（如上升时间、峰值时间、超调量等）可以用于拟合已知结构的传递函数模型。通过对这些特征参数的计算和分析，可以推导出系统传递函数的结构和参数。

对于一阶惯性系统，其传递函数为$G(s)=\dfrac{K}{Ts+1}$，其阶跃响应曲线如图 3-3 所示。

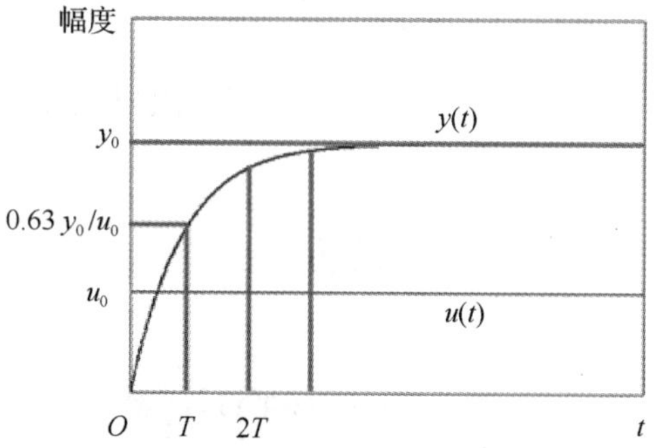

图 3-3　一阶惯性系统的阶跃响应曲线

根据阶跃响应曲线与一阶惯性系统特征参数之间的关系，可以得到

$$K=\frac{y_0}{u_0} \tag{3-4}$$

$$t=T,\ y(t)=K(1-\mathrm{e}^{-t/T})=K(1-\mathrm{e}^{-1})\approx 0.63K \tag{3-5}$$

即 $0.63\dfrac{y_0}{u_0}$ 处 t 的值为时间常数 T 的值。

具有滞后性的一阶惯性系统的传递函数为 $G(s)=\dfrac{K}{Ts+1}\mathrm{e}^{-\tau s}$，需要确定的参数为 K，T,τ，则有

$$K=\frac{y(\infty)-y(0)}{\Delta u} \tag{3-6}$$

式中，$y(0)$ 为初值，$y(\infty)$ 为稳态值。Δu 为输入信号的幅值。取 t_1,t_2 时刻的输出 $y(t_1)$ 和 $y(t_2)$，且 $t_2>t_1>\tau$，则有

$$\begin{cases} y(t_1)=1-\mathrm{e}^{-\frac{t_1-\tau}{T}} \\ y(t_2)=1-\mathrm{e}^{-\frac{t_2-\tau}{T}} \end{cases} \tag{3-7}$$

求解该方程组，即可得到参数 T,τ 的值。

对于二阶系统，传递函数为

$$G(s)=\frac{K}{T^2s^2+2T\xi s+1}=KG^*(s) \tag{3-8}$$

式中，$G^*(s)=\dfrac{1}{T^2(s+\omega_1)(s+\omega_2)}$；$\omega_1=(\xi-\sqrt{\xi^2-1})/T$；$\omega_2=(\xi+\sqrt{\xi^2-1})/T$，则传递函数 $G^*(s)$ 的时间响应函数为

$$y^*(t)=1-\frac{\omega_2}{\omega_2-\omega_1}\mathrm{e}^{-\omega_1 t}+\frac{\omega_1}{\omega_2-\omega_1}\mathrm{e}^{-\omega_2 t} \tag{3-9}$$

二阶系统的增益为

$$K=y(\infty)-y(0) \tag{3-10}$$

系统的超调量可表示为 $\sigma\%=\mathrm{e}^{-\pi\xi/\sqrt{1-\xi^2}}\times 100\%$，由此可将阻尼比表示为

$$\xi=\sqrt{\frac{\ln^2\sigma}{\pi^2+\ln^2\sigma}} \tag{3-11}$$

根据阶跃响应曲线计算出超调量 $\sigma\%$，即可计算出阻尼比 ξ。在阶跃响应曲线上找出峰值时间 t_{p}，则时间常数 T 为

$$T=\frac{t_{\mathrm{p}}\sqrt{1-\xi^2}}{\pi} \tag{3-12}$$

3.2 脉冲响应法

脉冲响应法是系统辨识的一种重要方法，特别是在频域分析和传递函数建模方面。脉冲响应法分为直接脉冲响应法和间接脉冲响应法。

（1）直接脉冲响应法：直接脉冲响应法的基本思想是在系统的输入端输入单位脉冲信号，这是一个在 0 时刻幅值瞬间增加到 1 的信号。系统的输出是单位脉冲信号通过系统后的响应，即系统的脉冲响应。通过测量脉冲响应，可以获得系统在时域的行为。将测得的脉冲响

应绘制成脉冲响应曲线，即系统对单位脉冲的时域响应。这个曲线反映了系统的动态特性。利用双边傅里叶变换，可以将脉冲响应从时域转换到频域，得到系统的频域传递函数和系统的频域响应。

（2）间接脉冲响应法：间接脉冲响应法使用具有各态历经性的随机信号作为系统的输入。这意味着输入信号的性质不依赖于时间。利用随机过程的相关原理，通过测量输入信号与输出信号之间的相关性，可以推导出系统的频域特性和传递函数。通过对输入、输出信号的相关性进行分析，可以辨识系统的频域响应和传递函数。这种方法适用于线性时不变系统，并且可以用于系统的频域特性分析。

脉冲响应法的优势在于它能够提供系统在时域和频域两个方面的信息，有利于更全面地了解和模拟系统的动态行为。直接脉冲响应法和间接脉冲响应法的选择取决于具体的应用场景和系统特性，通常更倾向于使用间接脉冲响应法而不是直接脉冲响应法，主要原因如下：

（1）脉冲响应信号对系统的影响：直接脉冲响应法中，输入信号是单位脉冲信号，单位脉冲信号具有幅值瞬时增加到 1 的特性，对于某些系统，这种瞬时变化可能会引起较大的干扰或损坏。间接脉冲响应法使用更平缓、更“温和”的输入信号，如随机信号，可以减小对系统的影响。

（2）更好地处理噪声和干扰：直接脉冲响应法对噪声和测量误差比较敏感，因为它要求测量系统对单位脉冲的精确响应。相比之下，间接脉冲响应法使用随机信号，其辨识过程可以通过概率和统计方法更好地处理噪声和测量误差。

（3）适用于多输入多输出（MIMO）系统：直接脉冲响应法可能使多输入多输出系统的辨识过程变得更加复杂，因为每个输入都需要分别进行测试。间接脉冲响应法，特别是在频域中，更容易处理多输入多输出系统的辨识问题。

（4）对非线性系统有更好的适应性：间接脉冲响应法在一些非线性系统的辨识中更具有鲁棒性。随机信号的输入可以帮助捕捉系统的非线性特性，故直接脉冲响应法应用于非线性系统时效果可能不如间接脉冲响应法。

（5）更丰富的频率响应信息：通过使用随机信号，间接脉冲响应法能够提供系统在更广范围内的频率响应信息，这对于频域分析和建立更为准确的传递函数模型是有益的。

接下来将主要介绍间接脉冲响应法的相关原理和辨识步骤。

3.2.1　维纳-霍夫方程

间接脉冲响应法主要采用相关分析法。该方法的优点在于不要求系统严格处于稳定状态，能够充分激发系统的动态特性，具有强大的抗干扰能力、高精度辨识及在线辨识的能力。相关分析法的理论基础是维纳-霍夫方程，下面给出维纳-霍夫方程的推导过程。

对一个单输入单输出的线性定常系统，设 $x(t)$ 是输入变量，$y(t)$ 是输出变量，根据线性系统理论，输入和输出之间的因果关系既可以用传递函数（频域）来描述，也可以用脉冲响应函数 $g(t)$ 的卷积公式（时域）来描述，线性系统的结构如图 3-4 所示。

图 3-4　线性系统的结构

基于传递函数的线性系统描述形式为

$$y(s)=G(s)x(s) \tag{3-13}$$

基于脉冲响应函数（$g(t)$）卷积公式的线性系统描述形式为

$$y(t)=g(t)*x(t)=\int_{0}^{+\infty}g(\sigma)x(t-\sigma)\mathrm{d}\sigma \tag{3-14}$$

或

$$y(t)=\int_{0}^{+\infty}x(\sigma)g(t-\sigma)\mathrm{d}\sigma \tag{3-15}$$

对于线性定常系统，若输入 $x(t)$ 是随机过程，则输出 $y(t)$ 也是随机过程。设 $x(t)$ 为均值为 0 的平稳随机过程，则 $y(t)$ 也是均值为 0 的平稳随机过程。任取时刻 t 的卷积公式为

$$y(t)=\int_{0}^{+\infty}g(\sigma)x(t-\sigma)\mathrm{d}\sigma \tag{3-16}$$

将 t 用 $t+\tau$ 代替，得到

$$y(t+\tau)=\int_{0}^{+\infty}g(\sigma)x(t+\tau-\sigma)\mathrm{d}\sigma \tag{3-17}$$

用 $x(t)$ 乘以上式，有

$$x(t)y(t+\tau)=x(t)\int_{0}^{+\infty}g(\sigma)x(t+\tau-\sigma)\mathrm{d}\sigma \tag{3-18}$$

取上述结果在时间上的平均值：

$$\begin{aligned}&\lim_{T\to+\infty}\frac{1}{2T}\int_{-T}^{T}x(t)y(t+\tau)\mathrm{d}t\\&=\lim_{T\to\infty}\frac{1}{2T}\int_{-T}^{T}x(t)\int_{0}^{+\infty}g(\sigma)x(t+\tau-\sigma)\mathrm{d}\sigma\mathrm{d}t\\&=\int_{0}^{+\infty}g(\sigma)\left[\lim_{T\to\infty}\frac{1}{2T}\int_{-T}^{T}x(t)x(t+\tau-\sigma)\mathrm{d}t\right]\mathrm{d}\sigma\end{aligned} \tag{3-19}$$

根据平稳随机过程的各态历经性、均值、自相关函数和互相关函数的定义式，得到

$$\begin{aligned}R_{XY}(\tau)&=\int_{0}^{+\infty}g(\sigma)R_{XX}(\tau-\sigma)\mathrm{d}\sigma\\R_{XY}(\tau)&=\int_{0}^{+\infty}g(t)R_{XX}(\tau-t)\mathrm{d}t\end{aligned} \tag{3-20}$$

式（3-20）即**维纳-霍夫方程**。

维纳-霍夫方程描述了输入的自相关函数、输入与输出的互相关函数及脉冲响应函数之间的关系，它是用相关分析法识别线性对象动态特性的重要依据。

维纳-霍夫方程与卷积描述形式的关系如图 3-5 所示。

图 3-5　维纳-霍夫方程与卷积描述形式的关系

由图 3-5 得

$$R_{XY}(\tau)=\int_0^{+\infty} g(\sigma)R_{XX}(\tau-\sigma)\mathrm{d}\sigma \tag{3-21}$$

$$y(t)=\int_0^{+\infty} g(\sigma)x(t-\sigma)\mathrm{d}\sigma \tag{3-22}$$

维纳-霍夫方程表明，一个脉冲响应函数为 $g(t)$ 的线性辨识对象，如果其输入是信号 $x(t)$ 的自相关函数 $R_{XX}(\tau)$，则其响应就等于输入信号 $x(t)$ 与相应的输出信号 $y(t)$ 的互相关函数 $R_{XY}(\tau)$。

当自相关函数 $R_{XX}(\tau)$ 和互相关函数 $R_{XY}(\tau)$ 已知时，可根据维纳-霍夫方程解出脉冲响应值 $g(\tau)$。

当观测时间 T_{m} 充分大时，$x(t)$ 与 $y(t)$ 的互相关函数可由下式求出：

$$R_{XY}(\tau)=\frac{1}{T_{\mathrm{m}}}\int_0^{T} x(t)y(t+\tau)\mathrm{d}t \tag{3-23}$$

如果对 $x(t)$ 与 $y(t)$ 进行等间隔采样，可得序列 x_i 与 y_i 分别为

$$x_i=x(t_i),\ y_i=y(t_i),\quad i=1,2,\cdots,N-1 \tag{3-24}$$

设采样周期为 $\varDelta$，则

$$x_{i+\tau}=x(t_i+\tau\varDelta),\ y_{i+\tau}=y(t_i+\tau\varDelta)$$

$$R_{XX}(\tau)=\frac{1}{N}\sum_{i=0}^{N-1}x_i x_{i+\tau},\ R_{XY}(\tau)=\frac{1}{N}\sum_{i=0}^{N-1}x_i y_{i+\tau}$$

一般情况下，维纳-霍夫方程极难求解，只有在某些特殊情况下，维纳-霍夫方程才可解。为了简化维纳-霍夫方程的求解过程，通常选择白噪声作为系统的输入信号。根据白噪声的定义，当输入信号 $x(t)$ 为白噪声时，其自相关函数为

$$R_{XX}(\tau)=K\delta(\tau) \tag{3-25}$$

令 $\tau=\tau-\sigma$，即将上式中的 τ 全部用 $\tau-\sigma$ 代替，则有

$$R_{XX}(\tau-\sigma)=K\delta(\tau-\sigma) \tag{3-26}$$

将白噪声的自相关函数代入维纳-霍夫方程中，有

$$R_{XY}(\tau)=\int_0^{+\infty} g(\sigma)K\delta(\tau-\sigma)\mathrm{d}\sigma=Kg(\tau) \tag{3-27}$$

得到脉冲响应函数 $g(\tau)$ 与互相关函数 $R_{XY}(\tau)$ 的关系式：

$$g(\tau)=R_{XY}(\tau)/K \tag{3-28}$$

可见，当采用白噪声作为测试信号时，只需计算出 $R_{XY}(\tau)$ 即可解得脉冲响应函数 $g(\tau)$。

采用 $R_{XY}(\tau)=\dfrac{1}{N}\sum\limits_{i=0}^{N-1}x_i y_{i+\tau}$ 计算互相关函数时，需要获取未来数据 $y_{i+\tau}$，而这些数据是不便于获取的。为了便于计算互相关函数，根据

$$R_{XY}(\tau)=\frac{1}{T_{\mathrm{m}}}\int_0^{T} x(t)y(t+\tau)\mathrm{d}t=\frac{1}{T_{\mathrm{m}}}\int_{\tau}^{T+\tau} x(t-\tau)y(t)\mathrm{d}t \tag{3-29}$$

互相关函数值可采用如下公式计算：

$$R_{XY}(\tau)=\frac{1}{N}\sum_{i=\tau}^{N+\tau-1}x_{i-\tau}y_i \tag{3-30}$$

如果在系统正常运行时进行测试，则系统的输入由正常输入信号 $\overline{x(t)}$ 和用于测试的白噪声 $x(t)$ 两部分组成，输出由信号 $\overline{y(t)}$ 和信号 $y(t)$ 组成，其中 $\overline{y(t)}$ 为由 $\overline{x(t)}$ 引起的输出，$y(t)$ 为由 $x(t)$ 引起的输出，并且

$$\overline{y(t)} = \int_0^{+\infty} g(\sigma)\overline{x(t-\sigma)}\,\mathrm{d}\sigma \tag{3-31}$$

系统辨识计算原理示意图如图 3-6 所示。

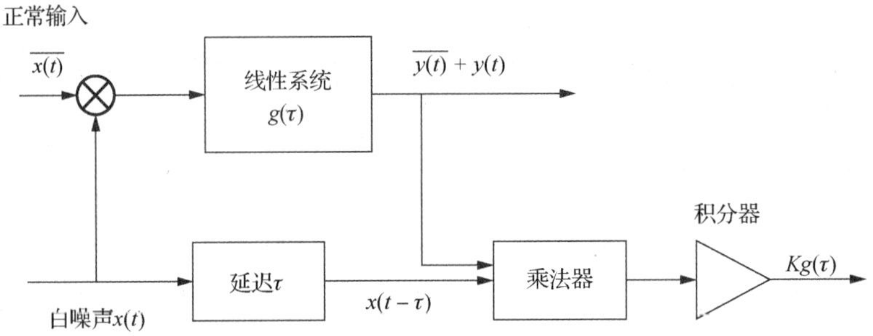

图 3-6 系统辨识计算原理示意图

3.2.2 伪随机二进制序列

通过上面的分析可以看出，当系统辨识测试信号为白噪声时，不仅计算脉冲响应值比较简便，而且白噪声的能量分布在很广的频率范围内，不影响生产过程的正常运行，不会使被测对象过度偏离正常状态。但是白噪声作为测试信号，存在一定的缺陷：首先，白噪声在物理上是不易实现的；其次，要获得准确的互相关函数和自相关函数，需要获得无限长时间段内的观测数据和积分（理论上要求），这不仅难以实现，还可能引起信号零点漂移、记录仪器零点漂移等问题。为解决这些问题，通常采用与白噪声性质相似的、物理上易于实现的周期性随机信号作为测试信号。这类信号可以是 M 序列或逆重复 M 序列等，用来弥补白噪声在实际应用中的一些缺陷。

定义：伪随机信号是一个均值为 0、自相关函数 $R_{XX}(\tau)=k\delta(\tau)$ 且具有重复周期 T 的平稳随机过程。

伪随机信号的自相关函数如图 3-7 所示。

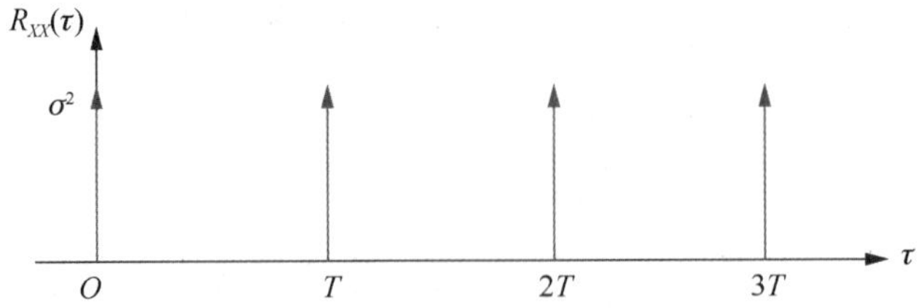

图 3-7 伪随机信号的自相关函数

根据相关函数的性质，周期为 T 的平稳随机过程，其自相关函数必然是周期为 T 的函数，则伪随机信号 $X(t)$ 的自相关函数 $R_{XX}(\tau)$ 在 $\tau=\cdots,-2T,-T,0,T,2T,\cdots$ 各点的取值为

$\cdots R_{XX}(-2T)=R_{XX}(-T)=R_{XX}(0)=R_{XX}(T)=R_{XX}(2T)\cdots=E[X^2(0)]=\psi_X^2(0)=\sigma^2$，而其余各点的取值为 0。

在实际工程应用中，伪随机信号通常无法完全模拟白噪声的特性。伪随机信号是一种周期性随机信号，其自相关函数与白噪声存在差异。白噪声的自相关函数在非 0 时刻取 0 值，而伪随机信号的自相关函数在非 0 时刻通常不为 0，表现出一定的周期性。伪随机信号及其自相关函数如图 3-8 所示。

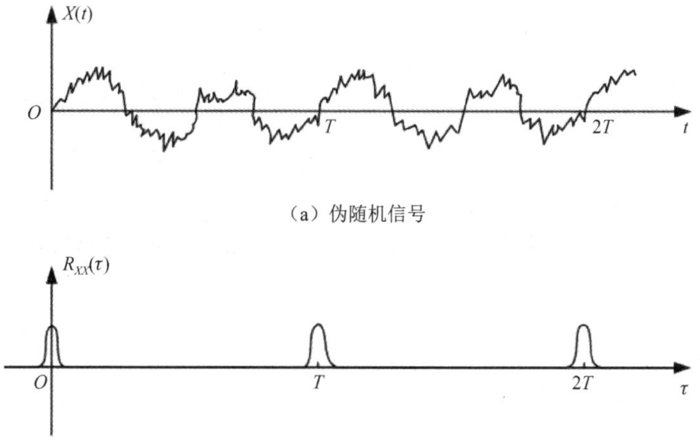

（a）伪随机信号

（b）伪随机信号的自相关函数

图 3-8　伪随机信号及其自相关函数

需要注意的是，在工程应用中伪随机信号被认为是足够随机的，可以满足系统辨识的要求。伪随机信号尽管不能完全模拟白噪声的特性，但仍然是一种有效的测试信号，特别是当白噪声难以实现或存在实际限制时。由于伪随机信号是周期性的，可以在有限的时间（一个周期）内进行积分，从而求得自相关函数 $R_{XX}(\tau)$ 和互相关函数 $R_{XY}(\tau)$。这一优势使得伪随机信号在实际应用中能够更方便地获取系统的动态特性信息，而不需要获得无限长时间段内的观测数据和积分。

设 $T_1=nT$

$$
\begin{aligned}
R_{XX}(\tau)&=\lim_{T_1\to\infty}\frac{1}{T_1}\int_0^{T_1}X(t)X(t+\tau)\mathrm{d}t\\
&=\lim_{nT\to\infty}\frac{1}{nT}\left[\int_0^{T}X(t)X(t+\tau)\mathrm{d}t+\int_T^{2T}X(t)X(t+\tau)\mathrm{d}t+\right.\\
&\qquad\left.\int_{2T}^{3T}X(t)X(t+\tau)\mathrm{d}t+\cdots+\int_{(n-1)T}^{nT}X(t)X(t+\tau)\mathrm{d}t\right]\\
&=\lim_{nT\to\infty}\frac{1}{nT}\left[n\int_0^{T}X(t)X(t+\tau)\mathrm{d}t\right]\\
&=\frac{1}{T}\left[\int_0^{T}X(t)X(t+\tau)\mathrm{d}t\right]
\end{aligned}
$$

$$
\begin{aligned}
R_{XY}(\tau) &= \int_0^{+\infty} g(\sigma) R_{XX}(\tau-\sigma)\mathrm{d}\sigma \\
&= \int_0^{+\infty} g(\sigma)\frac{1}{T}\left(\int_0^T X(t)X(t+\tau-\sigma)\mathrm{d}t\right)\mathrm{d}\sigma \\
&= \frac{1}{T}\int_0^T X(t)\int_0^{+\infty} g(\sigma)X(t+\tau-\sigma)\mathrm{d}\sigma\mathrm{d}t \\
&= \frac{1}{T}\left(\int_0^T X(t)Y(t+\tau)\mathrm{d}t\right)
\end{aligned}
$$

当采用伪随机信号作为测试信号时，采用一个周期内的伪随机信号计算出的互相关函数 $R_{XY}(\tau)$，是否仍然能保证 $g(\tau)=\frac{1}{K}R_{XY}(\tau)$ 的关系成立呢？一般而言，伪随机信号的周期性可能导致在一个周期内未能充分展现其随机性质，从而影响计算的准确性。然而，如果选择合适的周期，仍然可以近似保持这一关系，并且在很多实际工程应用中，这样的近似是可以满足精度要求的。对于某些特定的伪随机信号和系统，选择适当的周期可以使得在一个周期内获取的信息足够表达系统的动态特性。

将伪随机信号作为输入信号，则有

$$
\begin{aligned}
R_{XY}(\tau) &= \int_0^{+\infty} g(\sigma) R_{XX}(\tau-\sigma)\mathrm{d}\sigma \\
&= \int_0^{T} g(\sigma) R_{XX}(\tau-\sigma)\mathrm{d}\sigma + \int_T^{2T} g(\sigma) R_{XX}(\tau-\sigma)\mathrm{d}\sigma + \cdots \\
&\quad + \int_{nT}^{(n+1)T} g(\sigma) R_{XX}(\tau-\sigma)d\sigma + \cdots \\
&= \int_0^{T} g(\sigma) K\delta(\tau-\sigma)\mathrm{d}\sigma + \int_T^{2T} g(\sigma) K\delta(T+\tau-\sigma)\mathrm{d}\sigma + \cdots \\
&\quad + \int_{nT}^{(n+1)T} g(\sigma) K\delta(nT+\tau-\sigma)d\sigma + \cdots \\
&= Kg(\tau) + Kg(\tau+T) + \cdots + Kg(\tau+nT) + \cdots
\end{aligned}
$$

即 $R_{XY}(\tau)=Kg(\tau)+Kg(\tau+T)+\cdots+Kg(\tau+nT)+\cdots$ 为多个脉冲响应之和。如果选择的周期 T 超过对象的过渡时间，使 $g(\tau)$ 在 $0<\tau<T$ 时已衰减至 0，则在 $0<\tau<T$ 的区间内：

$$
\begin{gathered}
g(\tau+T)\approx 0 \\
g(\tau+2T)\approx 0 \\
g(\tau+3T)\approx 0
\end{gathered}
$$

则有

$$
R_{XY}(\tau)\approx Kg(\tau)+0=Kg(\tau) \tag{3-32}
$$

得到了与白噪声作为输入相同的辨识结果。

伪随机信号具有周期性，其生成方法有多种。其中，最简单的方法是从一个随机信号中截取一段（长度为 T），然后在其他时间段内按照该段进行循环重复，一直延伸至无穷大。在实际应用中，二进制伪随机序列是较为常见的一种形式。与普通随机信号不同，该序列的取值并非完全随机，而是按照一定规律赋值的。这种规律使得二进制伪随机序列的生成和计算更为便捷。离散白噪声可看作连续白噪声等间隔采样而成的随机序列，显然，该噪声具有与

连续白噪声相同的统计特性，即

$$E(X)=0 \tag{3-33}$$

$$E(X_iX_j)=\begin{cases}\sigma^2 & i=j\\ 0 & i\neq j\end{cases}\quad i,j=1,2,3,\cdots \tag{3-34}$$

伪随机二进制序列（Pseudorandom Binary Sequence，PRBS）：伪随机二进制序列是一种经人工设计的、只取 $+a$ 和 $-a$ 两个值的周期序列，其在一个周期内符合离散白噪声序列的三个特性。相比连续信号，伪随机二进制序列信号更容易人为生成和复制。在计算互相关函数时，其乘法运算可以简化为取正向和反向运算的操作。

最常见的伪随机二进制序列是最大长度序列（Maximum Length Sequence，MLS），也被称为 M 序列。这种序列在一个周期内表现出最大的随机性，因此在实际应用中经常被选用。通过巧妙设计，M 序列具有伪随机性质，这使得其在系统辨识中具有广泛的应用。

M 序列信号图如图 3-9 所示。

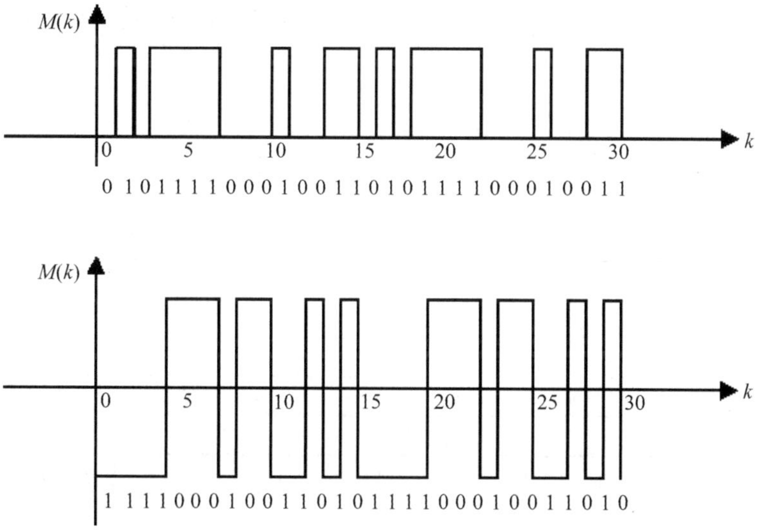

图 3-9　M 序列信号图

M 序列信号可以通过专用的多级移位寄存器电路生成，也可以由在线控制的计算机产生。M 序列生成电路通常由 n 级移位寄存器组成，在这些移位寄存器中，通过将第 n 级移位寄存器的输出信号与反馈信号进行异或运算（模二和），然后将结果送入第 1 级移位寄存器，形成一个闭环的反馈结构。该电路的原理图如图 3-10 所示。

在图 3-10 中，$X_0,X_1,\cdots,X_n$ 为二元序列，对应 n 个移位寄存器的输出，只要移位寄存器的初始值不全为 0，随着时钟脉冲的逐个输入，在第 n 级移位寄存器输出处就会产生一个具有一定规律的循环交替的信号序列。原则上，可以选择任意一个移位寄存器的输出作为多级移位寄存器的输出信号，但通常会选择第 n 级移位寄存器的输出作为多级移位寄存器的输出信号。

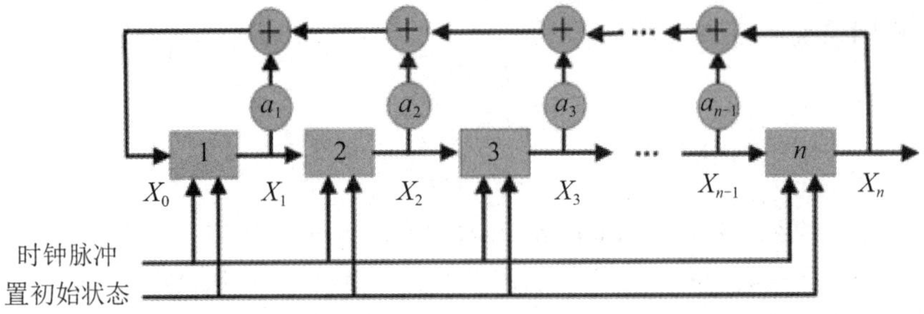

图 3-10 多级移位寄存器电路（M 序列生成电路）原理图

多级移位寄存器的输出序列是一个二进制逻辑序列，0 和 1 交替出现。这个二进制逻辑序列所对应的电路信号通常用$-V$和$+V$表示，因此也被称为双电平信号。M 序列中各元素之间满足下式：

$$x_0 = a_1x_1 \oplus a_2x_2 \oplus \cdots \oplus a_{n-1}x_{n-1} \tag{3-35}$$

式中：

（1）$a_1, a_2, \cdots, a_{n-1}$为反馈系数，取值为 0 或 1，若取 0 则表示此输出无反馈，取 1 则表示此输出有反馈。

（2）$\oplus$为模二运算符，也称为逻辑异或（相同为 0，不同为 1）运算符，模二运算的规则如表 3-3 所示。

表 3-3 模二运算的规则

x_1	x_2	$x_1 \oplus x_2$
0	0	0
0	1	1
1	0	1
1	1	0

（3）只要$a_1, a_2, \cdots, a_{n-1}$选择适当，即可得到一个最大长度的循环序列，即 M 序列。M 序列的周期长度为$N = 2^n - 1$。

例 2 设一个伪随机序列由 4 个移位寄存器生成（$n=4$），在第 3 个移位寄存器输出端引出反馈，设 4 个移位寄存器的预置初值全为“1”。试给出产生该伪随机序列的电路结构图和它的时序变化图，以及该发生器的输出序列，并判断该输出序列是否为 M 序列。

解：四级移位寄存器产生伪随机序列的电路结构图和伪随机序列的时序变化图如图 3-11 所示，其中 1,2,3,4 分别表示四个移位寄存器，u_1, u_2, u_3, u_4分别表示各移位寄存器的输出，u_4为产生的伪随机序列。四级移位寄存器的连接方式可表示为

$$\begin{aligned} u_2(k+1) &= u_1(k) \\ u_3(k+1) &= u_2(k) \\ u_4(k+1) &= u_3(k) \\ u_1(k+1) &= u_4(k) \oplus u_3(k) \end{aligned} \tag{3-36}$$

由此可见，u_1第$(k+1)$时刻的状态由u_3和u_4第k时刻状态的异或运算结果决定，u_2第$(k+1)$时刻的状态由u_1第k时刻的状态决定，u_3第$(k+1)$时刻的状态由u_2第k时刻的状态决

定，u_4 第 $(k+1)$ 时刻的状态由 u_3 第 k 时刻的状态决定。

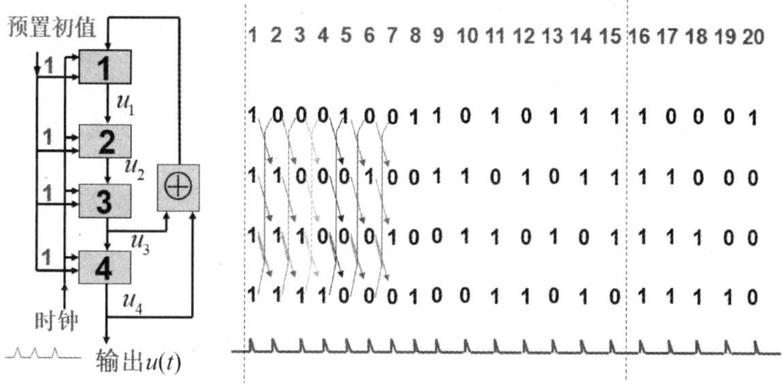

（a）电路结构图　　（b）时序变化图

图 3-11　产生伪随机序列的电路结构图和伪随机序列的时序变化图

该四级移位寄存器产生伪随机序列的程序如下。

```
for  (k=1,k<16,k++)
{
   M(0)=M(3)+M(4);
   if M(0)==2 then M(0)=0;
   for  (i=4;i>0;i--)
   {  M(i)=M(i-1)}
}
```

可见，在预置初值全为“1”的前提下，该四级移位寄存器产生的伪随机序列为 111100010011010，时序变化图在第 16 时刻出现重复。该序列的电平图如图 3-12 所示。

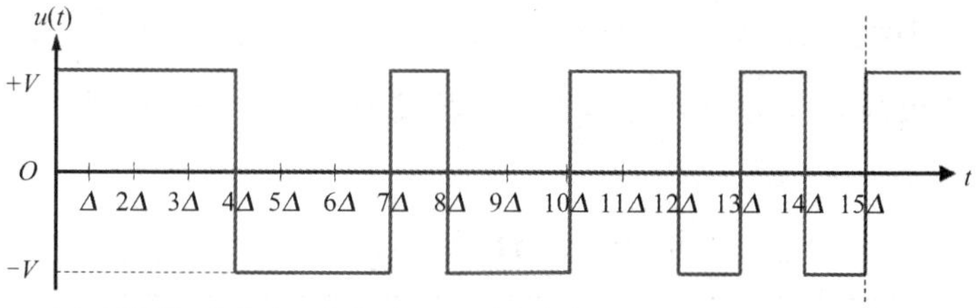

（a）正逻辑（“1”表示高电平，“0”表示低电平）下该伪随机序列的电平图

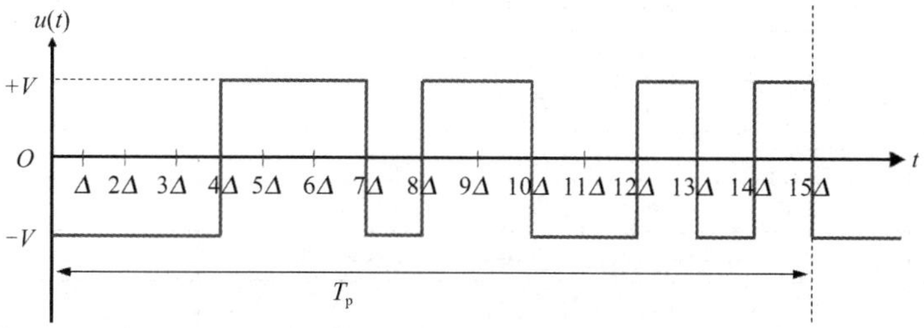

（b）负逻辑（“1”表示低电平，“0”表示高电平）下该伪随机序列的电平图

图 3-12　伪随机序列的电平图

因为该伪随机序列的长度为 $N=2^4-1=15$，所以该伪随机序列为 M 序列。

用 MATLAB 软件实现移位寄存器产生 M 序列的程序如下：

```
clear all
clc
close all
x=input('输入初始值 x=')
L=input('输入序列的周期数 L=')
a=input('输入序列的幅值 a=')
n=length(x);
m=(2^n-1)*L
for i=1:m
  Y4=x(4);Y3=x(3);Y2=x(2);Y1=x(1);x(4)=Y3;x(3)=Y2;x(2)=Y1;x(1)=xor(Y3,Y4);
    if Y4==0
        U(i)=-1;
    else
        U(i)=Y4;
    end
end
M=U*a;k=1:m;
stem(k,M,'-')
% plot(k,M,'-')
xlabel('k')
ylabel('M序列')
title('移位寄存器产生的M序列')
```

在实际应用中，可根据 M 序列周期长度的不同，选择移位寄存器的级数 n，只要选择适当的反馈节点，便可以得到期望的序列长度 N。在移位寄存器中，决定 u_1 第 $k+1$ 时刻状态的异或运算结果最为关键。常用的 n 级移位寄存器产生 M 序列的连接方式如表 3-4 所示。

表 3-4　n 级移位寄存器产生 M 序列的连接方式

周期长度 N	状态异或运算	寄存器的级数 n
7	$x_1(k+1)=x_2(k)\oplus x_3(k)$	n=3
15	$x_1(k+1)=x_3(k)\oplus x_4(k)$	n=4
31	$x_1(k+1)=x_3(k)\oplus x_5(k)$	n=5
63	$x_1(k+1)=x_5(k)\oplus x_6(k)$	n=6
127	$x_1(k+1)=x_4(k)\oplus x_7(k)$	n=7
255	$x_1(k+1)=x_2(k)\oplus x_3(k)\oplus x_4(k)\oplus x_8(k)$	n=8
511	$x_1(k+1)=x_5(k)\oplus x_9(k)$	n=9
1023	$x_1(k+1)=x_7(k)\oplus x_{10}(k)$	n=10
2047	$x_1(k+1)=x_9(k)\oplus x_{11}(k)$	n=11

实际工程应用中，将 M 序列转变成电平信号，“0” 取为 a，“1” 取为 $-a$，记移位脉冲

周期为Δ，则该 M 序列的周期为$N\Delta$。

M 序列的性质可总结如下：

性质 1：周期性。周期长度$N=2^n-1$（n为阶次），是n个移位寄存器所能表示的最多的状态个数，反映在时间上为$T=N\times\Delta$。

性质 2：在一个周期中“1”的个数比“0”的个数多 1，且“1”的状态个数为$\frac{2^n}{2}=\frac{N+1}{2}$，“0”的状态个数为$\frac{2^n}{2}-1=\frac{N-1}{2}$。

性质 3：在一个周期$N\Delta$内，其均值$m_x=\frac{1}{N\Delta}\left(\frac{N-1}{2}a\Delta-\frac{N+1}{2}a\Delta\right)=-\frac{a}{N}$，显然，当$N\to\infty$时，$m_x\to 0$。

性质 4：若约定逻辑“1”相当于电平“$-a$”，逻辑“0”相当于电平“a”，并设移位寄存器的基本时钟周期为Δ，则 M 序列的自相关函数$R_{XX}(\tau)$为

$$R_{XX}(\tau)=\begin{cases}-a^2/N & |\tau|\geqslant\Delta\\ \frac{\Delta-|\tau|}{\Delta}a^2-\frac{|\tau|a^2}{N\Delta}+\frac{|\tau|a^2}{N^2\Delta} & |\tau|<\Delta\end{cases}\tag{3-37}$$

当N很大时，式（2-37）可简写为

$$R_{XX}(\tau)=\begin{cases}a^2\left(1-\frac{N+1}{N}\frac{|\tau|}{\Delta}\right) & -\Delta<\tau<\Delta\\ -\frac{a^2}{N} & \Delta\leqslant\tau\leqslant(N-1)\Delta\end{cases}\tag{3-38}$$

M 序列的自相关函数$R_{XX}(\tau)$的波形如图 3-13 所示。

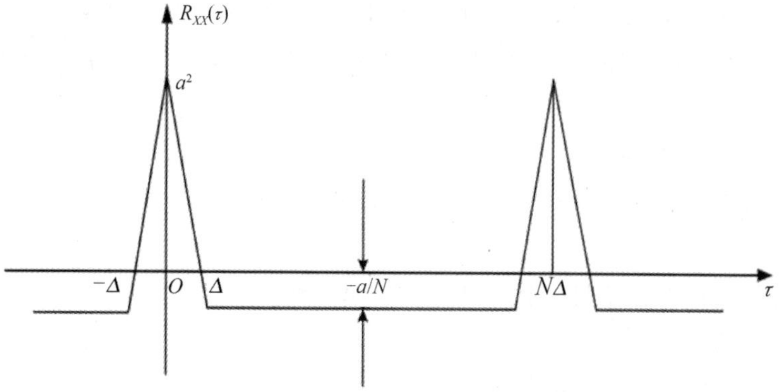

图 3-13　M 序列的自相关函数的波形

从图中可知，M 序列的自相关函数$R_{XX}(\tau)$由三角脉冲分量$R_{XX}^1(\tau)$和直流分量$R_{XX}^2(\tau)$两部分组成，即

$$R_{XX}(\tau)=R_{XX}^1(\tau)+R_{XX}^2(\tau)\tag{3-39}$$

式中

$$R_{XX}^{2}(\tau)=-a^{2}/N$$
$$R_{XX}^{1}(\tau)=R_{XX}(\tau)-R_{XX}^{2}(\tau)=\frac{N+1}{N}a^{2}\left(1-\frac{|\tau|}{\Delta}\right) \tag{3-40}$$

$R_{XX}^{1}(\tau)$ 的波形如图 3-14 所示。

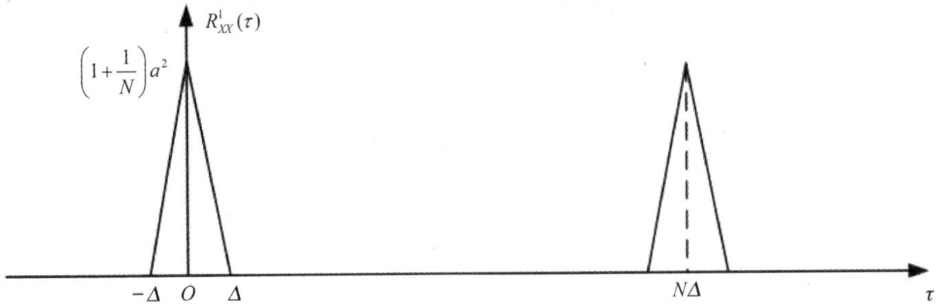

图 3-14　三角脉冲分量 $R_{XX}^{1}(\tau)$ 的波形

当 Δ 很小时，$R_{XX}^{1}(\tau)$ 可视为脉冲函数，则有

$$R_{XX}^{1}(\tau)=\frac{N+1}{N}a^{2}\Delta\delta(\tau) \tag{3-41}$$

从而 M 序列的自相关函数为

$$R_{XX}(\tau)=\frac{N+1}{N}a^{2}\Delta\delta(\tau)-\frac{a^{2}}{N} \tag{3-42}$$

可见，M 序列具有白噪声的数字特性。将 M 序列作为输入测试信号有以下好处：

（1）幅值选择方便：M 序列的幅值通常可以方便地选择为“$-a$”和“a”，且当 N 足够大时，其均值接近于 0。

（2）自相关函数近似为 $\delta(t)$：在一个周期内，M 序列的自相关函数近似为 $\delta(t)$，这使得以 M 序列为输入的线性系统在一个周期内的互相关函数序列等于系统的脉冲响应序列（当 N 大于过渡过程时间时）。

M 序列的不足之处如下：

（1）含有直流分量：M 序列信号中含有直流分量，这可能给互相关运算的数据处理带来一些不便。

（2）难以补偿缓慢非随机性干扰：M 序列的辨识结果可能难以有效地补偿被测系统中缓慢变化的非随机性干扰。

为了弥补 M 序列的不足，可以考虑用 L 序列代替 M 序列作为辨识信号。L 序列具有更适用于特定应用的特性，例如，避免直流分量或更好地适应被测系统中的非随机性干扰。

将 $2N$ 个码的 M 序列 $\{U\}$ 与 $2N$ 个码的方波信号 $\{S\}$ 按模二运算规则进行逻辑异或运算，即可得到 L 序列，即 $\{L\}=\{U\}\oplus\{S\}$。

例如，M 序列 $\{U\}$ 为 0 0 1 0 1 1 0 0 0 1 0 1 1 0，方波信号 $\{S\}$ 为 0 1 0 1 0 1 0 1 0 1 0 1 0 1，则对应的 L 序列为 0 1 1 1 1 0 0 1 0 0 0 0 1 1。

3.2.3　用 M 序列辨识线性系统的脉冲响应函数

以 M 序列信号为输入，下面探讨脉冲响应 $g(\tau)$ 与 M 序列自相关函数之间的关系。由上文可知，当移位寄存器基本时钟周期 Δ 很小时，$R_{XX}^1(\tau)=\dfrac{N+1}{N}a^2\Delta\delta(\tau)$ 可视为脉冲函数，对应的 M 序列的自相关函数为

$$R_{XX}(\tau)=\frac{N+1}{N}a^2\Delta\delta(\tau)-\frac{a^2}{N}$$

根据维纳-霍夫方程，输入与输出序列的互相关函数为

$$\begin{aligned}R_{XY}(\tau)&=\int_0^{+\infty}g(\sigma)R_{XX}(\tau-\sigma)\mathrm{d}\sigma=\int_0^T g(\sigma)R_{XX}(\tau-\sigma)\mathrm{d}\sigma\\&=\int_0^T\left[\frac{N+1}{N}a^2\Delta\delta(\tau-\sigma)-\frac{a^2}{N}\right]g(\sigma)\mathrm{d}\sigma\\&=\int_0^T\left[\frac{N+1}{N}a^2\Delta\delta(\tau-\sigma)\right]g(\sigma)\mathrm{d}\sigma-\frac{a^2}{N}\int_0^T g(\sigma)\mathrm{d}\sigma\\&=\frac{N+1}{N}a^2\Delta g(\tau)-\frac{a^2}{N}\int_0^T g(\sigma)\mathrm{d}\sigma\end{aligned}\tag{3-43}$$

记 $C=\dfrac{a^2}{N}\int_0^T g(\sigma)\mathrm{d}\sigma$ 为常数，则有

$$R_{XY}(\tau)=\frac{N+1}{N}a^2\Delta g(\tau)-C\tag{3-44}$$

$R_{XY}(\tau)$ 可根据输入与输出序列计算：

$$R_{XY}(\tau)=\frac{1}{N}\sum_{i=0}^{N-1}x(i)y(i+\tau)\tag{3-45}$$

其图形如图 3-15 所示。

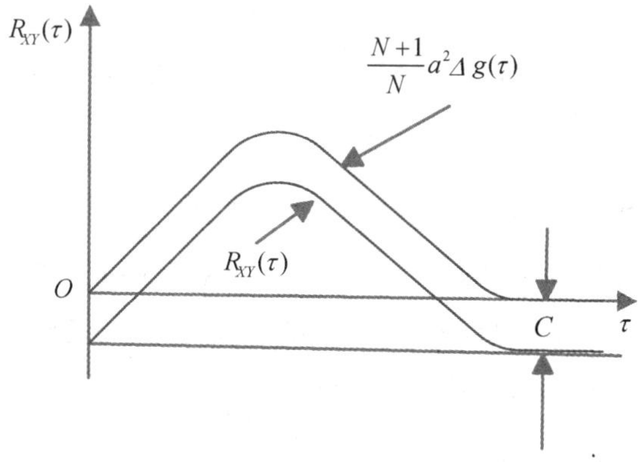

图 3-15　输入与输出序列的互相关函数图形

可见，将 $R_{XY}(\tau)$ 的曲线向上平移 C，可间接求得脉冲响应 $\dfrac{N+1}{N}a^2\Delta g(\tau)$ 的曲线。C 由 $R_{XY}(\tau)$ 的稳态值确定，一般用目测法就能估算出来。

脉冲响应函数 $g(\tau)$ 也可以采用公式计算法直接计算出来。根据

$$R_{XY}(\tau)=\frac{N+1}{N}a^2\Delta g(\tau)-\frac{a^2}{N}\int_0^T g(\sigma)\mathrm{d}\sigma \tag{3-46}$$

两边积分有（此处 $T=N\Delta$）

$$\begin{aligned}\int_0^{N\Delta}R_{XY}(\tau)\,\mathrm{d}\tau&=\frac{N+1}{N}a^2\Delta\int_0^{N\Delta}g(\tau)\mathrm{d}\tau-\frac{a^2}{N}N\Delta\int_0^{N\Delta}g(\tau)\mathrm{d}\tau\\&=\Delta\frac{a^2}{N}\int_0^{N\Delta}g(\tau)\mathrm{d}\tau\end{aligned} \tag{3-47}$$

利用式（3-47），可计算出 $\frac{a^2}{N}\int_0^{N\Delta}g(\tau)\mathrm{d}\tau$，则有

$$g(\tau)=\frac{N}{N+1}\frac{1}{a^2\Delta}\left[R_{XY}(\tau)+\frac{1}{\Delta}\int_0^{N\Delta}R_{XY}(\tau)\mathrm{d}\tau\right] \tag{3-48}$$

综合以上的推导，可得到用公式法计算脉冲响应离散值的公式组为

$$g(\tau)=\frac{N}{N+1}\frac{1}{a^2\Delta}R_{XY}(\tau)+g_0 \tag{3-49}$$

$$g_0=\frac{N}{N+1}\frac{1}{a^2\Delta^2}\int_0^{N\Delta}R_{XY}(\tau)\mathrm{d}\tau \tag{3-50}$$

$$\int_0^{N\Delta}R_{XY}(\tau)\mathrm{d}\tau\approx\Delta\sum_{i=1}^{N-1}R_{XY}(i) \tag{3-51}$$

$$R_{XY}(\tau)=\frac{1}{N}\sum_{i=0}^{N-1}x(i)y(i+\tau) \tag{3-52}$$

将 M 序列作为输入信号，采用相关分析法进行参数辨识的测试原理图如图 3-16 所示。

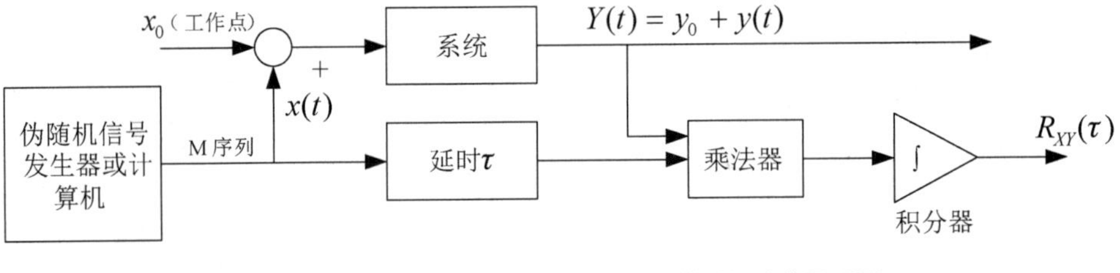

图 3-16　采用相关分析法进行参数辨识的测试原理图

这种方法被称为串行算法，在这种方法中，通过改变延时，可以得到脉冲响应曲线上对应的数据点。然而，为了获得一条完整的曲线，需要进行多次试验，而且每次试验中输入的序列至少要有一个周期的长度，这导致了需要花费相当多的时间才能获得一条完整的脉冲响应曲线。

另一种更高效的方法是并行算法。在并行算法中，可以一次性获取所有脉冲响应的值，不需要逐点改变延时。这样的并行算法在一次试验中即可获得完整的脉冲响应曲线，大大提高了效率。图 3-17 为并行算法的原理图。

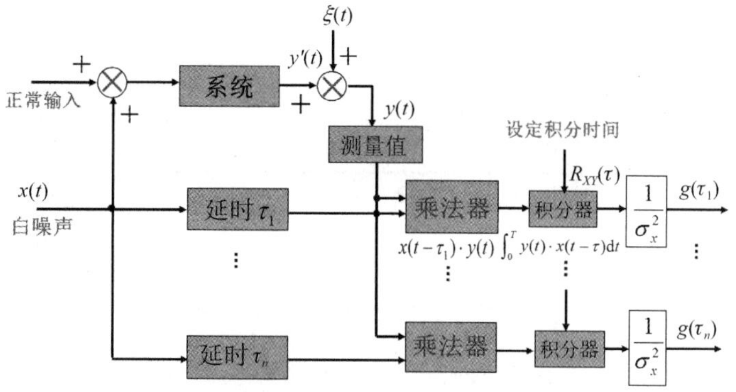

图 3-17　并行算法的原理图

3.2.4　基于脉冲响应曲线的系统辨识

根据上面的方法计算出各采样时刻的脉冲响应值，并绘制脉冲响应曲线图。由脉冲响应曲线求传递函数的方法很多，这里只列举几种常用的方法。

当获得的脉冲响应曲线近似为一阶系统的脉冲响应曲线时，传递函数为$G(s)=\dfrac{K}{Ts+1}$，根据一阶系统的脉冲响应曲线可得到传递函数中的参数K,T。一阶系统的脉冲响应曲线及参数K,T之间的关系如图 3-18 所示。

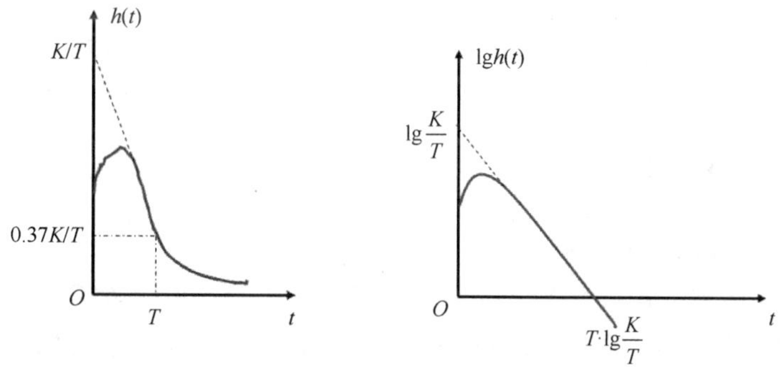

图 3-18　一阶系统的脉冲响应曲线及参数 K，T 之间的关系

二阶系统的传递函数可描述为

$$G(s)=\frac{{\omega_0}^2}{s^2+2\xi\omega_0 s+{\omega_0}^2}\quad(0<\xi<1)\tag{3-53}$$

二阶系统的脉冲响应曲线如图 3-19 所示，参数ξ和ω_0可从脉冲响应曲线上直接获得。二阶系统相关参数的计算公式为

$$\begin{cases}\xi=\lg(A^+/A^-)/\sqrt{\pi^2+[\lg(A^+/A^-)]^2}\\ \omega_0=2\pi/T_n\sqrt{1-\xi^2}\end{cases}\tag{3-54}$$

式中，A^+为阶跃响应的最大值；A^-为阶跃响应的最小值。

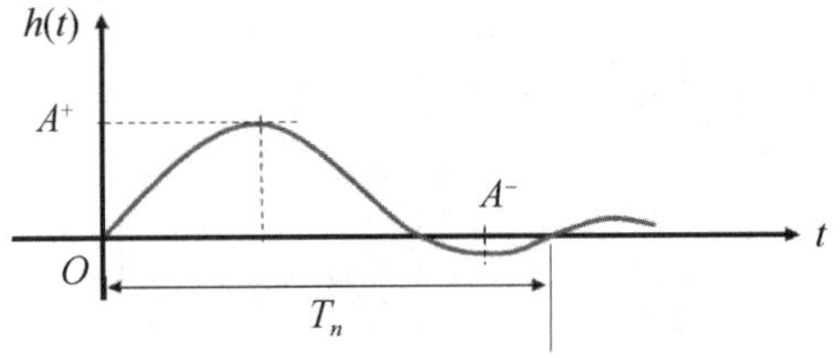

图 3-19　二阶系统的脉冲响应曲线

如果从脉冲响应曲线上不能明显地区分被辨识系统是一阶系统还是二阶系统，则可以直接默认系统的传递函数为

$$G(s)=\frac{c_1}{s-s_1}+\frac{c_2}{s-s_2}+\cdots+\frac{c_n}{s-s_n} \tag{3-55}$$

式中，s_i, c_i 为待识别的未知参数。对传递函数进行反拉普拉斯变换，得到系统的脉冲响应函数：

$$g(t)=c_1\mathrm{e}^{-s_1 t}+c_2\mathrm{e}^{-s_2 t}+\cdots+c_n\mathrm{e}^{-s_n t} \tag{3-56}$$

将采集的脉冲响应样本值代入脉冲响应函数中，可得到关于系数 c_i 的方程组，根据最小二乘法，即可求得未知参数 c_i 的值，从而得到系统的响应函数。

3.2.5　用 M 序列辨识脉冲响应的步骤

以 M 序列作为测试信号，采用相关分析法辨识系统时，其辨识步骤如下：

（1）选择 M 序列：选择合适的 M 序列作为测试信号。M 序列具有良好的自相关性和互相关性，在系统辨识中很有用。

（2）产生 M 序列信号：利用特定的 M 序列生成算法，产生 M 序列信号。M 序列的长度和特性会影响系统辨识的性能。

（3）输入 M 序列信号：将生成的 M 序列信号输入待辨识的系统中。

（4）测量系统的响应：记录系统对 M 序列信号的响应。刚刚输入 M 序列的一段时间内，系统输出是非平稳的，一般从第二个循环周期开始采集数据。令 $t=i\cdot\Delta$，$\tau=k\cdot\Delta$，并将输入 $x(i\cdot\Delta)$ 记为 $x(i)$，系统输出 $y(i\cdot\Delta)$ 记为 $y(i)$。

（5）计算自相关函数：利用系统输出信号和输入信号（M 序列）的数据，计算自相关函数。

（6）计算互相关函数：计算系统输出和 M 序列输入之间的互相关函数。互相关函数描述了两个信号之间的相关性。互相关函数 $R_{XY}(k)=\frac{1}{N}\cdot\sum_{i=0}^{N-1}x(i-k)\cdot y(i)$。如果测得 $r+1$ 个周期的采样值，用后 r 个周期的采样值进行计算，$R_{XY}(k)=\frac{1}{Nr}\cdot\sum_{i=0}^{Nr-1}x(i-k)\cdot y(i)$；考虑到 M 序列为二进制伪随机序列，$x(i-k)=a\cdot\mathrm{sgn}[x(i-k)]$，则 $R_{XY}(k)=\frac{a}{Nr}\cdot\sum_{i=0}^{Nr-1}\mathrm{sgn}[x(i-k)]\cdot y(i)$。

（7）辨识系统参数：利用自相关函数和互相关函数的信息，使用维纳–霍夫方程求解系

统的脉冲响应函数 $g(k)=\dfrac{N}{(N+1)\cdot a^2\cdot \Delta}R_{XY}(k)$ 。

（8）验证和调整：验证所得到的系统参数是否能够准确描述系统的行为。如果有必要，可以进行参数调整以提高辨识的准确性。

在实际工程应用中，在正式进行系统辨识之前，通常需要进行预备试验，以获取用于模型辨识的相关参数。

1. 粗估过渡过程时间 T_s

通过观察系统对输入信号的响应，估计系统的过渡过程时间。这可以通过检测系统从一个稳态到另一个稳态的响应时间来实现。

粗估过渡过程时间 T_s 的方法：在系统正常运行工况下，叠加一个窄的脉冲信号或幅度不大的阶跃信号，用示波器或记录仪观测其响应幅值的变化，注意记录响应最大值 y_{max} 和 $0.1y_{max}$ 对应的 t 值。图 3-20 所示为测试信号为窄的脉冲信号或幅度不大的阶跃信号时系统的响应曲线，图中显示了过渡过程时间 T_s 的估计方法。

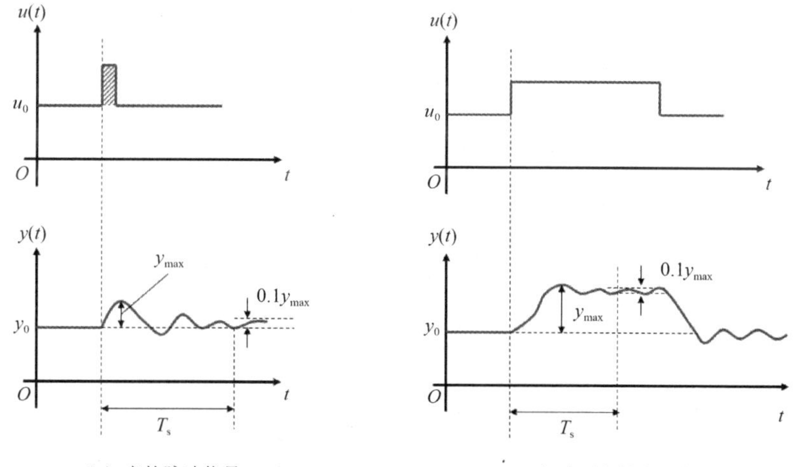

（a）窄的脉冲信号（b）幅度不大的阶跃信号

图 3-20 脉冲信号和阶跃信号的系统响应曲线

2. 确定系统最高工作频率 f_{max}

在预备试验中，通过输入高频信号并观察系统的响应，来确定系统的最高工作频率。这可以帮助人们选择适当的测试信号频率范围。

粗估最高工作频率 f_{max} 的方法：利用专用仪器或在线计算机系统，施加不同周期的低频、低幅值的矩形波信号，并用示波器或记录仪观察系统对矩形波信号的响应，从而确定该系统的最高工作频率 f_{max} 。随着信号频率 f 的升高，响应曲线的振荡会逐渐减弱，直到刚好看不出振荡，表明此激励不再对系统起作用了，此时所对应的频率为最高工作频率 f_{max} 。不同频率的矩形波输入信号下，系统响应的变化如图 3-21 所示。

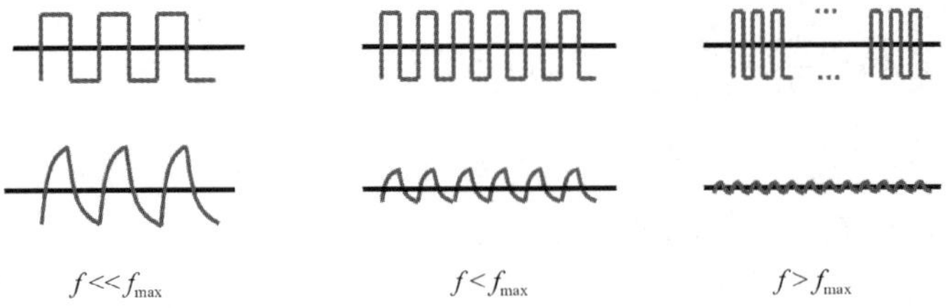

图 3-21　不同频率的矩形波输入信号下系统响应的变化

3. **估算 M 序列参数**

（1）**估算 M 序列的移位脉冲周期 Δ：** 通过观察 M 序列的输出，估算移位脉冲的周期。

估算 M 序列移位脉冲周期 Δ 的方法： 为获得良好的辨识效果，测试信号应能充分激励被测系统在其通频带范围内的动态行为，即要求测试信号的频谱能覆盖被测系统的重要工作频率。为了满足这个要求，往往需要选用短的时钟周期 Δ。图 3-22 所示为 M 序列频谱，从 M 序列频谱 $S_u(\tau)$ 上谱线高度接近一致的区段（角频率 ω–0~$2\pi/(3\Delta)$）来看，应完全覆盖系统的通频带（ω=0～$2\pi f_{max}$）。另外，为使 M 序列相对于被测系统，可以近似为白噪声，应取

$$2\pi f_{max} \leqslant \frac{2\pi}{3\Delta} \Rightarrow \Delta \leqslant \frac{1}{3f_{max}} = \frac{2\pi}{3\omega} \tag{3-57}$$

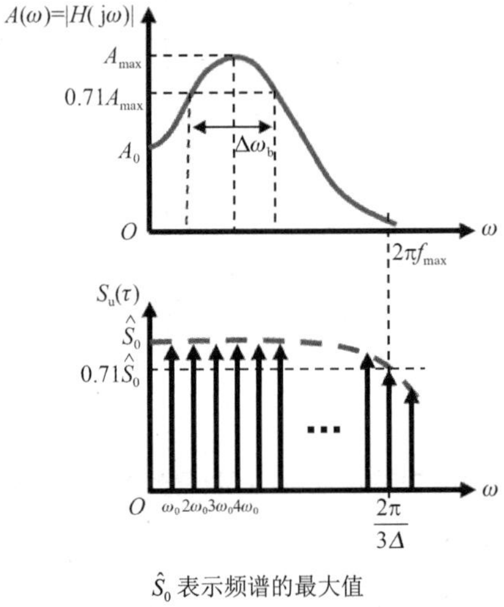

图 3-22　M 序列频谱

当然，Δ 越小，M 序列信号的自相关函数 $R_{XX}(\tau)$ 的图形越接近脉冲函数序列，辨识结果便会越接近脉冲响应。但是，Δ 也不宜太小，在 M 序列幅值受到限制时，过宽的频率范围会减小重要频率区间的有效功率。

（2）**估算 M 序列的长度 N：** 观察 M 序列的输出，确定序列的长度。M 序列的输入输出互相关函数图形如图 3-23 所示。

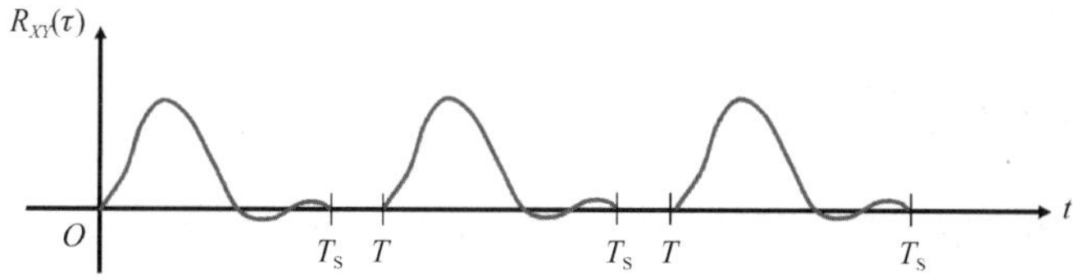

图 3-23　M 序列的输入输出互相关函数图形

估算 M 序列长度 N 的方法：为使所得脉冲响应 $g(t)$ 在一个 M 序列信号周期 $T = N\varDelta$ 之内结束，防止 M 序列信号的自相关函数 $R_{XX}(\tau)$ 曲线出现重叠，一般要求 $T = N\varDelta > T_s$（T_s 为过渡过程时间），即 $N > \frac{T_S}{\varDelta}$，通常取

$$N > 1.2\frac{T_S}{\varDelta} \tag{3-58}$$

如果系统的过渡过程存在振荡，但频率在升高，振荡减小后又有回升现象，说明系统中存在一个或多个谐波，则应选择合适的 $\varDelta$ 值使每个峰内的 $\varDelta\omega_b$ 有两条以上的功率谱线，即

$$\Delta\omega_b \geqslant 2\omega_0 = 2\frac{2\pi}{N\varDelta} = \frac{4\pi}{N\varDelta} \tag{3-59}$$

所以

$$N\varDelta > \frac{4\pi}{\Delta\omega_b} \Rightarrow N > \frac{4\pi}{\Delta\omega_b \cdot \varDelta} \tag{3-60}$$

经过第一次试验，可以确定 M 序列的移位脉冲周期 $\varDelta$ 和长度 N，在此基础上，需要再做一次预备试验来确定 M 序列幅值的大小。

为了提高信噪比，M 序列应选取足够大的幅值。但是，由于不能影响系统的正常运行（不能超出线性范围，或产品误差不能超出生产允许的限度），因此幅值又不能取得过大。试验中将选定了 $\varDelta$ 和 N 的 M 序列施加到系统的输入端，令幅值由小逐渐变大，直到 $|y(t)|$ 小于允许的限度为止，以此来确定合适的幅值。

4. 参数估计方法的选择

在第一次试验中，可以初步选择合适的参数估计方法，如相关分析法，并为后续的正式系统辨识做好准备。

这些预备试验的目的是对被测系统进行初步了解，为后续的正式系统辨识提供必要的信息。通过这些信息，可以更好地选择合适的测试信号、估计方法和参数范围，提高系统辨识的准确性和效率。

例 3　设被测系统的过渡过程时间 $T_s = 1200\text{s}$，角频率 $\omega = \frac{1}{6}$（最高频率与角频率之间的关系为 $\omega = 2\pi f_{\max}$），试求 M 序列的 $\varDelta$ 和 N 的值。

解：根据

$$\varDelta \leqslant \frac{1}{3f_{\max}} = \frac{2\pi}{3/6} \approx 12.5664\text{s}，\quad N > 1.2\frac{T_S}{\varDelta} = 1.2 \times \frac{1200}{12.5664} \approx 114.6$$

取 $n=7$，则 M 序列的长度 $N=2^n-1=2^7-1=127$。

3.2.6 相关分析法的抗干扰性分析

相关分析法在系统辨识中具有较强的抗干扰能力，这一特点可以从理论上进行分析：

（1）随机性和伪随机性：M 序列是一种伪随机序列，具有良好的随机性质。由于其伪随机的特性，M 序列在系统辨识中具有较好的抗干扰能力。当将 M 序列作为测试信号时，系统对于非随机性的干扰信号可能会表现出较好的鲁棒性，因为 M 序列的特性使得它对非随机性的信号不太敏感。

（2）自相关性和互相关性：M 序列的自相关函数在除去零延迟的位置上出现峰值，而在其他位置上趋近于 0。这意味着在零延迟的位置上，M 序列的自相关性非常强，有助于将系统响应与输入信号正确关联。同时，M 序列与其他信号的互相关性通常很小，这有助于在系统辨识中抑制外部干扰。

（3）宽频特性：M 序列通常具有较好的频谱特性，即其频谱分布相对均匀。这一特性使得 M 序列在频域上能够覆盖较宽的范围，有助于检测系统的频率响应，同时使得 M 序列对于系统的频域干扰有一定的抵抗能力。

（4）周期性：M 序列是周期性的，故可以通过周期性的分析方法来更好地理解系统的动态响应。系统的周期性特征可以被有效地提取，从而增强了对系统的辨识能力。下面从理论上对其进行验证说明。

假定图 3-24 所示随机系统有随机干扰 $\xi(t)$ 存在，$y(t)$ 为输出变量的实际测量值，$y'(t)$ 为系统的真实输出值，则 $y(t)=y'(t)+\xi(t)$。随机干扰 $\xi(t)$ 是由观测的噪声或其他被略去了的输入噪声、系统的线性和定常假设遭到破坏等引起的总误差，$\xi(t)$ 一般不是白噪声。计算输入信号 $x(t)$ 与测量信号 $y(t)$ 的互相关函数：

$$
\begin{aligned}
R_{XY}(\tau) &= \lim_{T\to\infty}\frac{1}{2T}\int_{-T}^{T} x(t)y(t+\tau)\mathrm{d}t \\
&= \lim_{T\to\infty}\frac{1}{2T}\int_{-T}^{T} x(t)[y'(t+\tau)+\xi(t+\tau)]\mathrm{d}t \\
&= \lim_{T\to\infty}\frac{1}{2T}\int_{-T}^{T} x(t)y'(t+\tau)\mathrm{d}t + \lim_{T\to\infty}\frac{1}{2T}\int_{-T}^{T} x(t)\xi(t+\tau)\mathrm{d}t \\
&= R_{XY'}(\tau) + R_{X\xi}(\tau)
\end{aligned}
$$

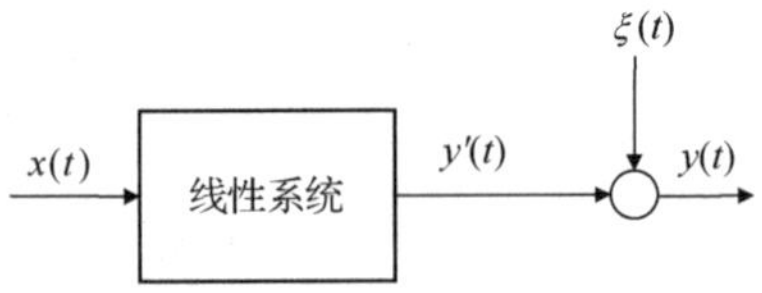

图 3-24 随机系统结构图

适当选择输入信号 $x(t)$，使 $\xi(t)$ 与输入信号 $x(t)$ 互不相关，即 $\xi(t)$ 与 $x(t)$ 的互协方差函数为

$$
C_{X\xi}(t,t+\tau) = R_{X\xi}(\tau) - \mu_X(t)\mu_\xi(t+\tau) = 0 \qquad (3\text{-}61)
$$

即

$$R_{X\xi}(\tau)=\mu_X(t)\mu_\xi(t+\tau)=0\text{或常数}$$

则有

$$R_{XY}(\tau)=R_{XY'}(\tau)+C=\int_0^{+\infty} g(\lambda)R_{XX}(\tau-\lambda)\,\mathrm{d}\lambda+0\text{或常数} \tag{3-62}$$

这说明，在一定的条件下，实际输出信号 $y(t)$ 与输入信号 $x(t)$ 之间的互相关函数 $R_{XY}(\tau)$ 等价于真实输出值 $y'(t)$ 与输入信号 $x(t)$ 之间的互相关函数 $R_{XY'}(\tau)$，随机干扰 $\xi(t)$ 的影响可以被消除。相关分析法辨识原理图如图 3-25 所示。

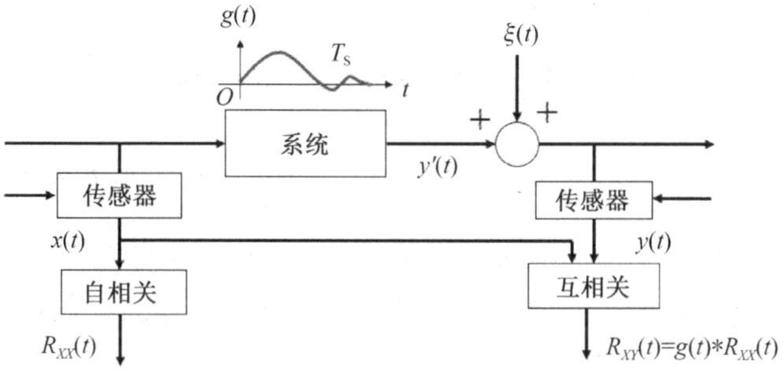

图 3-25　相关分析法辨识原理图

3.3　频率特性法

频率特性法是描述动态系统的非参数模型的方法。根据输入信号的不同，频率特性法可分为正弦波法和矩形波法，其主要目的是通过分析系统的幅相特性和对数频率特性来获取系统的传递函数。在给定输入信号为任意一种周期信号 $u(t)$ 的情况下，采用频率特性法都可以获得系统的频率响应。然而，为了确保测量结果的准确性，必须在系统达到稳态之后再进行输出信号 $y(t)$ 的测量，否则输出中可能包含非周期过渡过程的成分，导致结果不准确。

3.3.1　单一正弦波法

在待测系统输入端施加某个频率的正弦信号，记录输出达到稳态后的振荡波形。对于线性系统，得到的是与输入同频率，但幅值与相位发生变化的正弦波，根据幅值比和相位移，可得到该线性系统的频率特性。将正弦波作为测试信号加载到待测线性系统后，输入与输出信号如图 3-26 所示。

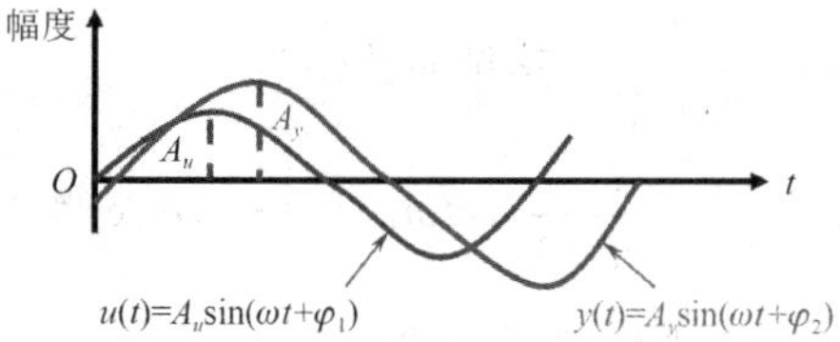

图 3-26　正弦波的输入与输出信号

使用单一正弦波法可测出系统的带宽，当输入正弦信号频率升至 $\omega_{\max}$ 时，系统输出幅值将趋近于 0。在某些情况下，采用单一正弦波法可能导致响应缓慢、费时。为了提高效率，可以利用线性系统符合叠加原理的特点，采用组合正弦波法。这种方法可以通过同时施加多个不同频率的正弦信号，获取系统的频率响应。

3.3.2　组合正弦波法

在待测系统输入端施加频率、幅值均已知的组合正弦波，在稳态下测量输出组合波，再利用傅里叶变换对输出组合波进行分解：

$$y(t)=A_0+\sum_{n=1}^{\infty}\left(A_n\cos n\omega t+B_n\sin n\omega t\right) \tag{3-63}$$

式中，$A_0=\dfrac{1}{T}\int_0^T y(t)\mathrm{d}t$；$A_n=\dfrac{2}{T}\int_0^T y(t)\cos(n\omega t)\mathrm{d}t$；$B_n=\dfrac{2}{T}\int_0^T y(t)\sin(n\omega t)\mathrm{d}t$。

然后找出与输入信号中各频率正弦波相对应的输出波形，即可得知该频率下的幅值和相位特性，可以以这样的方式通过一次或几次试验获得系统的频率特性曲线。

3.3.3　矩形波法

当难以产生正弦波时，可以将矩形波作为输入信号，矩形波信号如图 3-27 所示。因为矩形波的傅里叶级数可以分解为式（3-64）所示的多个正弦波（高次谐波可以忽略），相当于同时给系统施加多个频率不同的正弦信号：

$$u(t)=\frac{4H}{\pi}\left(\sin\omega t+\frac{1}{3}\sin 3\omega t+\cdots+\frac{1}{k}\sin k\omega t+\cdots\right) \tag{3-64}$$

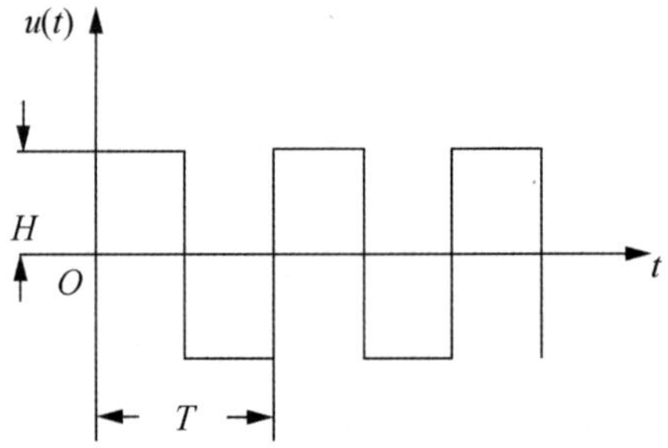

图 3-27　矩形波信号

3.3.4　基于频率特性法的一阶/二阶系统参数辨识算法

对于一阶惯性系统 $G(s)=\dfrac{K}{Ts+1}$，其频率特性为

$$G(\mathrm{j}\omega)=\frac{K}{\mathrm{j}\omega T+1}=r(\omega)\mathrm{e}^{\mathrm{j}\varphi(\omega)}=r(\omega)\mathrm{e}^{-\mathrm{j}\arctan(T\omega)} \tag{3-65}$$

其幅相频率特性图（Nyquist 图）如图 3-28 所示。

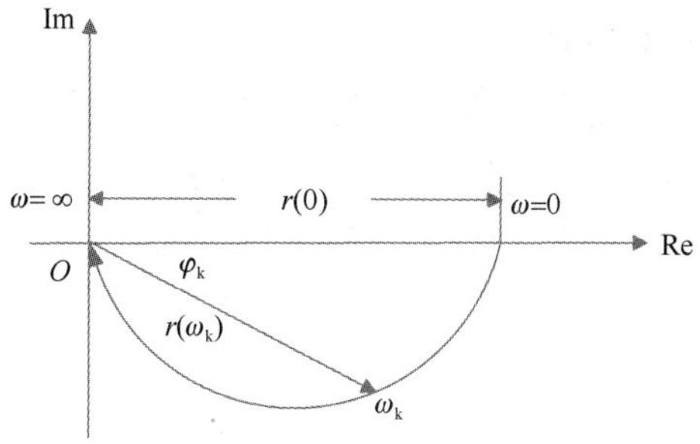

图 3-28　一阶惯性系统的幅相频率特性图

结合图 3-28 可得

$$K = G(\mathrm{j}0) = r(0) \tag{3-66}$$

$$T = \frac{-\tan(\varphi_k)}{\omega_k} \tag{3-67}$$

一阶惯性系统的对数频率特性图（Bode 图）如图 3-29 所示。

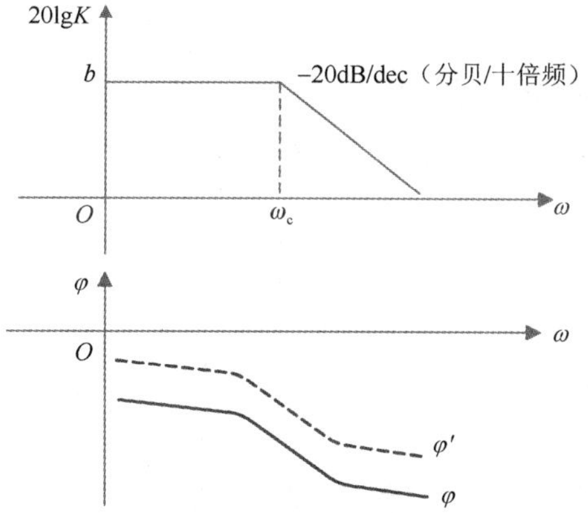

图 3-29　一阶惯性系统的对数频率特性图

结合图 3-29 可得

$$K = 10^{\frac{b}{20}}, \quad T = \frac{1}{\omega_c} \tag{3-68}$$

对于一阶滞后系统 $G(s) = \dfrac{K}{Ts+1}\mathrm{e}^{-\tau s}$，有

$$K = 10^{\frac{b}{20}}, \quad T = \frac{1}{\omega_c}, \quad \varphi' = -\arctan(\omega T), \quad \tau = \frac{1}{n}\sum_{i=1}^{n}\frac{\varphi_i - \varphi_i'}{\omega_i} \tag{3-69}$$

对于二阶系统 $G(s) = \dfrac{K}{T^2s^2 + 2\xi Ts + 1}$，其频率特性为

$$G(\mathrm{j}\omega) = \frac{K}{-T^2\omega^2 + \mathrm{j}2\xi T\omega + 1} = r(\omega)\mathrm{e}^{\mathrm{j}\varphi(\omega)} \tag{3-70}$$

$$K = 10^{\frac{b}{20}}, \quad T = \frac{1}{\omega_c} \tag{3-71}$$

其幅相频率特性图如图 3-30 所示。

可见，幅相频率特性分布在两个象限，且 $\varphi' = \pi/2$，$r(\omega') \leqslant r(0)/2$。

将二阶系统分解为 $G(s) = \dfrac{K}{(T_1 s+1)(T_2 s+1)}$，则其对数频率特性图如图 3-31 所示。

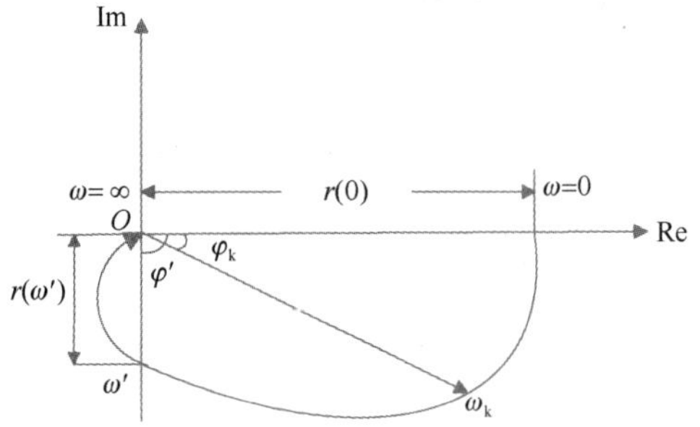

图 3-30　二阶系统的幅相频率特性图

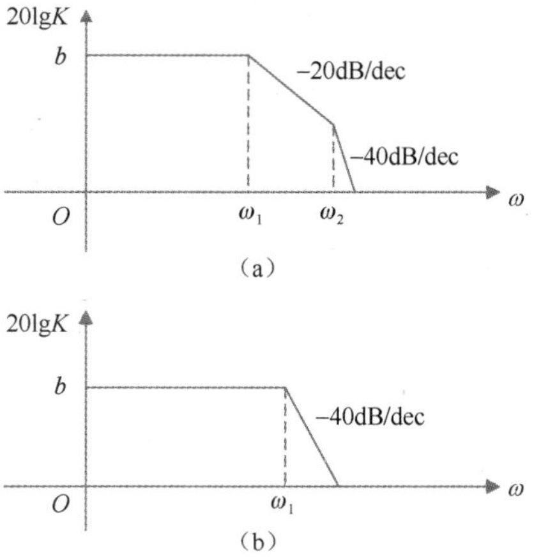

图 3-31　二阶系统的对数频率特性图

其中图 3-31（a）为时间常数 $T_1 \neq T_2$ 的对数频率特性图，图 3-31（b）为时间常数 $T_1 = T_2$ 的对数频率特性图，则有

$$K = 10^{\frac{b}{20}} \tag{3-72}$$

当 $T_1 \neq T_2$ 时，有 $T_1 = \dfrac{1}{\omega_1}$，$T_2 = \dfrac{1}{\omega_2}$；当 $T_1 = T_2$ 时，有 $T_1 = T_2 = \dfrac{1}{\omega_1}$。

思　考　题

1．简述阶跃响应法辨识系统的原理和步骤。

2．简述脉冲响应法辨识系统的原理和注意事项。

3．简述频率特性法辨识系统的原理和步骤。

4．维纳-霍夫方程对系统辨识有着什么样的意义？

5．在进行系统辨识时相关分析法具有哪些优点？

6．请画出用移位寄存器产生序列长度为 31 的 M 序列的示意图。

7．阐述为什么要将 M 序列作为系统辨识的输入信号，以及用 M 序列信号辨识系统的步骤。

第 4 章　基于最小二乘法和极大似然法的参数辨识

最小二乘法是一种经典的数据处理方法，最早由著名科学家高斯于 1795 年提出，并应用于计算行星和彗星的运动轨道。高斯认为，在推断未知参数时，参数的最优估计应该使实际观测值与计算值之间差值的平方和最小化，这是最小二乘法最早的思想。最小二乘法的应用广泛，最初被用于解决天文学中的问题，后来扩展到解决各种实际问题。为适应不同的用途，学者对最小二乘法进行了修正和改进，提出了各种变种和改进的算法。

本章将研究基于最小二乘法和极大似然法的参数辨识方法，主要包括以下几种算法：

（1）最小二乘批处理算法：是最基本的辨识算法，也是应用最广泛的一种算法。

（2）递推最小二乘法：通过递推方式进行参数估计，适用于动态系统中参数发生变化的情况。

（3）广义最小二乘法：是对传统最小二乘法的扩展，可以处理更一般形式的误差结构。

（4）夏氏法：是一种特殊的最小二乘法，主要用于处理加权残差。

（5）极大似然法：基于统计学理论，通过最大化似然函数来进行参数估计，具有严格的概率统计基础。

这些算法在不同的应用场景中有各自的优势和适用性，要根据具体问题的特点选择合适的参数辨识方法。

4.1　确定模型与随机模型

系统的输入输出模型分为确定模型和随机模型，它们描述了系统输入与输出之间的关系，但在对系统不确定性的处理上存在差异。确定模型假定系统输入与输出之间的关系是确定的，即给定相同的输入条件将始终产生相同的输出。确定模型通常使用确定性方程或微分方程来表示系统的输入与输出之间的关系，系统的动态和静态特性都可以准确建模，适用于对系统行为有精确了解的情况。

确定模型的结构图如图 4-1 所示。

图 4-1　确定模型的结构图

在图 4-1 中，$u(k)$ 表示系统的输入；$y(k)$ 表示系统的真实输出；$G(k)$ 表示系统的传递函数或差分方程。在本章中，$G(k)$ 主要用 n 阶差分方程表示：

$$
\begin{aligned}
& a_0 y(k)+a_1 y(k-1)+a_2 y(k-2)+\cdots+a_n y(k-n) \\
& =b_0 u(k)+b_1 u(k-1)+b_2 u(k-2)+\cdots+b_m u(k-m)
\end{aligned} \tag{4-1}
$$

一般简写为

$$
a_0 y(k)+\sum_{i=1}^{n} a_i y(k-i)=\sum_{i=0}^{m} b_i u(k-i) \tag{4-2}
$$

为书写方便，引入单位延迟算子 z^{-1}，其定义为

$$
\begin{aligned}
& z^{-1} y(k)=y(k-1), \quad z^{-i} y(k)=y(k-i) \\
& z^{-1} u(k)=u(k-1), \quad z^{-i} u(k)=u(k-i)
\end{aligned} \tag{4-3}
$$

设多项式

$$
\begin{aligned}
& A(z^{-1})=a_0+a_1 z^{-1}+\cdots+a_n z^{-n} \\
& B(z^{-1})=b_0+b_1 z^{-1}+\cdots+b_m z^{-m}
\end{aligned} \tag{4-4}
$$

则式（4-2）可用下式表示：

$$
A(z^{-1}) y(k)=B(z^{-1}) u(k) \tag{4-5}
$$

在参数辨识过程中，一般令 $a_0 \equiv 1$，$m=n$，则可得到系统模型的唯一表达式。

如果 $u(k)$ 和 $y(k)$ 的初始条件为 0，即当 $k \leqslant 0$ 时，$y(k)=u(k)=0$。设 $y(k)$ 和 $u(k)$ 的 Z 变换为 $Y(z)$ 和 $U(z)$，则式（4-5）的 Z 变换为

$$
\begin{aligned}
& (z^n+a_1 z^{n-1}+a_2 z^{n-2}+\cdots+a_n) Y(z) \\
& =(b_0 z^n+b_1 z^{n-1}+b_2 z^{n-2}+\cdots+b_n) U(z)
\end{aligned} \tag{4-6}
$$

系统的脉冲传递函数为

$$
G(z)=\frac{Y(z)}{U(z)}=\frac{b_0+b_1 z^{-1}+b_2 z^{-2}+\cdots+b_n z^{-n}}{1+a_1 z^{-1}+a_2 z^{-2}+\cdots+a_n z^{-n}} \tag{4-7}
$$

Z 变换后的差分方程可以写成

$$
A(z^{-1}) Y(z)=B(z^{-1}) U(z) \tag{4-8}
$$

在实际工程应用中，系统的真实输出不可能直接获取，一般采用测量仪器测量系统的输出；在测量过程中，因仪器误差或其他干扰，实际测量值与真实值之间存在偏差，影响确定模型的使用效果。因此，在进行系统辨识时，通常采用随机模型。随机模型考虑了系统输入和输出之间的不确定性，即系统的行为可能受到随机变量的影响，给定相同的输入条件可能产生不同的输出。随机模型适用于具有不确定性、随机性或难以准确建模的系统，如受到噪声或外部扰动影响的系统。随机模型的结构图如图 4-2 所示。

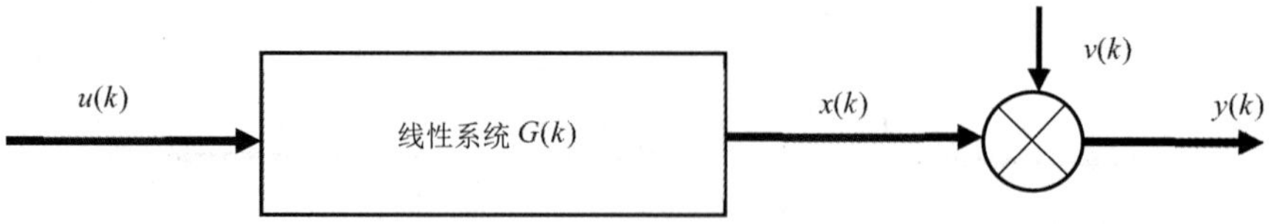

图 4-2　随机模型的结构图

在图 4-2 中，$u(k)$ 表示系统的输入；$x(k)$ 表示系统的真实输出；$y(k)$ 表示系统的实际测

量值；$v(k)$ 表示系统的测量误差，具有一定的随机性；$G(k)$ 表示系统的传递函数或差分方程。

根据确定模型的差分方程，可写出随机模型中 $x(k)$ 和 $u(k)$ 的差分方程：

$$x(k)+\sum_{i=1}^{n}a_i x(k-i)=\sum_{i=0}^{n}b_i u(k-i)$$

实际测量值与真实输出之间的关系为

$$y(k)=x(k)+v(k)$$

将 $x(k)=y(k)-v(k)$ 代入确定模型，有

$$y(k)+\sum_{i=1}^{n}a_i y(k-i)=\sum_{i=0}^{n}b_i u(k-i)+v(k)+\sum_{i=1}^{n}a_i v(k-i)$$

令 $\xi(k)=v(k)+\sum_{i=1}^{n}a_i v(k-i)$ 为综合噪声，则得到随机模型的 n 阶差分方程：

$$y(k)+\sum_{i=1}^{n}a_i y(k-i)=\sum_{i=0}^{n}b_i u(k-i)+\xi(k) \tag{4-9}$$

将式（4-9）重写为如下形式：

$$y(k)=-\sum_{i=1}^{n}a_i y(k-i)+\sum_{i=0}^{n}b_i u(k-i)+\xi(k) \tag{4-10}$$

引入向量表示形式：

$$\boldsymbol{\varphi}(k)=[-y(k-1),-y(k-2),\cdots,-y(k-n),u(k),u(k-1),\cdots,u(k-n)]^{\mathrm{T}}$$

$$\boldsymbol{\theta}=[a_1,a_2,\cdots,a_n,b_1,b_2,\cdots,b_n]^{\mathrm{T}}$$

则系统输入、输出的最小二乘形式为

$$y(k)=\boldsymbol{\varphi}^{\mathrm{T}}(k)\boldsymbol{\theta}+\xi(k) \tag{4-11}$$

取误差准则函数

$$J(\boldsymbol{\theta})=\sum_{k=1}^{\infty}[\xi(k)]^2=\sum_{k=1}^{\infty}[y(k)-\boldsymbol{\varphi}^{\mathrm{T}}(k)\boldsymbol{\theta}]^2 \tag{4-12}$$

将使 $J(\boldsymbol{\theta})$ 最小的估计值 $\boldsymbol{\theta}$ 记为 $\hat{\boldsymbol{\theta}}_{\mathrm{LS}}$，称作参数 $\boldsymbol{\theta}$ 的最小二乘估计值。

上述概念表明，模型参数 $\boldsymbol{\theta}$ 的估计值 $\hat{\boldsymbol{\theta}}_{\mathrm{LS}}$ 在误差准则函数 $J(\boldsymbol{\theta})$ 达到最小值处获得，此时，所建立模型的输出更接近实际系统的输出。

为便于理解最小二乘法，先给出如下两个例题。

例 1　试通过试验确定热敏电阻阻值 R 和温度 t 之间的关系。采集的温度与热敏电阻阻值的样本数据如表 4-1 所示。

表 4-1　采集的温度与热敏电阻阻值的样本数据

t（℃）	t_1	t_2	…	t_{N-1}	t_N
R（Ω）	R_1	R_2	…	R_{N-1}	R_N

解：热敏电阻阻值与温度一般呈线性关系，因此，选择如下的数学模型：

$$R=a+bt$$

式中，a, b 为待辨识参数。

由于在使用仪器测量热敏电阻阻值时存在测量误差，因此，实际测量值 y 与真实的热敏电阻阻值 R 之间存在一个随机噪声 v，有

$$y_i = R_i + v_i \Rightarrow \quad y_i = a + bt_i + v_i$$

根据最小二乘法的思想，有

$$J_{\min} = \sum_{i=1}^{N} v_i^2 = \sum_{i=1}^{N} [y_i - (a + bt_i)]^2$$

根据求极值的方法，对上式求偏导：

$$\begin{cases} \left.\dfrac{\partial J}{\partial a}\right|_{a=\hat{a}} = -2\sum_{i=1}^{N}(y_i - \hat{a} - \hat{b}t_i) = 0 \\ \left.\dfrac{\partial J}{\partial b}\right|_{b=\hat{b}} = -2\sum_{i=1}^{N}(y_i - \hat{a} - \hat{b}t_i)t_i = 0 \end{cases}$$

整理可得

$$\begin{cases} N\hat{a} + \hat{b}\sum_{i=1}^{N} t_i = \sum_{i=1}^{N} y_i \\ \hat{a}\sum_{i=1}^{N} t_i + b\sum_{i=1}^{N} t_i^2 = \sum_{i=1}^{N} y_i t_i \end{cases}$$

解该线性方程组，得到

$$\begin{cases} \hat{a} = \dfrac{\sum_{i=1}^{N} y_i \sum_{i=1}^{N} t_i^2 - \sum_{i=1}^{N} y_i t_i \sum_{i=1}^{N} t_i}{N\sum_{i=1}^{N} t_i^2 - \left(\sum_{i=1}^{N} t_i\right)^2} \\ \hat{b} = \dfrac{N\sum_{i=1}^{N} y_i t_i - \sum_{i=1}^{N} y_i \sum_{i=1}^{N} t_i}{N\sum_{i=1}^{N} t_i^2 - \left(\sum_{i=1}^{N} t_i\right)^2} \end{cases} \tag{4-13}$$

则热敏电阻阻值与温度之间的关系为

$$R = \hat{a} + \hat{b}t$$

例 2 表 4-2 中是在不同温度下测量同一热敏电阻阻值得到的测量数据，根据测量值 R 确定该电阻阻值关于温度的数学模型，并求出当温度为 70℃时的该电阻阻值。

表 4-2 热敏电阻阻值的测量数据

t（℃）	20.5	26	32.7	40	51	61	73	80	88	95.7
R（Ω）	765	790	826	850	873	910	942	980	1010	1032

解：根据表 4-2 中的数据，绘制热敏电阻阻值与温度的关系图，如图 4-3 所示。

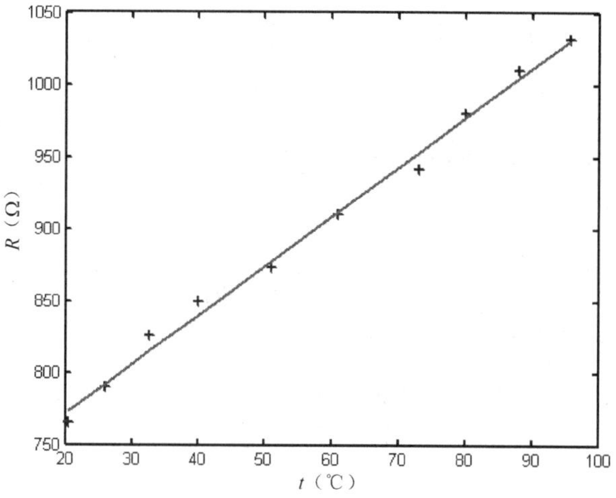

图 4-3　热敏电阻阻值与温度的关系图

由图 4-3 可以看出，热敏电阻阻值与温度呈线性关系，因此，热敏电阻阻值关于温度的数学模型为

$$R = \hat{a} + \hat{b}t$$

根据例 1 的推导可知，该数学模型的参数辨识计算公式为

$$\begin{cases} \hat{a} = \dfrac{\sum\limits_{i=1}^{N} R_i \sum\limits_{i=1}^{N} t_i^2 - \sum\limits_{i=1}^{N} R_i t_i \sum\limits_{i=1}^{N} t_i}{N\sum\limits_{i=1}^{N} t_i^2 - \left(\sum\limits_{i=1}^{N} t_i\right)^2} \\ \hat{b} = \dfrac{N\sum\limits_{i=1}^{N} R_i t_i - \sum\limits_{i=1}^{N} R_i \sum\limits_{i=1}^{N} t_i}{N\sum\limits_{i=1}^{N} t_i^2 - \left(\sum\limits_{i=1}^{N} t_i\right)^2} \end{cases}$$

计算出 $\hat{a} = 702.762$， $\hat{b} = 3.4344$，即热敏电阻阻值关于温度的数学模型为

$$R = 702.762 + 3.4344t$$

令 $t = 70$，即可得到当温度为 70℃时的热敏电阻阻值：

$$R(70) = 702.762 + 3.4344 \times 70 = 943.17\Omega$$

虽然最小二乘法并不适用于所有方程，每个方程都可能存在误差，但其目标是使所有方程的误差平方和最小化，这有助于综合考虑所有方程的近似程度。通过最小化误差平方和，最小二乘法可以有效减小测量误差的影响，使整体误差达到最小。

4.2　最小二乘批处理算法

单输入单输出随机模型的 n 阶差分方程为

$$y(k)=-\sum_{i=1}^{n}a_i y(k-i)+\sum_{i=0}^{n}b_i u(k-i)+\xi(k) \tag{4-14}$$

引入向量表示形式：

$$\boldsymbol{\varphi}(k)=[-y(k-1),-y(k-2),\cdots,-y(k-n),u(k),u(k-1),\cdots,u(k-n)]^{\mathrm{T}}$$

$$\boldsymbol{\theta}=[a_1,a_2,\cdots,a_n,b_0,b_1,\cdots,b_n]^{\mathrm{T}}$$

则系统输入、输出的最小二乘形式为

$$y(k)=\boldsymbol{\varphi}^{\mathrm{T}}(k)\boldsymbol{\theta}+\xi(k) \tag{4-15}$$

令 $k=1,2,\cdots,N$，表示采集 N 组样本数据 (u_1,y_1)，(u_2,y_2)，…，(u_N,y_N)，将样本数据代入式（4-15），可得到式（4-15）的线性方程组形式：

$$\boldsymbol{Y}_N=\boldsymbol{\Phi}_N\boldsymbol{\theta}+\boldsymbol{\xi}_N \tag{4-16}$$

式中

$$\boldsymbol{\theta}=[\boldsymbol{a}\quad \boldsymbol{b}]^{\mathrm{T}}=\left[a_1,a_2,\cdots,a_n,b_0,b_1,\cdots,b_n\right]^{\mathrm{T}}$$

$$\boldsymbol{\xi}_N=\left[\xi(1),\xi(2),\cdots,\xi(N)\right]^{\mathrm{T}}$$

$$\boldsymbol{Y}_N=[y(1),y(2),\cdots,y(N)]^{\mathrm{T}}$$

$$\boldsymbol{\Phi}_N=\begin{bmatrix}\boldsymbol{\varphi}^{\mathrm{T}}(1)\\ \boldsymbol{\varphi}^{\mathrm{T}}(2)\\ \vdots\\ \boldsymbol{\varphi}^{\mathrm{T}}(N)\end{bmatrix}=\begin{bmatrix}-y(0) & -y(-1) & \cdots & -y(1-n) & u(1) & u(0) & \cdots & u(1-n)\\ -y(1) & -y(0) & \cdots & -y(2-n) & u(2) & u(1) & \cdots & u(2-n)\\ \vdots & \vdots & & \vdots & \vdots & \vdots & & \vdots\\ -y(N-1) & -y(N-2) & \cdots & -y(N-n) & u(N) & u(N-1) & \cdots & u(N-n)\end{bmatrix}$$

噪声 $\xi(k)$ 的均值矩阵和协方差矩阵分别为

$$E[\boldsymbol{\xi}_N]=(E[\xi(1)],E[\xi(2)],\cdots,E[\xi(N)])^{\mathrm{T}}$$

$$\operatorname{cov}[\boldsymbol{\xi}_N]=E[\boldsymbol{\xi}_N\boldsymbol{\xi}_N^{\mathrm{T}}]=\begin{bmatrix}E[\xi^2(1)] & E[\xi(1)\xi(2)] & \cdots & E[\xi(1)\xi(N)]\\ E[\xi(2)\xi(1)] & E[\xi^2(2)] & \cdots & E[\xi(2)\xi(N)]\\ \vdots & \vdots & & \vdots\\ E[\xi(N)\xi(1)] & E[\xi(N)\xi(2)] & \cdots & E[\xi^2(N)]\end{bmatrix}$$

为了评价最小二乘法的效果，必须进一步假设噪声 $\xi(k)$ 是不相关且同分布的随机变量。简单来说，必须假设 $\{\xi(k)\}$ 是白噪声序列，即

$$\begin{aligned}&E[\boldsymbol{\xi}_N]=0\\ &\operatorname{cov}[\boldsymbol{\xi}_N]=\sigma_N^2\boldsymbol{I}\end{aligned} \tag{4-17}$$

式中，σ_N^2 为噪声的方差；$\boldsymbol{I}$ 为单位矩阵。有时要假设噪声 $\xi(k)$ 服从正态分布。此外，还要假设噪声 $\xi(k)$ 和输入 $u(k)$ 是不相关的，即

$$E[\xi(k)u(k-l)]=0 \quad \forall k,l \tag{4-18}$$

在求解线性方程组 $\boldsymbol{Y}_N=\boldsymbol{\Phi}_N\boldsymbol{\theta}+\boldsymbol{\xi}_N$ 时，由线性代数中方程组解的存在性相关知识可知，要使得该线性方程组有唯一解，必须保证系数矩阵 $\boldsymbol{\Phi}_N$ 的秩大于未知参数 $\boldsymbol{\theta}$ 中的元素个数。方程组 $\boldsymbol{Y}_N=\boldsymbol{\Phi}_N\boldsymbol{\theta}+\boldsymbol{\xi}_N$ 中有 N 个方程，$\boldsymbol{\theta}$ 中包含 $n+(n+1)=2n+1$ 个未知参数，当方程个数 N 小于未知参数个数 $2n+1$，即 $N<2n+1$ 时，该线性方程组有多个解，即未知参数 $\boldsymbol{\theta}$ 不是唯一确定的，这种情况不符合系统参数唯一性的要求，因此，这种情况不考虑；当方程个数 N 等于

未知参数个数 $2n+1$，即 $N=2n+1$ 时，只有 $\xi(k)=0$，未知参数 $\boldsymbol{\theta}$ 才有唯一解，但在实际工程应用中，并不能保证 $\xi(k)=0$；当 $\xi(k)\neq 0$ 且方程个数 N 大于未知参数个数 $2n+1$，即 $N>2n+1$ 时，才有可能确定“最优”的模型参数 $\boldsymbol{\theta}$，而且为了保证辨识的精度，N 必须充分大。

另外，当 $k\leqslant 0$ 时，$y(k)=u(k)\equiv 0$，n 阶单输入单输出差分方程为 $y(k)=-\sum_{i=1}^{n}a_i y(k-i)+\sum_{i=0}^{n}b_i u(k-i)+\xi(k)$，可见，当 $k\leqslant n$ 时，该差分方程中会出现 $y(-i)$，$u(-i)$，根据定义，$y(-i)=u(-i)=0$，不便于参数的辨识，因此，在辨识过程中一般选择 $k\geqslant n+1$。

综合以上分析可知，要想获得唯一的、较高精度的参数辨识值，在样本数据个数的选择上，应该保证样本个数 $N>3n+1$。

4.2.1　普通最小二乘法

假设分别测出 $n+N$ 个输出值和输入值：$y(1),y(2),\cdots,y(n),y(n+1),y(n+2),\cdots,y(n+N)$ 和 $u(1),u(2),\cdots,u(n),u(n+1),u(n+2),\cdots,u(n+N)$。令 $k=n+1,n+2,\cdots,n+N$，得到 N 个方程：

$$
\begin{aligned}
&y(n+1)=-a_1y(n)-a_2y(n-1)-\cdots-a_ny(1)+b_0u(n+1)+b_1u(n)+\cdots+b_nu(1)+\xi(n+1)\\
&y(n+2)=-a_1y(n+1)-a_2y(n)-\cdots-a_ny(2)+b_0u(n+2)+b_1u(n+1)+\cdots+b_nu(2)+\xi(n+2)\\
&\quad\vdots\\
&y(n+N)=-a_1y(n+N-1)-a_2y(n+N-2)-\cdots-a_ny(N)+b_0u(n+N)+b_1u(n+N-1)+\cdots+\\
&\qquad b_nu(N)+\xi(n+N)
\end{aligned}
$$

上述 N 个方程可写成下列向量-矩阵形式：

$$
\begin{bmatrix} y(n+1)\\ y(n+2)\\ \vdots\\ y(n+N)\end{bmatrix}=
\begin{bmatrix}
-y(n) & -y(n-1) & \cdots & -y(1) & u(n+1) & u(n) & \cdots & u(1)\\
-y(n+1) & -y(n) & \cdots & -y(2) & u(n+2) & u(n+1) & \cdots & u(2)\\
\vdots & \vdots & & \vdots & \vdots & \vdots & & \vdots\\
-y(n+N-1) & -y(n+N-2) & \cdots & -y(N) & u(n+N) & u(n+N-1) & \cdots & u(N)
\end{bmatrix}
\begin{bmatrix} a_1\\ \vdots\\ a_n\\ b_0\\ \vdots\\ b_n\end{bmatrix}+
\begin{bmatrix} \xi(n+1)\\ \xi(n+2)\\ \vdots\\ \xi(n+N)\end{bmatrix}
$$

即

$$
\boldsymbol{Y}=\boldsymbol{\Phi}\boldsymbol{\theta}+\boldsymbol{\xi} \tag{4-19}
$$

式中

$$
\boldsymbol{\theta}=[\boldsymbol{a}\quad \boldsymbol{b}]^{\mathrm{T}}=\left[a_1,a_2,\cdots,a_n,b_0,b_1,\cdots,b_n\right]^{\mathrm{T}}
$$

$$
\boldsymbol{\xi}=\left[\xi(n+1),\xi(n+2),\cdots,\xi(n+N)\right]^{\mathrm{T}}
$$

$$
\boldsymbol{Y}=[y(n+1),y(n+2),\cdots,y(n+N)]^{\mathrm{T}}
$$

$$\boldsymbol{\Phi}=\begin{bmatrix}\boldsymbol{\varphi}^{\mathrm{T}}(n+1)\\ \boldsymbol{\varphi}^{\mathrm{T}}(n+2)\\ \vdots\\ \boldsymbol{\varphi}^{\mathrm{T}}(n+N)\end{bmatrix}=\begin{bmatrix}-y(n) & -y(n-1) & \cdots & -y(1) & u(n+1) & u(n) & \cdots & u(1)\\ -y(n+1) & -y(n) & \cdots & -y(2) & u(n+2) & u(n+1) & \cdots & u(2)\\ \vdots & \vdots & & \vdots & \vdots & \vdots & & \vdots\\ -y(n+N-1) & -y(n+N-2) & \cdots & -y(N) & u(n+N) & u(n+N-1) & \cdots & u(N)\end{bmatrix}$$

误差准则函数

$$J(\boldsymbol{\theta})=\sum_{k=n+1}^{n+N}[\xi(k)]^2=\sum_{k=n+1}^{n+N}[y(k)-\boldsymbol{\varphi}^{\mathrm{T}}(k)\boldsymbol{\theta}]^2=(\boldsymbol{Y}-\boldsymbol{\Phi}\boldsymbol{\theta})^{\mathrm{T}}(\boldsymbol{Y}-\boldsymbol{\Phi}\boldsymbol{\theta}) \tag{4-20}$$

极小化 $J(\boldsymbol{\theta})$，求得参数 $\boldsymbol{\theta}$ 的估计值。

设 $\hat{\boldsymbol{\theta}}_{\mathrm{OLS}}$ 使得 $J(\boldsymbol{\theta})|_{\hat{\boldsymbol{\theta}}_{\mathrm{OLS}}}$ 最小，则有

$$\left.\frac{\partial J(\boldsymbol{\theta})}{\partial\boldsymbol{\theta}}\right|_{\boldsymbol{\theta}=\hat{\boldsymbol{\theta}}_{\mathrm{OLS}}}=\frac{\partial}{\partial\boldsymbol{\theta}}(\boldsymbol{Y}-\boldsymbol{\Phi}\boldsymbol{\theta})^{\mathrm{T}}(\boldsymbol{Y}-\boldsymbol{\Phi}\boldsymbol{\theta})|_{\boldsymbol{\theta}=\hat{\boldsymbol{\theta}}_{\mathrm{OLS}}}=0 \tag{4-21}$$

展开式（4-21），并运用如下两个向量微分公式：

$$\begin{aligned}&\frac{\partial}{\partial x}(\boldsymbol{\alpha}^{\mathrm{T}}\boldsymbol{x})=\boldsymbol{\alpha}^{\mathrm{T}}\\ &\frac{\partial}{\partial x}(\boldsymbol{x}^{\mathrm{T}}\boldsymbol{A}\boldsymbol{x})=2\boldsymbol{x}^{\mathrm{T}}\boldsymbol{A}\end{aligned} \tag{4-22}$$

式中，$\boldsymbol{A}$ 为对称矩阵。得矩阵方程：

$$\begin{aligned}&\left.\frac{\partial J(\boldsymbol{\theta})}{\partial\boldsymbol{\theta}}\right|_{\boldsymbol{\theta}=\hat{\boldsymbol{\theta}}_{\mathrm{OLS}}}=-2\boldsymbol{\Phi}^{\mathrm{T}}(\boldsymbol{Y}-\boldsymbol{\Phi}\hat{\boldsymbol{\theta}}_{\mathrm{OLS}})=0\\ &\Rightarrow\boldsymbol{\Phi}^{\mathrm{T}}\boldsymbol{Y}=\boldsymbol{\Phi}^{\mathrm{T}}\boldsymbol{\Phi}\hat{\boldsymbol{\theta}}_{\mathrm{OLS}}\end{aligned} \tag{4-23}$$

当 $\boldsymbol{\Phi}^{\mathrm{T}}\boldsymbol{\Phi}$ 是正则矩阵时，有

$$\hat{\boldsymbol{\theta}}_{\mathrm{OLS}}=(\boldsymbol{\Phi}^{\mathrm{T}}\boldsymbol{\Phi})^{-1}\boldsymbol{\Phi}^{\mathrm{T}}\boldsymbol{Y} \tag{4-24}$$

且

$$\left.\frac{\partial^2 J(\boldsymbol{\theta})}{\partial\boldsymbol{\theta}^2}\right|_{\boldsymbol{\theta}=\hat{\boldsymbol{\theta}}_{\mathrm{OLS}}}=2\boldsymbol{\Phi}^{\mathrm{T}}\boldsymbol{\Phi}>0$$

所以 $\hat{\boldsymbol{\theta}}_{\mathrm{OLS}}$ 使 $J(\boldsymbol{\theta})$ 取得唯一的最小值。

通过极小化误差准则函数计算 $\hat{\boldsymbol{\theta}}_{\mathrm{OLS}}$ 的方法称为普通最小二乘法，对应的 $\hat{\boldsymbol{\theta}}_{\mathrm{OLS}}$ 称为普通最小二乘估计值。

例 3 对确定性状态 $\boldsymbol{\theta}$ 进行了 3 次测量，测量方程为

$y(1)=3=[1\quad 1]\boldsymbol{\theta}+\xi(1)$，$y(2)=1=[1\quad 0]\boldsymbol{\theta}+\xi(2)$，$y(3)=2=[0\quad 1]\boldsymbol{\theta}+\xi(3)$

已知测量误差 $\boldsymbol{\xi}$ 是均值为 0、方差为 r 的白噪声，用最小二乘法求出 $\boldsymbol{\theta}$ 的估计值，并计算估计的均方误差。

解：将测量方程转换为最小二乘矩阵形式：

$$\boldsymbol{Y}=\boldsymbol{\Phi}\boldsymbol{\theta}+\boldsymbol{\xi}$$

式中，$\boldsymbol{\Phi}=\begin{bmatrix}1&1\\1&0\\0&1\end{bmatrix}$，$\boldsymbol{Y}=\begin{bmatrix}3\\1\\2\end{bmatrix}$。白噪声的协方差矩阵 $\boldsymbol{R}=E[\boldsymbol{\xi}\boldsymbol{\xi}^{\mathrm{T}}]=\begin{bmatrix}r&0&0\\0&r&0\\0&0&r\end{bmatrix}$。

由最小二乘法计算公式可得

$$\hat{\theta}=\left[\boldsymbol{\Phi}^{\mathrm{T}}\boldsymbol{\Phi}\right]^{-1}\boldsymbol{\Phi}^{\mathrm{T}}\boldsymbol{Y}=\left(\begin{bmatrix}1 & 1 & 0\\ 1 & 0 & 1\end{bmatrix}\begin{bmatrix}1 & 1\\ 1 & 0\\ 0 & 1\end{bmatrix}\right)^{-1}\begin{bmatrix}1 & 1 & 0\\ 1 & 0 & 1\end{bmatrix}\begin{bmatrix}3\\ 1\\ 2\end{bmatrix}=\begin{bmatrix}1\\ 2\end{bmatrix}$$

因为

$$\tilde{\theta}=\theta-\hat{\theta}=\theta-\left[\boldsymbol{\Phi}^{\mathrm{T}}\boldsymbol{\Phi}\right]^{-1}\boldsymbol{\Phi}^{\mathrm{T}}\boldsymbol{Y}=\theta-\left[\boldsymbol{\Phi}^{\mathrm{T}}\boldsymbol{\Phi}\right]^{-1}\boldsymbol{\Phi}^{\mathrm{T}}(\boldsymbol{\Phi}\theta+\xi)=-\left[\boldsymbol{\Phi}^{\mathrm{T}}\boldsymbol{\Phi}\right]^{-1}\boldsymbol{\Phi}^{\mathrm{T}}\xi$$

且白噪声的协方差矩阵为 $\boldsymbol{R}$，则估计的均方误差为

$$\begin{aligned}E\left(\tilde{\theta}\tilde{\theta}^{\mathrm{T}}\right)&=E\left(\left[\boldsymbol{\Phi}^{\mathrm{T}}\boldsymbol{\Phi}\right]^{-1}\boldsymbol{\Phi}^{\mathrm{T}}\xi\xi^{\mathrm{T}}\left[\boldsymbol{\Phi}^{\mathrm{T}}\boldsymbol{\Phi}\right]^{-1}\boldsymbol{\Phi}^{\mathrm{T}}\right)\\ &=\left(\boldsymbol{\Phi}^{\mathrm{T}}\boldsymbol{\Phi}\right)^{-1}\boldsymbol{\Phi}^{\mathrm{T}}\boldsymbol{R}\boldsymbol{\Phi}\left(\boldsymbol{\Phi}^{\mathrm{T}}\boldsymbol{\Phi}\right)^{-1}=\begin{bmatrix}\frac{2}{3}r & -\frac{1}{3}r\\ -\frac{1}{3}r & \frac{2}{3}r\end{bmatrix}\end{aligned}$$

4.2.2 加权最小二乘法

在构造误差准则函数 $J(\boldsymbol{\theta})$ 时，有时会对误差平方和进行加权处理，构建加权最小二乘法，即

$$\begin{aligned}J(\boldsymbol{\theta})&=\sum_{k=n+1}^{n+N}w(k)[\xi(k)]^2=\sum_{k=n+1}^{n+N}w(k)[y(k)-\boldsymbol{\varphi}^{\mathrm{T}}(k)\boldsymbol{\theta}]^2\\ &=(\boldsymbol{Y}-\boldsymbol{\Phi}\boldsymbol{\theta})^{\mathrm{T}}\boldsymbol{W}(\boldsymbol{Y}-\boldsymbol{\Phi}\boldsymbol{\theta})\end{aligned}\tag{4-25}$$

式中，$w(k)$ 称为加权因子。加权矩阵 $\boldsymbol{W}=\mathrm{diag}(w(n+1),\cdots,w(n+N))$ 为正则矩阵。引入加权因子的目的是便于考察观测数据的可信度。加权因子 $w(k)$ 主要反映 k 时刻历史数据的重要程度，首先，$w(k)$ 应该是非负数，即 $w(k)\geqslant 0$；其次，离当前时间点越近，观测数据的重要性越强，估计值与测量值之间的差越小，所以离当前时间点近的误差平方和应该加以较大的权重，故 $w(k)$ 应该是一个随着时间的推移逐渐增大的量，即 $w(k)$ 在 $k\geqslant 1$ 的区间上应该是一个单调递增的函数；最后，虽然离当前时间点越近，误差的权重应该越大，但是相邻两个时刻误差平方和的重要程度变化不应该过大，即加权因子 $w(k)$ 单调递增的过程应该比较缓慢，而且当 k 无限增大的时候，最开始的数据和最后的数据的贡献程度也不能相差太远，否则最开始的数据对参数辨识的影响就可以忽略不计了，这与采集历史数据进行参数辨识的原理相违背，故当 k 无限增大的时候，$w(k)$ 的取值也不能太大。综合考虑各方面的因素，加权因子 $w(k)$ 应该满足如下条件：

（1）$w(k)\geqslant 0$，$\forall k=1,2,3,\cdots$。

（2）$w(k)$ 严格单调递增。

（3）加权因子的增量 $\Delta w(k)=w(k)-w(k-1)$ 应该比较小。

（4）$\lim\limits_{k\to\infty}w(k)=1$。

同理，极小化 $J(\boldsymbol{\theta})$，求得参数 $\boldsymbol{\theta}$ 的估计值。设 $\hat{\boldsymbol{\theta}}_{\mathrm{WLS}}$ 使得 $J(\boldsymbol{\theta})$ 最小，则有

$$\left.\frac{\partial J(\boldsymbol{\theta})}{\partial\boldsymbol{\theta}}\right|_{\boldsymbol{\theta}=\hat{\boldsymbol{\theta}}_{\mathrm{WLS}}}=\frac{\partial}{\partial\boldsymbol{\theta}}(\boldsymbol{Y}-\boldsymbol{\Phi}\boldsymbol{\theta})^{\mathrm{T}}\boldsymbol{W}(\boldsymbol{Y}-\boldsymbol{\Phi}\boldsymbol{\theta})\Big|_{\boldsymbol{\theta}=\hat{\boldsymbol{\theta}}_{\mathrm{WLS}}}=0\tag{4-26}$$

得正则方程

$$\left.\frac{\partial J(\boldsymbol{\theta})}{\partial \boldsymbol{\theta}}\right|_{\boldsymbol{\theta}=\hat{\boldsymbol{\theta}}_{\mathrm{WLS}}}=-2\boldsymbol{\Phi}^{\mathrm{T}}\boldsymbol{W}(\boldsymbol{Y}-\boldsymbol{\Phi}\hat{\boldsymbol{\theta}}_{\mathrm{WLS}})=0 \Rightarrow \boldsymbol{\Phi}^{\mathrm{T}}\boldsymbol{W}\boldsymbol{Y}=\boldsymbol{\Phi}^{\mathrm{T}}\boldsymbol{W}\boldsymbol{\Phi}\hat{\boldsymbol{\theta}}_{\mathrm{WLS}} \tag{4-27}$$

当$\boldsymbol{\Phi}^{\mathrm{T}}\boldsymbol{W}\boldsymbol{\Phi}$是正则矩阵时，有

$$\hat{\boldsymbol{\theta}}_{\mathrm{WLS}}=(\boldsymbol{\Phi}^{\mathrm{T}}\boldsymbol{W}\boldsymbol{\Phi})^{-1}\boldsymbol{\Phi}^{\mathrm{T}}\boldsymbol{W}\boldsymbol{Y} \tag{4-28}$$

且

$$\left.\frac{\partial^2 J(\boldsymbol{\theta})}{\partial \boldsymbol{\theta}^2}\right|_{\boldsymbol{\theta}=\hat{\boldsymbol{\theta}}_{\mathrm{WLS}}}=2\boldsymbol{\Phi}^{\mathrm{T}}\boldsymbol{W}\boldsymbol{\Phi}>0$$

所以$\hat{\boldsymbol{\theta}}_{\mathrm{WLS}}$使$J(\boldsymbol{\theta})$取得唯一最小值。

通过极小化方法计算$\hat{\boldsymbol{\theta}}_{\mathrm{WLS}}$的方法称为加权最小二乘法，对应的$\hat{\boldsymbol{\theta}}_{\mathrm{WLS}}$称为加权最小二乘估计值。如果加权矩阵$\boldsymbol{W}$取单位矩阵$\boldsymbol{W}=\boldsymbol{I}$，则加权最小二乘法退化为普通最小二乘法。

4.2.3 正则化最小二乘法

利用式（4-20）所示的误差准则函数估计未知参数$\boldsymbol{\theta}$，要求采集的输入、输出测试样本的个数远远超过系统的阶数，否则会出现行列式值$|\boldsymbol{\Phi}^{\mathrm{T}}\boldsymbol{\Phi}|$趋近于0的情况，采用最小二乘法难以估计未知参数$\boldsymbol{\theta}$，会出现过拟合现象。为避免过拟合，将误差准则函数正则化，定义新的误差准则函数

$$\tilde{J}(\boldsymbol{\theta})=\min_{\boldsymbol{\theta}}\left\{\frac{1}{2}\boldsymbol{\theta}^{\mathrm{T}}\boldsymbol{\theta}+\frac{C}{2}J(\boldsymbol{\theta})\right\} \tag{4-29}$$

式中，参数C为惩罚系数。则

$$\left.\frac{\partial \tilde{J}(\boldsymbol{\theta})}{\partial \boldsymbol{\theta}}\right|_{\boldsymbol{\theta}=\hat{\boldsymbol{\theta}}}=\hat{\boldsymbol{\theta}}-C\boldsymbol{\Phi}^{\mathrm{T}}(\boldsymbol{Y}-\boldsymbol{\Phi}\hat{\boldsymbol{\theta}})=0 \tag{4-30}$$

$$\hat{\boldsymbol{\theta}}=C\boldsymbol{\Phi}^{\mathrm{T}}(\boldsymbol{Y}-\boldsymbol{\Phi}\hat{\boldsymbol{\theta}}) \Leftrightarrow \frac{1}{C}\hat{\boldsymbol{\theta}}=\boldsymbol{\Phi}^{\mathrm{T}}(\boldsymbol{Y}-\boldsymbol{\Phi}\hat{\boldsymbol{\theta}}) \Leftrightarrow \frac{1}{C}\boldsymbol{\Phi}\hat{\boldsymbol{\theta}}=\boldsymbol{\Phi}\boldsymbol{\Phi}^{\mathrm{T}}(\boldsymbol{Y}-\boldsymbol{\Phi}\hat{\boldsymbol{\theta}})$$

$$\Leftrightarrow \frac{1}{C}(\boldsymbol{\Phi}\boldsymbol{\Phi}^{\mathrm{T}})^{-1}\boldsymbol{\Phi}\hat{\boldsymbol{\theta}}=(\boldsymbol{Y}-\boldsymbol{\Phi}\hat{\boldsymbol{\theta}}) \Leftrightarrow \left[\frac{1}{C}(\boldsymbol{\Phi}\boldsymbol{\Phi}^{\mathrm{T}})^{-1}+\boldsymbol{I}\right]\boldsymbol{\Phi}\hat{\boldsymbol{\theta}}=\boldsymbol{Y}$$

$$\Leftrightarrow \left(\frac{1}{C}\boldsymbol{I}+\boldsymbol{\Phi}\boldsymbol{\Phi}^{\mathrm{T}}\right)(\boldsymbol{\Phi}\boldsymbol{\Phi}^{\mathrm{T}})^{-1}\boldsymbol{\Phi}\hat{\boldsymbol{\theta}}=\boldsymbol{Y} \Leftrightarrow (\boldsymbol{\Phi}\boldsymbol{\Phi}^{\mathrm{T}})^{-1}\boldsymbol{\Phi}\hat{\boldsymbol{\theta}}=\left(\frac{1}{C}\boldsymbol{I}+\boldsymbol{\Phi}\boldsymbol{\Phi}^{\mathrm{T}}\right)^{-1}\boldsymbol{Y}$$

$$\Leftrightarrow \boldsymbol{\Phi}\hat{\boldsymbol{\theta}}=(\boldsymbol{\Phi}\boldsymbol{\Phi}^{\mathrm{T}})\left(\frac{1}{C}\boldsymbol{I}+\boldsymbol{\Phi}\boldsymbol{\Phi}^{\mathrm{T}}\right)^{-1}\boldsymbol{Y} \Leftrightarrow \boldsymbol{\Phi}^{\mathrm{T}}\boldsymbol{\Phi}\hat{\boldsymbol{\theta}}=\boldsymbol{\Phi}^{\mathrm{T}}\boldsymbol{\Phi}\boldsymbol{\Phi}^{\mathrm{T}}\left(\frac{1}{C}\boldsymbol{I}+\boldsymbol{\Phi}\boldsymbol{\Phi}^{\mathrm{T}}\right)^{-1}\boldsymbol{Y}$$

$$\Leftrightarrow \hat{\boldsymbol{\theta}}=\boldsymbol{\Phi}^{\mathrm{T}}\left(\frac{1}{C}\boldsymbol{I}+\boldsymbol{\Phi}\boldsymbol{\Phi}^{\mathrm{T}}\right)^{-1}\boldsymbol{Y}$$

即

$$\hat{\boldsymbol{\theta}}=\boldsymbol{\Phi}^{\mathrm{T}}\left(\frac{1}{C}\boldsymbol{I}+\boldsymbol{\Phi}\boldsymbol{\Phi}^{\mathrm{T}}\right)^{-1}\boldsymbol{Y} \tag{4-31}$$

式（4-31）是比较常用的未知参数$\boldsymbol{\theta}$的估计公式，也可以采用公式$\hat{\boldsymbol{\theta}}=\boldsymbol{\Phi}\left(\frac{1}{C}\boldsymbol{I}+\boldsymbol{\Phi}^{\mathrm{T}}\boldsymbol{\Phi}\right)^{-1}\boldsymbol{Y}$

估计未知参数 $\boldsymbol{\theta}$。选择适当的参数 C，无论行列式 $|\boldsymbol{\Phi}^{\mathrm{T}}\boldsymbol{\Phi}|$ 多小，式（4-31）都能计算出未知参数 $\boldsymbol{\theta}$ 的估计值 $\hat{\boldsymbol{\theta}}$。

以上给出的最小二乘法、加权最小二乘法、正则化最小二乘法均在获得一批数据后，通过公式一次性求得相应的参数估计值，这种处理问题的方法称为批处理算法。该方法在理论研究方面有许多方便之处，但当矩阵的维数增加时，求逆矩阵的计算量会急剧增加，这会给计算机的存储和计算带来负担。

普通最小二乘法参数辨识的程序设计流程图如图 4-4 所示。

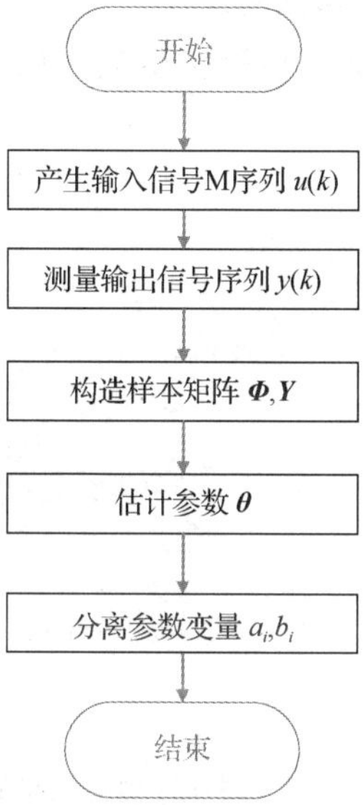

图 4-4　普通最小二乘法参数辨识的程序设计流程图

在采用最小二乘批处理算法估计未知参数时，要求矩阵 $\boldsymbol{\Phi}^{\mathrm{T}}\boldsymbol{\Phi}$ 是非奇异矩阵。根据最小二乘法的矩阵形式，有 $\boldsymbol{\Phi}=[\boldsymbol{Y} \quad \boldsymbol{U}]$，则

$$\boldsymbol{\Phi}^{\mathrm{T}}\boldsymbol{\Phi}=\begin{bmatrix}\boldsymbol{Y}^{\mathrm{T}} \\ \boldsymbol{U}^{\mathrm{T}}\end{bmatrix}[\boldsymbol{Y} \quad \boldsymbol{U}]=\begin{bmatrix}\boldsymbol{Y}^{\mathrm{T}}\boldsymbol{Y} & \boldsymbol{Y}^{\mathrm{T}}\boldsymbol{U} \\ \boldsymbol{U}^{\mathrm{T}}\boldsymbol{Y} & \boldsymbol{U}^{\mathrm{T}}\boldsymbol{U}\end{bmatrix}$$

若要求矩阵 $\boldsymbol{\Phi}^{\mathrm{T}}\boldsymbol{\Phi}$ 正定，根据正定矩阵的性质，则必须保证矩阵 $\boldsymbol{U}^{\mathrm{T}}\boldsymbol{U}$ 正定，即要求系统的输入信号必须是 $2n$ 阶持续激励信号，这就意味着辨识所用的输入信号不能随意选择，否则可能导致无法辨识。目前常用的输入信号如下：

（1）随机序列（如白噪声）。

（2）伪随机序列（如 M 序列或 L 序列）。

（3）离散序列，通常指对含有 n 种频率（各频率不能存在整数倍关系）的正弦组合信号进行采样的离散序列。

生成在区间(0,1)内均匀分布的随机序列的 MATLAB 命令如下：

```
X =rand(m,n)  % 返回一个介于 0 和 1 之间的 m 行 n 列随机矩阵，如果 m=n，则可简写为 rand(m)
```

生成均匀分布的伪随机整数序列的 MATLAB 的命令如下：

```
X = randi(imax)          %返回一个介于 1 和 imax 之间的伪随机整数标量
X = randi(imax,n,m)      %返回 n×m 矩阵，其中包含从区间 [1,imax] 的均匀离散分布中得到的伪随机整数
```

生成在(0,1)区间上的正态分布随机序列的 MATLAB 命令如下：

```
X = randn                %返回一个从标准正态分布中得到的随机标量
X = randn(n)             %返回由正态分布的随机数组成的 n×n 矩阵
X = randn(sz1,...,szN)   %返回由随机数组成的 sz1×…×szN 数组
```

下面给出产生均匀分布随机序列、伪随机整数序列、正态分布随机序列的 MATLAB 示例程序：

```
clc;
clear all;
close all;
X1=rand(1,100);
X2=randi(10,1,100);
X3= randn(1,100)
figure(1)
plot(X1)
xlabel('k'), ylabel('X1');title('(0,1)均匀分布随机序列')
figure(2)
plot(X2)
xlabel('k'), ylabel('X2');title('(1,100)伪随机整数序列')
figure(3)
plot(X3)
xlabel('k'), ylabel('X3');title('(0,1)正态分布随机序列')
```

基于以上 MATLAB 程序，得到的输出结果如图 4-5、图 4-6 和图 4-7 所示。

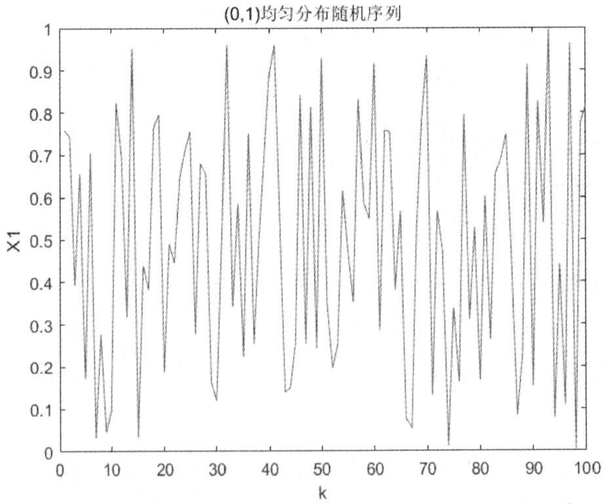

图 4-5 均匀分布随机序列

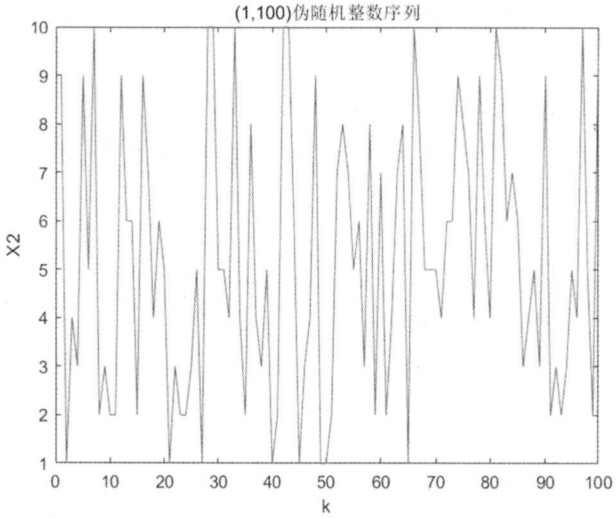

图 4-6 伪随机整数序列

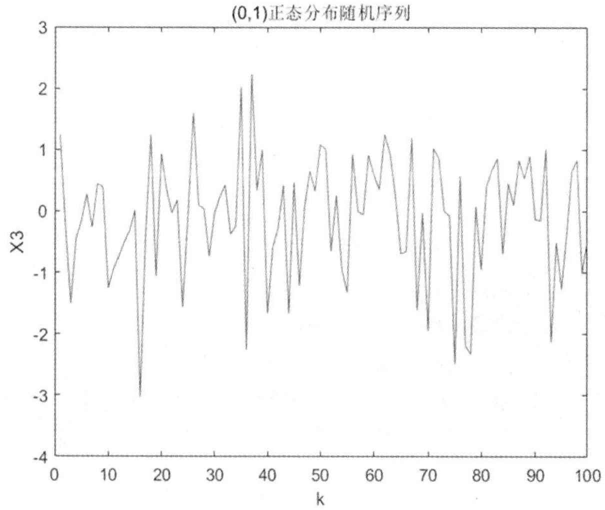

图 4-7 正态分布随机序列

在掌握了参数辨识输入信号的程序实现之后，下面结合实例来介绍基于最小二乘法的参数辨识。

4.2.4 基于最小二乘法的离散系统参数辨识与仿真

考虑仿真对象

$$y(k)+1.5y(k-1)+0.7y(k-2)=u(k-1)+0.5u(k-2)+v(k)$$

式中，$v(k)$ 是白噪声，服从正态分布 $N(0,0.01)$ 。输入信号采用 4 阶 M 序列，其幅值为 1。基于该模型产生参数辨识的输入、输出数据，并采用该数据辨识如下模型：

$$y(k)+a_1y(k-1)+a_2y(k-2)=b_1u(k-1)+b_2u(k-2)+v(k)$$

该模型中，$n=2$，拟采集样本数为16。设输入信号是取值从$k=1$到$k=16$的M序列，则待辨识的参数$\hat{\boldsymbol{\theta}}_{\mathrm{LS}}$的相关矩阵为

$$\hat{\boldsymbol{\theta}}_{\mathrm{LS}}=\left[a_1,\quad a_2,\quad b_1,\quad b_2\right]^{\mathrm{T}},\quad \boldsymbol{Y}=[y(3),y(4),\cdots,y(16)]^{\mathrm{T}}$$

$$\boldsymbol{\Phi}=\begin{bmatrix}-y(2) & -y(1) & u(2) & u(1)\\ -y(3) & -y(2) & u(3) & u(2)\\ \vdots & \vdots & \vdots & \vdots\\ -y(15) & -y(14) & u(15) & u(14)\end{bmatrix}$$

普通最小二乘法、加权最小二乘法、正则化最小二乘法的MATLAB实现程序如下：

```
clear all
clc
close all
u=[-1,1,-1,1,1,1,1,-1,-1,-1,1,-1,-1,1,1];   %系统辨识的输入信号为一个周期的M序列
n=length(u)+1;
y=zeros(1,n);                                %定义输出观测值的长度
for k=3:n
    y(k)=-1.5*y(k-1)-0.7*y(k-2)+u(k-1)+0.5*u(k-2)+normrnd(0,0.01); %将理想输出值
作为观测值
end
%normrnd(miu,sigma,m,n) 随机产生一个均值为miu、标准差为sigma的m行n列随机数
subplot(3,1,1)          %画三行一列图形窗口中的第一个图形
stem(u)                 %画出输入信号u的经线图形
subplot(3,1,2)          %画三行一列图形窗口中的第二个图形
i=1:1:n;                %横坐标范围是1到16，步长为1
plot(i,y)               %图形的横坐标是采样时刻i，纵坐标是输出观测值z，图形格式为连续曲线
subplot(3,1,3)          %画三行一列图形窗口中的第三个图形
stem(y),grid on         %画出输出观测值z的经线图形，并显示坐标网格
u, y                    %显示输入信号和输出观测信号  %L=14%数据长度

HL=[];
for i=3:n
    HL=[HL;-y(i-1) -y(i-2) u(i-1) u(i-2)];   %给样本矩阵HL赋值
end
ZL=y(3:n)';                                  %给样本矩阵ZL赋值

%计算参数

%普通最小二乘法
    c11=HL'*HL; c21=inv(c11); c31=HL'*ZL; c1=c21*c31;
%加权最小二乘法
       for i=1:n-2
        W(i)=exp(-1/i);%加权因子
```

```
    end
    W=diag(W);    %构成加权矩阵
    c12=HL'*W*HL; c22=inv(c12); c32=HL'*W*ZL;c2=c22*c32; %计算并显示

%正则化最小二乘法
    C=500;%惩罚系数
    c13=HL'; c23=1/C.*eye(n-2)+HL*HL'; c33=inv(c23); c3=c13*c33*ZL%计算并显示

 %显示参数
disp('参数 a1 a2 b1 b2 的最小二乘估计结果：')
c1'
a1=c1(1), a2=c1(2), b1=c1(3), b2=c1(4) %从中分离并显示出 a1
disp('参数 a1 a2 b1 b2 的加权最小二乘估计结果：')
c2'
a1=c2(1), a2=c2(2), b1=c2(3), b2=c2(4) %从中分离并显示出 a1
disp('参数 a1 a2 b1 b2 的正则化最小二乘估计结果：')
c3'
a1=c3(1), a2=c3(2), b1=c3(3), b2=c3(4) %从中分离并显示出 a1
```

运行结果如下：

```
u =[ -1  1  -1  1  1  1  1  -1  -1  -1   1  -1   -1  1  1]

y =[ 0   0   0.4879   -1.2028 1.9709   -0.6006 1.0107   0.3997 -1.8098 0.9458 -
1.6547 2.3270  -2.8527 1.1466  0.7687  -0.4715]
HL =[ 0         0    1.0000   -1.0000
   -0.4879        0   -1.0000    1.0000
    1.2028   -0.4879    1.0000   -1.0000
   -1.9709    1.2028    1.0000    1.0000
    0.6006   -1.9709    1.0000    1.0000
   -1.0107    0.6006    1.0000    1.0000
   -0.3997   -1.0107   -1.0000    1.0000
    1.8098   -0.3997   -1.0000   -1.0000
   -0.9458    1.8098   -1.0000   -1.0000
    1.6547   -0.9458    1.0000   -1.0000
   -2.3270    1.6547   -1.0000    1.0000
    2.8527   -2.3270   -1.0000   -1.0000
   -1.1466    2.8527    1.0000   -1.0000
   -0.7687   -1.1466    1.0000    1.0000]
ZL = [0.4879   -1.2028 1.9709   -0.6006 1.0107   0.3997 -1.8098 0.9458 -1.6547
2.3270
 -2.8527 1.1466  0.7687  -0.4715]T
参数 a1 a2 b1 b2 的最小二乘估计结果：
c1 =    1.5166    0.7123    0.9996    0.5143
```

```
a1 =1.5166, a2 =0.7123, b1 =0.9996, b2 =0.5143
参数 a1 a2 b1 b2 的加权最小二乘估计结果:
c2 =    1.5161    0.7117    0.9999    0.5133
a1 =1.5161, a2 =0.7117, b1 =0.9999, b2 =0.5133
参数 a1 a2 b1 b2 的正则化最小二乘估计结果:
c3 =    1.5143    0.7104    0.9992    0.5120
a1 =1.5143, a2 =0.7104, b1 =0.9992, b2 =0.5120
```

程序运行结果如图 4-8 所示。

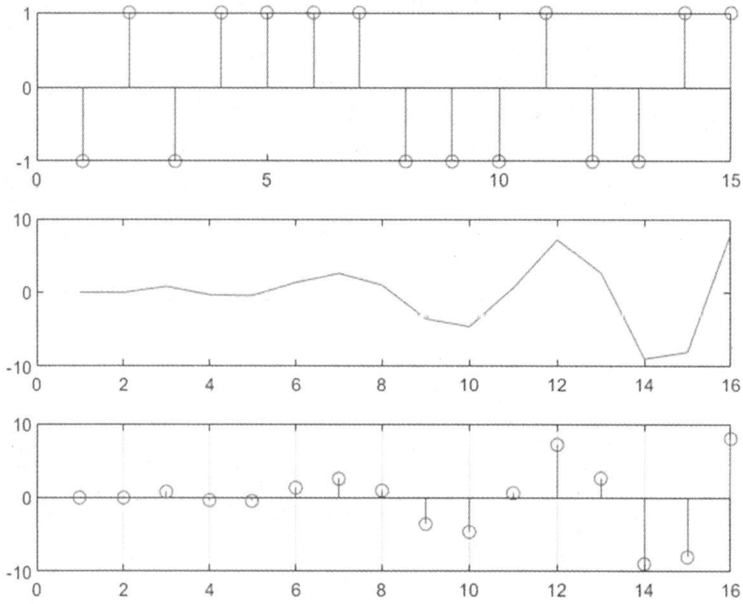

图 4-8　最小二乘批处理算法仿真实例的程序运行结果

分别令噪声方差为 0.0、0.1、0.5、1.0、5.0，进行数值仿真，仿真结果如表 4-3 所示。从仿真结果可以看出，当输出观测值没有任何噪声成分时，参数辨识结果与真实参数值相比也无任何误差。但是当输出观测值有噪声时，参数辨识结果与真实参数值之间存在偏差，且噪声的方差越大，偏差越大。

表 4-3　最小二乘批处理算法的参数辨识仿真结果

噪声方差	参数				方法
	$\hat{a}_1$	$\hat{a}_2$	$\hat{b}_1$	$\hat{b}_2$	
0.0	1.5000	0.7000	1.0000	0.5000	普通最小二乘法
	1.5000	0.7000	1.0000	0.5000	加权最小二乘法
	1.4977	0.6982	0.9996	0.4978	正则化最小二乘法
0.1	1.4571	0.6542	0.9667	0.4703	普通最小二乘法
	1.4573	0.6543	0.9656	0.4720	加权最小二乘法
	1.4549	0.6524	0.9664	0.4683	正则化最小二乘法

续表

噪声方差	参数				方法
	$\hat{a}_1$	$\hat{a}_2$	$\hat{b}_1$	$\hat{b}_2$	
0.5	1.3141	0.6327	1.0274	0.5816	普通最小二乘法
	1.3100	0.6232	1.0511	0.5535	加权最小二乘法
	1.3119	0.6314	1.0266	0.5797	正则化最小二乘法
1.0	1.4294	0.8714	0.9804	0.2021	普通最小二乘法
	1.4240	0.8849	1.0600	0.1147	加权最小二乘法
	1.4292	0.8713	0.9802	0.2020	正则化最小二乘法
5.0	1.5369	0.6551	1.0352	1.2625	普通最小二乘法
	1.5337	0.6581	1.2358	1.1722	加权最小二乘法
	1.5369	0.6551	1.0350	1.2623	正则化最小二乘法
真实参数值	1.50	0.70	1.00	0.50	

4.2.5　最小二乘法的统计特性分析

输出值 $y(k)$ 是随机的，所以估计值 $\hat{\boldsymbol{\theta}}_{\text{LS}}$ 是随机的，但未知参数 $\boldsymbol{\theta}$ 不是随机的。如果

$$E\left[\hat{\boldsymbol{\theta}}_{\text{LS}}\right]=E[\boldsymbol{\theta}]=\boldsymbol{\theta} \tag{4-32}$$

则称 $\hat{\boldsymbol{\theta}}_{\text{LS}}$ 是 $\boldsymbol{\theta}$ 的**无偏估计**。

当 $\{\xi(k)\}$ 为不相关随机序列时，$y(k)$ 只与 $\xi(k)$ 及其之前的 $\xi(k-1),\xi(k-2),\cdots$ 有关，而与 $\xi(k+1)$ 及其之后的 $\xi(k+2),\xi(k+3),\cdots$ 无关。从 $\boldsymbol{\Phi}^{\text{T}}\boldsymbol{\xi}$ 的展开式中可看出，$\boldsymbol{\Phi}$ 与 $\boldsymbol{\xi}$ 不相关：

$$\boldsymbol{\Phi}^{\text{T}}\boldsymbol{\xi}=\begin{bmatrix} -y(n) & -y(n+1) & \cdots & -y(n+N-1) \\ -y(n-1) & -y(n) & \cdots & -y(n+N-2) \\ \vdots & \vdots & & \vdots \\ -y(1) & -y(2) & \cdots & -y(N) \\ u(n+1) & u(n+2) & \cdots & u(n+N) \\ u(n) & u(n+1) & \cdots & u(n+N-1) \\ \vdots & \vdots & & \vdots \\ u(1) & u(2) & \cdots & u(N) \end{bmatrix}\begin{bmatrix} \xi(n+1) \\ \xi(n+2) \\ \vdots \\ \xi(n+N) \end{bmatrix} \tag{4-33}$$

由于 $\boldsymbol{\Phi}$ 与 $\boldsymbol{\xi}$ 不相关，且 $\boldsymbol{\xi}$ 是均值为 0 的白噪声，即 $E[\boldsymbol{\xi}]=0$，则

$$\begin{aligned}\hat{\boldsymbol{\theta}}_{\text{LS}}&=\left[\boldsymbol{\Phi}^{\text{T}}\boldsymbol{\Phi}\right]^{-1}\boldsymbol{\Phi}^{\text{T}}\boldsymbol{Y}\\&=\left[\boldsymbol{\Phi}^{\text{T}}\boldsymbol{\Phi}\right]^{-1}\boldsymbol{\Phi}^{\text{T}}\left[\boldsymbol{\Phi}\boldsymbol{\theta}+\xi\right]\\&=\boldsymbol{\theta}+\left[\boldsymbol{\Phi}^{\text{T}}\boldsymbol{\Phi}\right]^{-1}\boldsymbol{\Phi}^{\text{T}}\xi\end{aligned}$$

对等号两边取均值：

$$E\left[\hat{\boldsymbol{\theta}}_{\text{LS}}\right]=\boldsymbol{\theta}+E\left[(\boldsymbol{\Phi}^{\text{T}}\boldsymbol{\Phi})^{-1}\boldsymbol{\Phi}^{\text{T}}\xi\right]$$

当 $E[\xi]=0$ 时，便有

$$E\left[\hat{\boldsymbol{\theta}}_{\mathrm{LS}}\right]=\boldsymbol{\theta}+E\left\{(\boldsymbol{\Phi}^{\mathrm{T}}\boldsymbol{\Phi})^{-1}\boldsymbol{\Phi}^{\mathrm{T}}\right\}E\left[\xi\right]=\boldsymbol{\theta}$$

以上推导表明，当 $E[\xi]=0$ 时，$\hat{\boldsymbol{\theta}}_{\mathrm{LS}}$ 是 $\boldsymbol{\theta}$ 的无偏估计。

4.3　递推最小二乘法

最小二乘批处理算法在实际使用中存在内存占用较大、不适合在线辨识等问题。为了减少计算量、降低数据对计算机存储的要求，同时实现对系统动态特性的实时辨识，最小二乘法在参数估计方法发展过程中演变出一种既经济又有效的参数估计方法，即参数递推估计，通常称为序贯估计。

参数递推估计是指在系统辨识过程中，根据获取的新观测数据，基于上一次的估计结果，采用递推算法进行修正，以推出更新的参数估计值。这意味着随着新观测数据的逐步引入，参数估计值也会不断更新，直至达到要求的精度。递推最小二乘法，如递归最小二乘法（Recursive Least Squares，RLS）的基本思想可以总结为

$$\text{当前估计值}\ \hat{\theta}(k)=\text{上次估计值}\ \hat{\theta}(k-1)+\text{修正项} \tag{4-34}$$

4.3.1　一般递推最小二乘法

设已得到的观测数据长度为 $n+N$，令 $k=n+1,n+2,\cdots$，将 N 个方程构成的矩阵方程 $\boldsymbol{Y}=\boldsymbol{\Phi\theta}+\xi$ 中的 $\boldsymbol{Y}$、$\boldsymbol{\Phi}$、ξ 分别用 $\boldsymbol{Y}_N$、$\boldsymbol{\Phi}_N$、ξ_N 代替，则有

$$\boldsymbol{Y}_N=\boldsymbol{\Phi}_N\boldsymbol{\theta}+\xi_N \tag{4-35}$$

根据普通最小二乘法，可以得到

$$\hat{\boldsymbol{\theta}}_N=(\boldsymbol{\Phi}_N^{\mathrm{T}}\boldsymbol{\Phi}_N)^{-1}\boldsymbol{\Phi}_N^{\mathrm{T}}\boldsymbol{Y}_N \tag{4-36}$$

设 $\boldsymbol{P}_N=(\boldsymbol{\Phi}_N^{\mathrm{T}}\boldsymbol{\Phi}_N)^{-1}$，则有

$$\hat{\boldsymbol{\theta}}_N=\boldsymbol{P}_N\boldsymbol{\Phi}_N^{\mathrm{T}}\boldsymbol{Y}_N \tag{4-37}$$

如果再获得一组新的观测值 $u(n+N+1)$ 和 $y(n+N+1)$，则又增加一个方程：

$$y_{N+1}=\boldsymbol{\varphi}_{N+1}^{\mathrm{T}}\boldsymbol{\theta}+\xi_{N+1} \tag{4-38}$$

式中

$y_{N+1}=y(n+N+1)$，$\xi_{N+1}=\xi(n+N+1)$

$\boldsymbol{\varphi}_{N+1}^{\mathrm{T}}=[-y(n+N),-y(n+N-1),\cdots,-y(N+1),u(n+N+1),u(n+N),\cdots,u(N+1)]$

将第 N+1 个方程加入前面的方程组中，并将其写成分块矩阵形式：

$$\begin{bmatrix}\boldsymbol{Y}_N\\ \\ y_{N+1}\end{bmatrix}=\begin{bmatrix}\boldsymbol{\Phi}_N\\ \\ \boldsymbol{\varphi}^{\mathrm{T}}{}_{N+1}\end{bmatrix}\boldsymbol{\theta}+\begin{bmatrix}\xi_N\\ \\ \xi_{N+1}\end{bmatrix} \tag{4-39}$$

由式（4-39）得到新的参数估计值

$$\hat{\boldsymbol{\theta}}_{N+1}=\left\{\begin{bmatrix}\boldsymbol{\Phi}_N\\ \boldsymbol{\varphi}_{N+1}^{\mathrm{T}}\end{bmatrix}^{\mathrm{T}}\begin{bmatrix}\boldsymbol{\Phi}_N\\ \boldsymbol{\varphi}_{N+1}^{\mathrm{T}}\end{bmatrix}\right\}^{-1}\begin{bmatrix}\boldsymbol{\Phi}_N\\ \boldsymbol{\varphi}_{N+1}^{\mathrm{T}}\end{bmatrix}^{\mathrm{T}}\begin{bmatrix}\boldsymbol{Y}_N\\ y_{N+1}\end{bmatrix}=\boldsymbol{P}_{N+1}\left[\boldsymbol{\Phi}_N^{\mathrm{T}}\boldsymbol{Y}_N+\boldsymbol{\varphi}_{N+1}y_{N+1}\right] \tag{4-40}$$

式中

$$\boldsymbol{P}_{N+1}=\left\{\begin{bmatrix}\boldsymbol{\Phi}_N\\ \boldsymbol{\varphi}_{N+1}^{\mathrm{T}}\end{bmatrix}^{\mathrm{T}}\begin{bmatrix}\boldsymbol{\Phi}_N\\ \boldsymbol{\varphi}_{N+1}^{\mathrm{T}}\end{bmatrix}\right\}^{-1}=\left[\boldsymbol{\Phi}_N^{\mathrm{T}}\boldsymbol{\Phi}_N+\boldsymbol{\varphi}_{N+1}\boldsymbol{\varphi}_{N+1}^{\mathrm{T}}\right]^{-1}=\left[\boldsymbol{P}_N^{-1}+\boldsymbol{\varphi}_{N+1}\boldsymbol{\varphi}_{N+1}^{\mathrm{T}}\right]^{-1}$$

矩阵$(\boldsymbol{P}_N^{-1}+\boldsymbol{\varphi}_{N+1}\boldsymbol{\varphi}_{N+1}^{\mathrm{T}})$为$(2n+1)\times(2n+1)$矩阵，直接求这个矩阵的逆矩阵比较复杂，下面应用矩阵求逆引理将其简化。矩阵求逆引理为

$$(\boldsymbol{A}+\boldsymbol{B}\boldsymbol{C}^{\mathrm{T}})^{-1}=\boldsymbol{A}^{-1}-\boldsymbol{A}^{-1}\boldsymbol{B}(\boldsymbol{I}+\boldsymbol{C}^{\mathrm{T}}\boldsymbol{A}^{-1}\boldsymbol{B})^{-1}\boldsymbol{C}^{\mathrm{T}}\boldsymbol{A}^{-1} \tag{4-41}$$

令 $\boldsymbol{A}=\boldsymbol{P}_N^{-1}, \boldsymbol{B}=\boldsymbol{C}=\boldsymbol{\varphi}_{N+1}$，则得到 $\boldsymbol{P}_{N+1}$ 关于 $\boldsymbol{P}_N$ 的递推关系式：

$$\boldsymbol{P}_{N+1}=\boldsymbol{P}_N-\boldsymbol{P}_N\boldsymbol{\varphi}_{N+1}(\boldsymbol{I}+\boldsymbol{\varphi}_{N+1}^{\mathrm{T}}\boldsymbol{P}_N\boldsymbol{\varphi}_{N+1})^{-1}\boldsymbol{\varphi}_{N+1}^{\mathrm{T}}\boldsymbol{P}_N \tag{4-42}$$

由于 $\boldsymbol{\varphi}_{N+1}^{\mathrm{T}}\boldsymbol{P}_N\boldsymbol{\varphi}_{N+1}$ 为标量，因此

$$\boldsymbol{P}_{N+1}=\boldsymbol{P}_N-\frac{\boldsymbol{P}_N\boldsymbol{\varphi}_{N+1}\boldsymbol{\varphi}_{N+1}^{\mathrm{T}}\boldsymbol{P}_N}{\left[1+\boldsymbol{\varphi}_{N+1}^{\mathrm{T}}\boldsymbol{P}_N\boldsymbol{\varphi}_{N+1}\right]} \tag{4-43}$$

应用矩阵求逆引理，把求$(\boldsymbol{P}_N^{-1}+\boldsymbol{\varphi}_{N+1}\boldsymbol{\varphi}_{N+1}^{\mathrm{T}})$的逆矩阵转变为求标量$(1+\boldsymbol{\varphi}_{N+1}^{\mathrm{T}}\boldsymbol{P}_N\boldsymbol{\varphi}_{N+1})$的倒数，这样可以大大减少计算量，同时得到 $\boldsymbol{P}_{N+1}$ 与 $\boldsymbol{P}_N$ 的简单递推关系式。

由式（4-40）～式（4-43）得到

$$\begin{aligned}\hat{\boldsymbol{\theta}}_{N+1}&=\boldsymbol{P}_{N+1}\left(\boldsymbol{\Phi}_N^{\mathrm{T}}\boldsymbol{Y}_N+\boldsymbol{\varphi}_{N+1}y_{N+1}\right)\\&=\boldsymbol{P}_{N+1}\left(\boldsymbol{P}_N^{-1}\boldsymbol{P}_N\boldsymbol{\Phi}_N^{\mathrm{T}}\boldsymbol{Y}_N+\boldsymbol{\varphi}_{N+1}y_{N+1}\right)=\boldsymbol{P}_{N+1}\left(\boldsymbol{P}_N^{-1}\hat{\boldsymbol{\theta}}_N+\boldsymbol{\varphi}_{N+1}y_{N+1}\right)\\&=\left[\boldsymbol{P}_N-\boldsymbol{P}_N\boldsymbol{\varphi}_{N+1}\left(1+\boldsymbol{\varphi}_{N+1}^{\mathrm{T}}\boldsymbol{P}_N\boldsymbol{\varphi}_{N+1}\right)^{-1}\boldsymbol{\varphi}_{N+1}^{\mathrm{T}}\boldsymbol{P}_N\right]\left(\boldsymbol{P}_N^{-1}\hat{\boldsymbol{\theta}}_N+\boldsymbol{\varphi}_{N+1}y_{N+1}\right)\\&=\hat{\boldsymbol{\theta}}_N-\boldsymbol{P}_N\boldsymbol{\varphi}_{N+1}\left(1+\boldsymbol{\varphi}_{N+1}^{\mathrm{T}}\boldsymbol{P}_N\boldsymbol{\varphi}_{N+1}\right)^{-1}\boldsymbol{\varphi}_{N+1}^{\mathrm{T}}\hat{\boldsymbol{\theta}}_N+\boldsymbol{P}_N\boldsymbol{\varphi}_{N+1}y_{N+1}-\\&\quad\boldsymbol{P}_N\boldsymbol{\varphi}_{N+1}\left(1+\boldsymbol{\varphi}_{N+1}^{\mathrm{T}}\boldsymbol{P}_N\boldsymbol{\varphi}_{N+1}\right)^{-1}\boldsymbol{\varphi}_{N+1}^{\mathrm{T}}\boldsymbol{P}_N\boldsymbol{\varphi}_{N+1}y_{N+1}\end{aligned} \tag{4-44}$$

式（4-44）的后两项为

$$\begin{aligned}&\boldsymbol{P}_N\boldsymbol{\varphi}_{N+1}y_{N+1}-\boldsymbol{P}_N\boldsymbol{\varphi}_{N+1}\left(1+\boldsymbol{\varphi}_{N+1}^{\mathrm{T}}\boldsymbol{P}_N\boldsymbol{\varphi}_{N+1}\right)^{-1}\boldsymbol{\varphi}_{N+1}^{\mathrm{T}}\boldsymbol{P}_N\boldsymbol{\varphi}_{N+1}y_{N+1}\\&=\boldsymbol{P}_N\boldsymbol{\varphi}_{N+1}\left(1+\boldsymbol{\varphi}_{N+1}^{\mathrm{T}}\boldsymbol{P}_N\boldsymbol{\varphi}_{N+1}\right)^{-1}\left(1+\boldsymbol{\varphi}_{N+1}^{\mathrm{T}}\boldsymbol{P}_N\boldsymbol{\varphi}_{N+1}\right)y_{N+1}-\\&\quad\boldsymbol{P}_N\boldsymbol{\varphi}_{N+1}\left(1+\boldsymbol{\varphi}_{N+1}^{\mathrm{T}}\boldsymbol{P}_N\boldsymbol{\varphi}_{N+1}\right)^{-1}\boldsymbol{\varphi}_{N+1}^{\mathrm{T}}\boldsymbol{P}_N\boldsymbol{\varphi}_{N+1}y_{N+1}\\&=\boldsymbol{P}_N\boldsymbol{\varphi}_{N+1}\left(1+\boldsymbol{\varphi}_{N+1}^{\mathrm{T}}\boldsymbol{P}_N\boldsymbol{\varphi}_{N+1}\right)^{-1}y_{N+1}\end{aligned}$$

有

$$\hat{\boldsymbol{\theta}}_{N+1}=\hat{\boldsymbol{\theta}}_N+\boldsymbol{P}_N\boldsymbol{\varphi}_{N+1}\left(1+\boldsymbol{\varphi}_{N+1}^{\mathrm{T}}\boldsymbol{P}_N\boldsymbol{\varphi}_{N+1}\right)^{-1}\left(y_{N+1}-\boldsymbol{\varphi}_{N+1}^{\mathrm{T}}\hat{\boldsymbol{\theta}}_N\right) \tag{4-45}$$

令

$$\boldsymbol{K}_{N+1}=\boldsymbol{P}_N\boldsymbol{\varphi}_{N+1}\left(1+\boldsymbol{\varphi}_{N+1}^{\mathrm{T}}\boldsymbol{P}_N\boldsymbol{\varphi}_{N+1}\right)^{-1}$$

则可得 $\hat{\boldsymbol{\theta}}_{N+1}$ 与 $\hat{\boldsymbol{\theta}}_N$ 的递推关系为

$$\hat{\boldsymbol{\theta}}_{N+1}=\hat{\boldsymbol{\theta}}_N+\boldsymbol{K}_{N+1}\left(y_{N+1}-\boldsymbol{\varphi}_{N+1}^{\mathrm{T}}\hat{\boldsymbol{\theta}}_N\right) \tag{4-46}$$

为了进行递推计算，需要确定 $\boldsymbol{P}_N$ 和 $\hat{\boldsymbol{\theta}}_N$ 的初始值 $\boldsymbol{P}_0$ 和 $\hat{\boldsymbol{\theta}}_0$。通常有两种确定初始值的方法：

（1）如果 N_0 表示 N 的初始值（$N_0>n$），则初始值可用下式计算：

$$\boldsymbol{P}_0=(\boldsymbol{\Phi}_{N_0}^{\mathrm{T}}\boldsymbol{\Phi}_{N_0})^{-1}，\quad \hat{\boldsymbol{\theta}}_0=\boldsymbol{P}_0\boldsymbol{\Phi}_{N_0}^{\mathrm{T}}\boldsymbol{Y}_{N_0} \tag{4-47}$$

（2）假设 $\hat{\boldsymbol{\theta}}_0=0$，$\boldsymbol{P}_0=C^2\boldsymbol{I}$，$C$ 是充分大的数，可以证明，经过若干次递推计算之后，可获得较好的估计值。

综合以上推导，得到一般递推最小二乘法的公式：

$$\begin{cases}\hat{\boldsymbol{\theta}}_{N+1}=\hat{\boldsymbol{\theta}}_N+\boldsymbol{K}_{N+1}\left(y_{N+1}-\boldsymbol{\varphi}_{N+1}^{\mathrm{T}}\hat{\boldsymbol{\theta}}_N\right)\\ \boldsymbol{K}_{N+1}=\dfrac{\boldsymbol{P}_N\boldsymbol{\varphi}_{N+1}}{1+\boldsymbol{\varphi}_{N+1}^{\mathrm{T}}\boldsymbol{P}_N\boldsymbol{\varphi}_{N+1}}\\ \boldsymbol{P}_{N+1}=\boldsymbol{P}_N-\dfrac{\boldsymbol{P}_N\boldsymbol{\varphi}_{N+1}\boldsymbol{\varphi}_{N+1}^{\mathrm{T}}\boldsymbol{P}_N}{1+\boldsymbol{\varphi}_{N+1}^{\mathrm{T}}\boldsymbol{P}_N\boldsymbol{\varphi}_{N+1}}=\left(\boldsymbol{I}-\boldsymbol{K}_{N+1}\boldsymbol{\varphi}_{N+1}^{\mathrm{T}}\right)\boldsymbol{P}_N\\ y_{N+1}=y\left(n+N+1\right)\\ \boldsymbol{\varphi}_{N+1}^{\mathrm{T}}=\left[-y\left(n+N\right),-y(n+N-1),\cdots,-y\left(N+1\right),u\left(n+N+1\right),u(n+N),\cdots,u\left(N+1\right)\right]\end{cases} \tag{4-48}$$

一般递推最小二乘法参数辨识的程序设计流程图如图 4-9 所示。

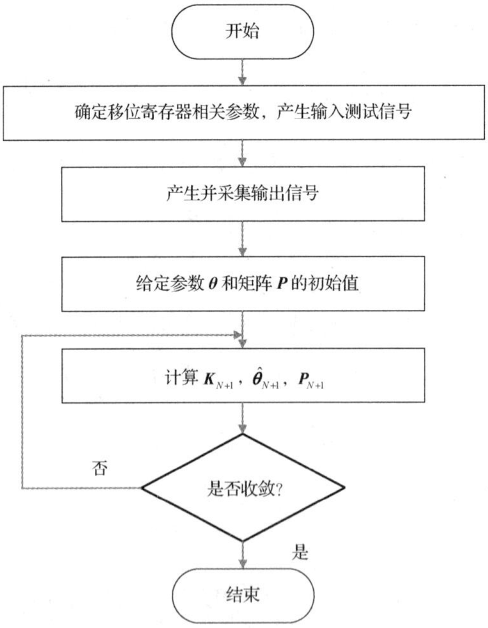

图 4-9　一般递推最小二乘法参数辨识的程序设计流程图

4.3.2　基于递推最小二乘法的离散系统参数辨识与仿真

考虑如下差分方程表示的仿真对象：

$$z(k)-0.6z(k-1)+1.3z(k-2)=u(k-1)+0.2u(k-2)$$

输入信号采用 4 阶 M 序列，其幅值为 0.03。选择如下的辨识模型进行递推最小二乘法参数辨识：

$$z(k)+a_1z(k-1)+a_2z(k-2)=b_1u(k-1)+b_2u(k-2)$$

使用 MATLAB 编写递推最小二乘法参数辨识程序，程序如下：

```
clear                       %清理工作间变量
clc                         %清屏
close all                   %关闭所有已经打开的图形
L=15;                       % M 序列的周期
y1=1;y2=1;y3=1;y4=0;%4 个移位寄存器的输出初始值
for i=1:L;                  %开始循环，长度为 L
   x1=xor(y3,y4);           %第 1 个移位寄存器的输入是第 3 个与第 4 个移位寄存器的输出的逻辑或结果
   x2=y1;                   %第 2 个移位寄存器的输入是第 3 个移位寄存器的输出
   x3=y2;                   %第 3 个移位寄存器的输入是第 2 个移位寄存器的输出
   x4=y3;                   %第 4 个移位寄存器的输入是第 3 个移位寄存器的输出
   y(i)=y4;                 %取出第 4 个移位寄存器幅值为“0”和“1”的输出信号
   if y(i)>0.5,u(i)=-0.03;  %当 M 序列的值为“1”时，辨识的输入信号取“-0.03”
   else u(i)=0.03;          %当 M 序列的值为“0”时，辨识的输入信号取“0.03”
   end                      %小循环结束
   y1=x1;y2=x2;y3=x3;y4=x4; %为下一次的信号输入做准备
end                         %大循环结束，产生输入信号 u
figure(1);                  %第 1 个图形
stem(u),grid on             %以针状图的形式显示输入信号并给图形加上网格
z(2)=0;z(1)=0;              %取 z 的前两个初始值为 0
for k=3:15;                 %循环变量从 3 到 15
   z(k)=0.6*z(k-1)-1.3*z(k-2)+u(k-1)+0.2*u(k-2);%给出理想的辨识输出采样信号
end
%递推最小二乘法参数辨识
c0=[0.001 0.001 0.001 0.001]'; %直接给出被辨识参数的初始值，即一个充分小的实向量
p0=10^6*eye(4,4);              %直接给出初始状态，即一个充分大的实数单位矩阵
E=0.000000005;                 %相对误差 E=0.000000005
c=[c0,zeros(4,14)];            %被辨识参数矩阵的初始值大小
e=zeros(4,15);                 %相对误差的初始值大小
for k=3:15;                    %开始求 K
   h1=[-z(k-1),-z(k-2),u(k-1),u(k-2)]'; x=h1'*p0*h1+1; x1=inv(x); %开始求 K(k)
   k1=p0*h1*x1;                %求出 K 的值
   d1=z(k)-h1'*c0; c1=c0+k1*d1; %求被辨识参数 c
   e1=c1-c0;                   %求参数当前值与上一次的值的差值
   e2=e1./c0;                  %求参数的相对变化
```

```
    e(:,k)=e2;                       %把当前相对变化的列向量加入误差矩阵的最后一列
    c0=c1;                           %把新获得的参数作为下一次递推的旧参数
    c(:,k)=c1;                       %把被辨识参数 c 加入被辨识参数矩阵的最后一列
    p1=p0-k1*k1'*[h1'*p0*h1+1];      %求出 p(k)的值
    p0=p1;                           %给下次用
    if e2<=E break;                  %若参数收敛满足要求，则终止计算
    end                              %小循环结束
end                                  %大循环结束
c                                    %显示被辨识参数
e                                    %显示辨识结果的收敛情况
%分离参数
a1=c(1,:); a2=c(2, :); b1=c(3, :); b2=c(4, :); ea1=e(1, :); ea2=e(2, :); eb1=e(3, :);
eb2=e(4, :);
figure(2);                      %第 2 个图形
i-1:15;                         %横坐标从 1 到 15
plot(i,z,'-r')                  %画出 1 到 15 时刻的输出数据值
title('output value')           %图形标题
legend( 'y')
figure(3);                      %第 3 个图形
i=1:15;                         %横坐标从 1 到 15
plot(i,a1,'-r',i,a2,': b ',i,b1,'--g',i,b2,'-.k') %画出 a1，a2，b1，b2 的辨识结果
title('Parameter Identification with Recursive Least Squares Method')%图形标题
legend( ' a1',' a2',' b1', ' b2')
figure(4);                      %第 4 个图形
i=1:15;                         %横坐标从 1 到 15
plot(i,ea1,'-r',i,ea2,'g:',i,eb1,'--b',i,eb2,'-.k') %画出 a1，a2，b1，b2 辨识结果
的收敛情况
title('Identification Precision')                          %图形标题
legend( ' a1',' a2',' b1', ' b2')
```

程序运行结果：

c =

$$\begin{bmatrix} 0.0010 & 0 & 0.0010 & -0.5075 & 0.0118 & -0.5992 & -0.6002 & -0.6004 & -0.6001 & -0.6002 & -0.6000 & -0.6000 & -0.6000 & -0.6000 & -0.6000 \\ 0.0010 & 0 & 0.0010 & 0.0010 & 0.6237 & 1.2984 & 1.2992 & 1.2992 & 1.2996 & 1.2998 & 1.2998 & 1.3000 & 1.3000 & 1.3000 & 1.3000 \\ 0.0010 & 0 & 0.4008 & 1.0364 & 1.2436 & 0.9995 & 0.9995 & 0.9994 & 0.9996 & 0.9996 & 0.9999 & 0.9999 & 0.9999 & 0.9999 & 0.9999 \\ 0.0010 & 0 & -0.3988 & 0.2369 & 0.4440 & 0.2000 & 0.1993 & 0.1992 & 0.1997 & 0.1996 & 0.1997 & 0.2000 & 0.2000 & 0.2000 & 0.2000 \end{bmatrix}$$

e =

$$\begin{bmatrix} 0 & 0 & 0 & -508.5133 & -1.0232 & -51.9488 & 0.0017 & 0.0003 & -0.0005 & 0.0002 & -0.0004 & -0.0001 & 0.0000 & -0.0000 & 0.0000 \\ 0 & 0 & 0 & 0 & 622.7305 & 1.0817 & 0.0006 & 0.0000 & 0.0003 & 0.0001 & -0.0000 & 0.0002 & 0.0000 & 0.0000 & 0.0000 \\ 0 & 0 & 399.7779 & 1.5860 & 0.1999 & -0.1963 & 0.0000 & -0.0001 & 0.0002 & 0.0000 & 0.0002 & 0.0001 & -0.0000 & 0.0000 & -0.0000 \\ 0 & 0 & -399.7779 & -1.5940 & 0.8746 & -0.5497 & -0.0033 & -0.0004 & 0.0022 & -0.0003 & 0.0006 & 0.0015 & -0.0000 & 0.0002 & -0.0000 \end{bmatrix}$$

递推最小二乘法的参数辨识结果如表 4-4 所示。输入信号 M 序列如图 4-10 所示，采集到的输出序列值如图 4-11 所示，被辨识参数估计值的变化趋势如图 4-12 所示，参数估计误差的变化趋势如图 4-13 所示。仿真结果表明，大约递推到第 10 步时，参数辨识的结果基本

达到稳定状态。从整个辨识过程来看，精度的要求直接影响辨识的速度。虽然最终结果的精度可以达到很高，但开始阶段的相对误差较大。

表 4-4　递推最小二乘法的参数辨识结果

参数	$\hat{a}_1$	$\hat{a}_2$	$\hat{b}_1$	$\hat{b}_2$
估计值	−0.6000	1.3000	0.9999	0.2000
真实参数值	−0.6	1.3	1.00	0.20

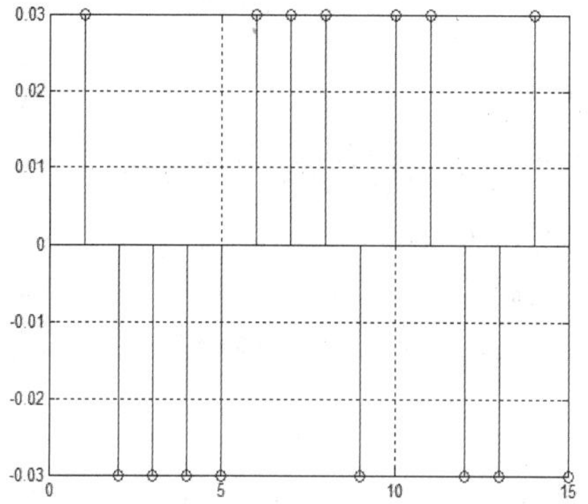

图 4-10　输入信号 M 序列

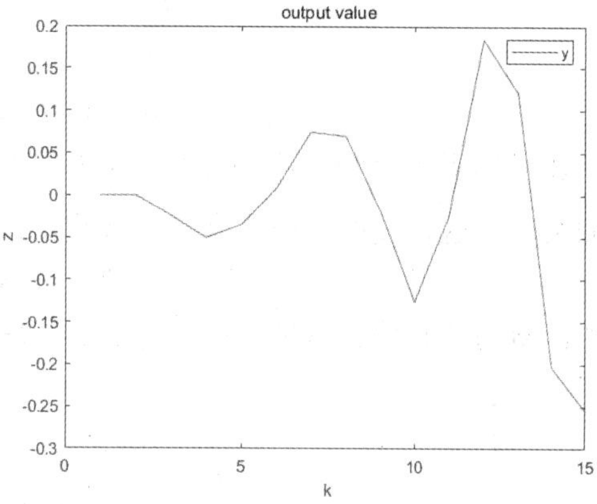

图 4-11　采集到的输出序列值

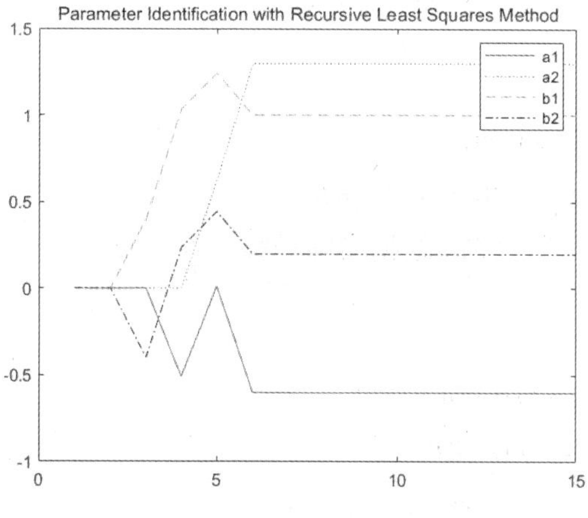

图 4-12　被辨识参数估计值的变化趋势

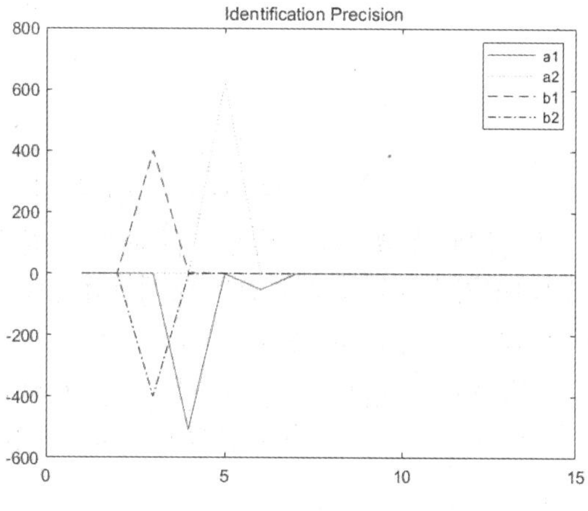

图 4-13　参数估计误差的变化趋势

4.4　广义最小二乘法

广义最小二乘法是一种用于解决单输入单输出随机系统中随机噪声为有色噪声问题的方法。该方法的基本思想是通过引入一个成型滤波器（白化滤波器），将相关噪声 $\xi(k)$ 转化为白噪声 $\varepsilon(k)$，从而可以使用普通最小二乘法获得未知参数的无偏估计。

4.4.1 广义最小二乘法参数辨识原理

n 阶单输入单输出差分方程为

$$y(k)+\sum_{i=1}^{n}a_i y(k-i)=\sum_{i=0}^{m}b_i u(k-i)+\xi(k)$$

式中，$\xi(k)$ 是均值不为 0 的有色噪声。为书写方便，引入单位延迟算子 z^{-1}，设多项式

$$\begin{aligned}A(z^{-1})&=1+a_1z^{-1}+\cdots+a_nz^{-n}\\B(z^{-1})&=b_0+b_1z^{-1}+\cdots+b_mz^{-m}\end{aligned}\tag{4-49}$$

则

$$A(z^{-1})y(k)=B(z^{-1})u(k)+\xi(k)\tag{4-50}$$

如果知道有色噪声序列 $\{\xi(k)\}$ 的相关性，则可以把 $\xi(k)$ 看作白噪声通过线性系统后所得的结果。这种线性系统通常称为成型滤波器，其差分方程为

$$C(z^{-1})\xi(k)=D(z^{-1})\varepsilon(k)\tag{4-51}$$

式中，$\varepsilon(k)$ 是均值为 0 的白噪声序列；$C(z^{-1})$ 和 $D(z^{-1})$ 是关于 z^{-1} 的多项式。

令

$$f(z^{-1})=\frac{C(z^{-1})}{D(z^{-1})}=1+f_1z^{-1}+\cdots+f_mz^{-m}\tag{4-52}$$

有

$$f(z^{-1})\xi(k)=\varepsilon(k)\text{或}\xi(k)=\frac{\varepsilon(k)}{f(z^{-1})}\tag{4-53}$$

即

$$\begin{aligned}&(1+f_1z^{-1}+\cdots+f_mz^{-m})\xi(k)=\varepsilon(k)\\&\Rightarrow\xi(k)=-f_1\xi(k-1)-\cdots-f_m\xi(k-m)+\varepsilon(k)\end{aligned}$$

该自回归模型（噪声模型）的阶次 m 通常是未知的，根据实际经验，若将 m 设为 2 或 3，则通常可以获得令人满意的模型描述 $\xi(k)$。

分别令 $k=n+1,n+2,\cdots,n+N$，有

$$\begin{cases}\xi(n+1)=-f_1\xi(n)-f_2\xi(n-1)-\cdots-f_m\xi(n+1-m)+\varepsilon(n+1)\\\xi(n+2)=-f_1\xi(n+1)-f_2\xi(n)-\cdots-f_m\xi(n+2-m)+\varepsilon(n+2)\\\qquad\vdots\\\xi(n+N)=-f_1\xi(n+N-1)-f_2\xi(n+N-2)-\cdots-f_m\xi(n+N-m)+\varepsilon(n+N)\end{cases}$$

写成向量-矩阵形式为

$$\boldsymbol{\xi}=\boldsymbol{\Omega}\boldsymbol{f}+\boldsymbol{\varepsilon}\tag{4-54}$$

式中

$$\boldsymbol{\xi}=\begin{bmatrix}\xi(n+1)\\\xi(n+2)\\\vdots\\\xi(n+N)\end{bmatrix},\quad\boldsymbol{\Omega}=\begin{bmatrix}-\xi(n)&-\xi(n-1)&\cdots&-\xi(n+1-m)\\-\xi(n+1)&-\xi(n)&\cdots&-\xi(n+2-m)\\\vdots&\vdots&&\vdots\\-\xi(n+N-1)&-\xi(n+N-2)&\cdots&-\xi(n+N-m)\end{bmatrix},\quad\boldsymbol{f}=\begin{bmatrix}f_1\\f_2\\\vdots\\f_m\end{bmatrix}$$

根据最小二乘法，成型滤波器未知参数 $\boldsymbol{f}$ 的估计值为

$$\hat{\boldsymbol{f}}=(\boldsymbol{\Omega}^{\mathrm{T}}\boldsymbol{\Omega})^{-1}\boldsymbol{\Omega}^{\mathrm{T}}\xi \tag{4-55}$$

将 $\xi(k)=\dfrac{1}{f(z^{-1})}\varepsilon(k)$ 代入式（4-50），得到

$$A(z^{-1})y(k)=B(z^{-1})u(k)+\frac{1}{f(z^{-1})}\varepsilon(k)$$

$$\Leftrightarrow A(z^{-1})f(z^{-1})y(k)=B(z^{-1})f(z^{-1})u(k)+\varepsilon(k)$$

令

$$\begin{aligned}\overline{y(k)}&=f(z^{-1})y(k)\\ \overline{u(k)}&=f(z^{-1})u(k)\end{aligned} \tag{4-56}$$

则有

$$A(z^{-1})\overline{y(k)}=B(z^{-1})\overline{u(k)}+\varepsilon(k)$$

即

$$\overline{y(k)}+\sum_{i=1}^{n}a_i\overline{y(k-i)}=\sum_{i=0}^{m}b_i\overline{u(k-i)}+\varepsilon(k)$$

在上述公式中，$\varepsilon(k)$ 是一个与其他变量无关的随机序列（也称为白噪声）。因此，可以使用最小二乘法来获得 $\boldsymbol{\theta}$ 的无偏估计。由此可见，广义最小二乘法是以普通最小二乘法为基础的。普通最小二乘法只是广义最小二乘法在 $f(z^{-1})=1$ 时的特例。

广义最小二乘法的主要挑战在于如何通过简洁的方法估计成型滤波器的参数。由于在应用式（4-55）来估计 $\boldsymbol{f}$ 时，需要利用随机噪声 $\xi(k)$ 的相关信息，而在实际的工程应用中，随机噪声 $\xi(k)$ 的值通常是未知的，因此，$\boldsymbol{f}$ 是不能直接计算出来的。

为了解决滤波器参数估计的问题，通常首先采用最小二乘法得到 n 阶差分系统的粗估系数；然后基于这些粗估系数来计算估计值与实际值的残差值 $e(k)=y(k)-\hat{y}(k)$，用该残差值来代替随机噪声 $\xi(k)$ 的值；最后基于广义最小二乘法得到未知参数 $\boldsymbol{\theta}$ 的无偏估计。

由于残差值 $e(k)$ 与实际随机噪声 $\xi(k)$ 的值并不相等，所以采用广义最小二乘法来估计未知参数 $\boldsymbol{\theta}$ 实际上是一种逐次逼近的方法。下面给出具体计算步骤。

4.4.2　广义最小二乘法参数辨识步骤

第一步：根据输入、输出数据 $u(k)$、$y(k)$，按最初的模型

$$y(k)+\sum_{i=1}^{n}a_iy(k-i)=\sum_{i=0}^{m}b_iu(k-i)+\xi(k)$$

计算未知参数 $\boldsymbol{\theta}$ 的最小二乘估计值：

$$\hat{\boldsymbol{\theta}}^{(1)}=(\boldsymbol{\Phi}^{\mathrm{T}}\boldsymbol{\Phi})^{-1}\boldsymbol{\Phi}^{\mathrm{T}}\boldsymbol{Y}=[a_1^{(1)},\cdots,a_n^{(1)},b_0^{(1)},\cdots,b_n^{(1)}]^{\mathrm{T}}$$

这个估计值是不精确的，它只是被估参数的第一次估计值。

第二步：用广义残差 $e^{(1)}(k)$ 拟合成型滤波器的模型，其中：

$$\begin{aligned}e^{(1)}(k)&=y(k)-\hat{y}(k)\\&=y(k)+\sum_{i=1}^{n}\hat{a}_i^{(1)}y(k-i)-\sum_{i=0}^{m}\hat{b}_i^{(1)}u(k-i)\end{aligned} \tag{4-57}$$

用广义残差 $e^{(1)}(k)$ 代替 $\xi(k)$，有

$$e^{(1)}(k)=-f_1e^{(1)}(k-1)-f_2e^{(1)}(k-2)-\cdots-f_me^{(1)}(k-m)+\varepsilon(k)$$

用最小二乘法拟合成型滤波器的未知系数 $f_1,f_2,\cdots,f_m$：

$$\hat{\boldsymbol{f}}^{(1)}=(\boldsymbol{\Omega}^{(1)\mathrm{T}}\boldsymbol{\Omega}^{(1)})^{-1}\boldsymbol{\Omega}^{(1)\mathrm{T}}\boldsymbol{e}^{(1)} \tag{4-58}$$

式中

$$\boldsymbol{e}^{(1)}=\begin{bmatrix}e^{(1)}(n+1)\\e^{(1)}(n+2)\\\vdots\\e^{(1)}(n+N)\end{bmatrix},\ \boldsymbol{f}^{(1)}=\begin{bmatrix}f_1^{(1)}\\f_2^{(1)}\\\vdots\\f_m^{(1)}\end{bmatrix}$$

$$\boldsymbol{\Omega}^{(1)}=\begin{bmatrix}-e^{(1)}(n) & -e^{(1)}(n-1) & \cdots & -e^{(1)}(n+1-m)\\-e^{(1)}(n+1) & -e^{(1)}(n) & \cdots & -e^{(1)}(n+2-m)\\\vdots & \vdots & & \vdots\\-e^{(1)}(n+N-1) & -e^{(1)}(n+N-2) & \cdots & -e^{(1)}(n+N-m)\end{bmatrix}$$

第三步：应用前面得到的成型滤波器，对输入、输出数据进行滤波：

$$\begin{aligned}\overline{y(k)}&=\hat{f}^{(1)}(z^{-1})y(k)\\\overline{u(k)}&=\hat{f}^{(1)}(z^{-1})u(k)\end{aligned} \tag{4-59}$$

第四步：求出参数 $\boldsymbol{\theta}$ 的第二次估计值 $\hat{\boldsymbol{\theta}}^{(2)}$。按照滤波后的模型

$$\overline{y(k)}+\sum_{i=1}^{n}a_i\overline{y(k-i)}=\sum_{i=0}^{m}b_i\overline{u(k-i)}+\varepsilon(k)$$

重新估计，得到最小二乘估计值 $\hat{\boldsymbol{\theta}}^{(2)}$。

第五步：循环程序的收敛性判断。如果滤波器系数满足：

$$\lim_{i\to\infty}\hat{f}^{(i)}(z^{-1})=1 \tag{4-60}$$

则程序终止，否则跳转到第二步。

循环终止条件 $\lim\limits_{i\to\infty}\hat{f}^{(i)}(z^{-1})=1$ 意味着广义残差 $e(k)$ 已经白化，数据不需要继续进行滤波，$\hat{\boldsymbol{\theta}}^{(i)}$ 是参数 $\boldsymbol{\theta}$ 的良好估计。

广义最小二乘法参数辨识的程序设计流程图如图 4-14 所示。

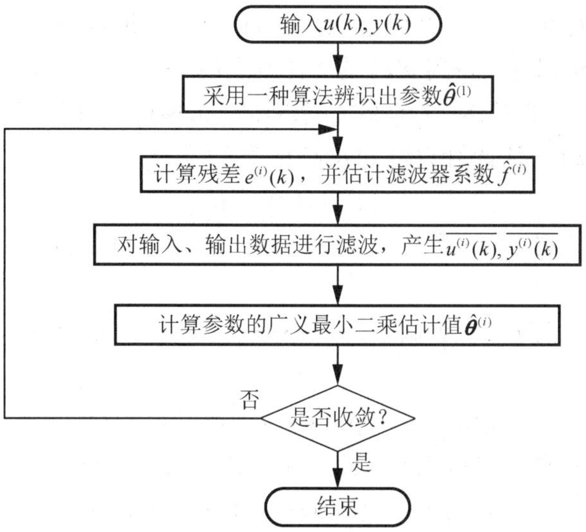

图 4-14　广义最小二乘法参数辨识的程序设计流程图

例 4　设线性差分系统为 $y(k)=-a_1y(k-1)+b_1u(k-1)+\xi(k)$，其中 $E(\xi)\neq 0$，采集到的该系统的输入、输出数据如表 4-5 所示。

表 4-5　系统的输入、输出数据

采样时间	Δ	2Δ	3Δ	4Δ	5Δ	6Δ	7Δ
$u(k)$	−1	−1	−1	1	1	1	−1
$y(k)$	0.3	−1.7	1.9	−2.7	2.4	−1.6	2.9

写出用广义最小二乘法辨识参数 a_1、b_1 的步骤（给出第一个循环周期的结果）。

解：根据 $y(k)=-a_1y(k-1)+b_1u(k-1)+\xi(k)$，将采集到的输入、输出数据代入该式，得到

$$\boldsymbol{Y}=\begin{bmatrix}y(2)\\y(3)\\y(4)\\y(5)\\y(6)\\y(7)\end{bmatrix}=\begin{bmatrix}-1.7000\\1.9000\\-2.7000\\2.4000\\-1.6000\\2.9000\end{bmatrix},\quad \boldsymbol{\Phi}=\begin{bmatrix}-y(1)&u(1)\\-y(2)&u(2)\\-y(3)&u(3)\\-y(4)&u(4)\\-y(5)&u(5)\\-y(6)&u(6)\end{bmatrix}=\begin{bmatrix}-0.3000&-1.0000\\1.7000&-1.0000\\-1.9000&-1.0000\\2.7000&1.0000\\-2.4000&1.0000\\1.6000&1.0000\end{bmatrix}$$

采用最小二乘法辨识未知参数 a_1、b_1，得到的最小二乘辨识结果为

$$\hat{\boldsymbol{\theta}}_{\mathrm{LS}}=\begin{bmatrix}\hat{a}_1^{\mathrm{LS}}\\\hat{b}_1^{\mathrm{LS}}\end{bmatrix}=\left(\boldsymbol{\Phi}^{\mathrm{T}}\boldsymbol{\Phi}\right)^{-1}\boldsymbol{\Phi}^{\mathrm{T}}\boldsymbol{Y}=\begin{bmatrix}1.0052\\0.6313\end{bmatrix}$$

将最小二乘辨识结果代入差分方程 $y(k)=-a_1y(k-1)+b_1u(k-1)$，得到差分方程的初步辨识方程为

$$\begin{aligned}\hat{y}(k)&=-\hat{a}_1^{\mathrm{LS}}y(k-1)+\hat{b}_1^{\mathrm{LS}}u(k-1)\\&=-1.0052y(k-1)+0.6313u(k-1)\end{aligned}$$

由实际工程应用可知，当$i \leqslant 0$时有$y(i)=u(i)=0$，因此$\hat{y}(1)=0$，此时，$\hat{y}(1)$可默认为无效数据。基于初步辨识方程得到$y(k)$的估计值$\hat{y}(k)$为

$$\hat{y}(k)=[0 \quad -0.9328 \quad 1.0775 \quad -2.5411 \quad 3.3452 \quad -1.7812 \quad 2.2395]$$

记实际输出值$y(k)$与估计值$\hat{y}(k)$的残差为

$$e(k)=y(k)-\hat{y}(k)$$

因为$\hat{y}(1)$为无效数据，在计算残差$e(k)$时，可默认$e(1)=0$，则计算出的不同采样时刻的残差值为

$$\boldsymbol{e}=[0 \quad -0.7672 \quad 0.8225 \quad -0.1589 \quad -0.9452 \quad 0.1812 \quad 0.6605]$$

设滤波器为

$$\xi(k)=-f_1\xi(k-1)-f_2\xi(k-2)+\varepsilon(k)$$

因为干扰$\xi(k)$未知，用残差$e(k)$代替未知干扰$\xi(k)$，则实际构建的滤波器为

$$e(k)=-f_1e(k-1)-f_2e(k-2)+\varepsilon(k)$$

代入残差值，则可以构建出用于辨识滤波器参数的矩阵$\boldsymbol{\xi}$、$\boldsymbol{\Omega}$：

$$\boldsymbol{\xi}=\begin{bmatrix} e(4) \\ e(5) \\ e(6) \\ e(7) \end{bmatrix}=\begin{bmatrix} -0.1589 \\ -0.9452 \\ 0.1812 \\ 0.6605 \end{bmatrix}, \quad \boldsymbol{\Omega}=\begin{bmatrix} -e(3) & -e(2) \\ -e(4) & -e(3) \\ -e(5) & -e(4) \\ -e(6) & -e(5) \end{bmatrix}=\begin{bmatrix} -0.8225 & 0.7672 \\ 0.1589 & -0.8225 \\ 0.9452 & 0.1589 \\ -0.1812 & 0.9452 \end{bmatrix}$$

采用最小二乘辨识算法，得到滤波器的系数为

$$\boldsymbol{f}=\begin{bmatrix} \hat{f}_1 \\ \hat{f}_2 \end{bmatrix}=\left(\boldsymbol{\Omega}^{\mathrm{T}}\boldsymbol{\Omega}\right)^{-1}\boldsymbol{\Omega}^{\mathrm{T}}\boldsymbol{\xi}=\begin{bmatrix} 0.3719 \\ 0.7325 \end{bmatrix}$$

则滤波器为

$$f(z^{-1})=1+\hat{f}_1z^{-1}+\hat{f}_2z^{-2}=1+0.3719z^{-1}+0.7325z^{-2}$$

用滤波器对输入、输出数据$u(k)$、$y(k)$进行滤波，即

$$\overline{y(k)}=f(z^{-1})y(k)=y(k)+0.3719y(k-1)+0.7325y(k-2)$$
$$\overline{u(k)}=f(z^{-1})u(k)=u(k)+0.3719u(k-1)+0.7325u(k-2)$$

滤波后的数据为

$$\boldsymbol{y}=[0 \quad 0 \quad 1.4875 \quad -3.2387 \quad 2.7877 \quad -2.6853 \quad 4.0631]$$
$$\boldsymbol{u}=[0 \quad 0 \quad -2.1044 \quad -0.1044 \quad 0.6394 \quad 2.1044 \quad 0.1044]$$

滤波后的数据满足：

$$\overline{y(k)}=-a_1\overline{y(k-1)}+b_1\overline{u(k-1)}+\varepsilon(k)$$

基于滤波后的数据，得到的最小二乘辨识矩阵为

$$\overline{\boldsymbol{Y}}=\begin{bmatrix} \overline{y(4)} \\ \overline{y(5)} \\ \overline{y(6)} \\ \overline{y(7)} \end{bmatrix}=\begin{bmatrix} -3.2387 \\ 2.7877 \\ -2.6853 \\ 4.0631 \end{bmatrix}, \quad \overline{\boldsymbol{\Phi}}=\begin{bmatrix} -\overline{y(3)} & \overline{u(3)} \\ -\overline{y(4)} & \overline{u(4)} \\ -\overline{y(5)} & \overline{u(5)} \\ -\overline{y(6)} & \overline{u(6)} \end{bmatrix}=\begin{bmatrix} -1.4875 & -2.1044 \\ 3.2387 & -0.1044 \\ -2.7877 & 0.6394 \\ 2.6853 & 2.1044 \end{bmatrix}$$

采用广义最小二乘法进行参数辨识，得到的第一步辨识结果为

$$\hat{\boldsymbol{\theta}}=\begin{bmatrix}\hat{a}_1^{\mathrm{GLS}}\\ \hat{b}_1^{\mathrm{GLS}}\end{bmatrix}=\left(\bar{\boldsymbol{\Phi}}^{\mathrm{T}}\bar{\boldsymbol{\Phi}}\right)^{-1}\bar{\boldsymbol{\Phi}}^{\mathrm{T}}\bar{\boldsymbol{Y}}=\begin{bmatrix}0.9891\\ 0.7298\end{bmatrix}$$

采用广义最小二乘法对本例进行参数辨识的 MATLAB 程序如下：

```
clear
clc
u=[-1 -1 -1 1 1 1 -1];
y=[0.3 -1.7 1.9  -2.7  2.4  -1.6 2.9];
n=length(u);
FAI=[-y(1)  u(1); -y(2)  u(2); -y(3)  u(3); -y(4)  u(4); -y(5)  u(5); -y(6)
u(6)];
Y=[y(2); y(3);y(4); y(5); y(6); y(7)];
sita=inv(FAI'*FAI)*FAI'*Y
for k=2:n
    yk(k)=-sita(1)*y(k-1)+sita(2)*u(k-1);
end
for k=2:n
    e(k)=y(k)-yk(k);
end
kesi=[e(4); e(5); e(6); e(7)];
omig=[-e(3)  -e(2); -e(4)  -e(3); -e(5)  -e(4); -e(6)  -e(5)];
f=inv(omig'*omig)*omig'*kesi;
for k=3:n
    lvboy(k)=y(k)+f(1)*y(k-1)+f(2)*y(k-2);
    lvbou(k)=u(k)+f(1)*u(k-1)+f(2)*u(k-2);
end
FAIlvbo=[  -lvboy(3)  lvbou(3); -lvboy(4)  lvbou(4); -lvboy(5)  lvbou(5);-
lvboy(6)  lvbou(6)];
Ylvbo=[lvboy(4); lvboy(5); lvboy(6); lvboy(7)];
sitalvbo=inv(FAIlvbo'*FAIlvbo)*FAIlvbo'*Ylvbo;
```

4.4.3　增广最小二乘法

采用广义最小二乘法进行参数估计时，一般先估计滤波器参数，再估计系统参数。接下来将介绍增广最小二乘法，该方法可以同时估计滤波器参数和系统参数。

把 $\xi(k)$ 看作白噪声 $\varepsilon(k)$ 通过成型滤波器后的结果，成型滤波器的差分方程为

$$C(z^{-1})\xi(k)=D(z^{-1})\varepsilon(k) \tag{4-61}$$

式中，$C(z^{-1})$ 和 $D(z^{-1})$ 是关于 z^{-1} 的多项式。则

$$\frac{C(z^{-1})}{D(z^{-1})}\xi(k)=\varepsilon(k)\Rightarrow\xi(k)=\frac{1}{C(z^{-1})/D(z^{-1})}\varepsilon(k) \tag{4-62}$$

令

$$\frac{1}{C(z^{-1})/D(z^{-1})}=c(z^{-1})=1+c_1z^{-1}+c_2z^{-2}+\cdots+c_mz^{-m} \tag{4-63}$$

即 $\xi(k)=\varepsilon(k)+c_1\varepsilon(k-1)+c_2\varepsilon(k-2)+\cdots+c_m\varepsilon(k-m)$，则单输入单输出随机系统的差分方程为

$$A(z^{-1})y(k)=B(z^{-1})u(k)+c(z^{-1})\varepsilon(k) \tag{4-64}$$

式中，$A(z^{-1})=1+\sum_{i=1}^{n}a_iz^{-i}$，$B(z^{-1})=\sum_{i=0}^{n}b_iz^{-i}$，$c(z^{-1})=1+\sum_{i=1}^{m}c_iz^{-i}$。$\varepsilon(k)$ 是新息序列，具有白噪声的特性。

通过对原系统的数学转换，将原有的 $2n+1$ 个未知参数扩展为 $2n+m+1$ 个未知参数。下面先扩充被估参数的维数，再用最小二乘法估计系统参数。记扩充后的未知参数向量为

$$\boldsymbol{\theta}=\left[a_1,a_2,\cdots,a_n,b_0,b_1,\cdots,b_n,c_1,c_2,\cdots,c_m\right]^{\mathrm{T}} \tag{4-65}$$

并记

$$\begin{aligned}\boldsymbol{\varphi}_N^{\mathrm{T}}=[&-y(n+N-1),-y(n+N-2),\cdots,\ y(N),\ u(n+N),\ u(n+N-1),\cdots,\\&u(N),\ \varepsilon(n+N-1),\ \varepsilon(n+N-2),\cdots,\ \varepsilon(n+N-m)]\end{aligned} \tag{4-66}$$

则当 $k=n+N$ 时，方程为

$$y(n+N)=\boldsymbol{\varphi}_N^{\mathrm{T}}\boldsymbol{\theta}+\varepsilon(n+N) \tag{4-67}$$

由于噪声 $\varepsilon(k)$ 是未知的，为了克服这一困难，与广义最小二乘法类似，用广义残差代替噪声 $\varepsilon(k)$，用 $\hat{\boldsymbol{\varphi}}_N^{\mathrm{T}}$ 代替 $\boldsymbol{\varphi}_N^{\mathrm{T}}$，即

$$\begin{aligned}\hat{\boldsymbol{\varphi}}_N^{\mathrm{T}}=[&-y(n+N-1),-y(n+N-2),\cdots,y(N),u(n+N),u(n+N-1),\cdots,\\&u(N),\hat{\varepsilon}(n+N-1),\hat{\varepsilon}(n+N-2),\cdots,\hat{\varepsilon}(n+N-m)]\end{aligned}$$

式中

$$\hat{\varepsilon}(n+N)=y(n+N)-\hat{\boldsymbol{\varphi}}_N^{\mathrm{T}}\hat{\boldsymbol{\theta}}_{N-1}$$

上述方程结构适合用递推最小二乘法进行计算。根据递推最小二乘法的推导方法，可得出增广最小二乘法的递推方程为

$$\begin{cases}\hat{\boldsymbol{\theta}}_{N+1}=\hat{\boldsymbol{\theta}}_N+\overline{\boldsymbol{K}}_{N+1}\left(y_{N+1}-\hat{\boldsymbol{\varphi}}_{N+1}^{\mathrm{T}}\hat{\boldsymbol{\theta}}_N\right)\\ \overline{\boldsymbol{K}}_{N+1}=\overline{\boldsymbol{P}}_N\hat{\boldsymbol{\varphi}}_{N+1}\left(1+\hat{\boldsymbol{\varphi}}_{N+1}^{\mathrm{T}}\overline{\boldsymbol{P}}_N\hat{\boldsymbol{\varphi}}_{N+1}\right)^{-1}\\ \overline{\boldsymbol{P}}_{N+1}=\overline{\boldsymbol{P}}_N-\overline{\boldsymbol{K}}_{N+1}\hat{\boldsymbol{\varphi}}_N^{\mathrm{T}}\overline{\boldsymbol{P}}_N\\ y_{N+1}=y(n+N+1)\end{cases} \tag{4-68}$$

在上述方法中，由于矩阵 $\overline{\boldsymbol{P}}_N$ 的维度相较于最小二乘法中矩阵 $\overline{\boldsymbol{P}}_N$ 的维度有所扩大，因此该方法被称为增广最小二乘法。此方法在工程领域得到了广泛应用，并且具有良好的收敛性能。

4.4.4 基于广义最小二乘法的离散系统参数辨识与仿真

设有一单输入单输出离散系统

$$y(k)+1.6y(k-1)+0.7y(k-2)=1.4u(k-1)+2u(k-2)+\xi(k)$$

式中，输入 $u(k)$ 为幅值为 1 的 M 序列；$\xi(k)=\varepsilon(k)+0.45\varepsilon(k-1)+0.75\varepsilon(k-2)$；$\varepsilon(k)$ 为服从正态分布的白噪声。

采用广义最小二乘法进行参数辨识的 MATLAB 程序如下：

```
clear all
clc
close all
L=31; %4 个移位寄存器产生 M 序列的周期
y1=1;y2=1;y3=1;y4=0; %4 个移位寄存器的输出初始值
for i=1:L
    x1=xor(y3,y4);   %第 1 个移位寄存器的输入信号
    x2=y1;           %第 2 个移位寄存器的输入信号
    x3=y2;           %第 3 个移位寄存器的输入信号
    x4=y3;           %第 4 个移位寄存器的输入信号
    yy(i)=y4;        %第 4 个移位寄存器的输出信号，M 序列，幅值“0”和“1”，
    if yy(i)>0.5,u(i)=-1;    %M 序列的值为“1”时，辨识的输入信号取“-1”
    else u(i)=1;             %M 序列的值为“0”时，辨识的输入信号取“1”
    end
    y1=x1;y2=x2;y3=x3;y4=x4; %为下一次输入信号做准备
end
nn = normrnd(0,sqrt(0.1),1,31); %产生均值为 0、方差为 0.5 的正态分布噪声
uk=u;
yk(1)=0;yk(2)=0; %前两个输出值默认为 0
siitn=zeros(4,40);
for i=1:29
    yk(i+2)=-1.6*yk(i+1)-0.7*yk(i)+1.4*uk(i+1)+2*uk(i)+nn(i+2)+0.45*nn(i+1)+0.75*
nn(i);              %基于给定输入值，计算含有色噪声的输出数据
end
for i=1:29
    FAI(i,:)=[-yk(i+1) -yk(i) uk(i+1) uk(i)];
end
siitn(:,1)=inv(FAI'*FAI)*FAI'*(yk(3:31))' ; %最小二乘法估计参数值
siit=siitn(:,1);
e(1)=0;e(2)=0; %前两个广义残差默认为 0
for i=3:31
    e(i)=yk(i)+siit(1)*yk(i-1)+siit(2)*yk(i-2)-siit(3)*uk(i-1)-siit(4)*uk(i-2);
%计算广义残差
end
for i=1:27
    OMG(i,:)=[-e(i+3) -e(i+2)];
```

```
end
f=inv(OMG'*OMG)*OMG'*e(5:31)';                              %计算滤波器系数
for i=3:31
    yk_new(i)=yk(i)+f(1)*yk(i-1)+f(2)*yk(i-2);  %对输出值进行滤波
end
yk_new(2)=yk(2)+f(1)*yk(1); yk_new(1)=yk(1);yk=yk_new;
for i=3:31
    uk_new(i)=uk(i)+f(1)*uk(i-1)+f(2)*uk(i-2);  %对输入值进行滤波
end
uk_new(2)=uk(2)+f(1)*uk(1);uk_new(1)=uk(1);uk=uk_new;
%%%%%%%%%%%%%%%%%%%%%%%%%%%%%%%%%%%%%%%%%%%%%%%%%%%%

for j=1:40   %循环递归 40 次，可调整
for i=1:29
      FAI(i,:)=[-yk(i+1) -yk(i) uk(i+1) uk(i)];
end
siitn(:,j)=inv(FAI'*FAI)*FAI'*yk(3:31)';
siit=siitn(:,j);
e(1)=0;e(2)=0;
for i=3:31
      e(i)=yk(i)+siit(1)*(yk(i-1))+siit(2)*(yk(i-2))-siit(3)*uk(i-1)-siit(4)*
uk(i-2);
end
for i=1:27
     OMG(i,:)=[-e(i+3) -e(i+2)];
end
f=inv(OMG'*OMG)*OMG'*e(5:31)';
k1(j)=f(1);k2(j)=f(2);  %记录每次滤波器的辨识系数
for i=3:31
    yk_new(i)=yk(i)+f(1)*(yk(i-1))+f(2)*(yk(i-2));
end
yk_new(2)=yk(2)+f(1)*yk(1);yk_new(1)=yk(1);yk=yk_new;
for i=3:31
    uk_new(i)=uk(i)+f(1)*uk(i-1)+f(2)*uk(i-2);
end
uk_new(2)=uk(2)+f(1)*uk(1);uk_new(1)=uk(1);uk=uk_new;
end
k1  %输出滤波器系数 f1 变化
k2  %输出滤波器系数 f2 变化
figure(1)
```

```
plot(k1,'-r','linewidth',1.5)
hold on
plot(k2,'--b','linewidth',1.5)
xlabel('迭代次数');ylabel('滤波器系数');
figure(2)
plot(siitn(1,:),'-r','linewidth',1.5)
hold on
plot(siitn(2,:),'--m','linewidth',1.5)
plot(siitn(3,:),'-.k','linewidth',1.5)
plot(siitn(4,:),':b','linewidth',1.5)
xlabel('迭代次数');ylabel('参数');
real=[ 1.6  0.7  1.4  2 ]%输出真实参数值，便于与估计值比较
siitend =siitn(:,end)' %输出广义最小二乘法的估计值
display('方差为 0.1 时，利用广义最小二乘法获得的参数：')
siitend
```

程序输出结果如下：

```
real =    1.6000    0.7000    1.4000    2.0000


siitend =   1.6802    0.7489    1.3834    2.1413

方差为 0.1 时，利用广义最小二乘法获得的参数：

siitend =  1.6802    0.7489    1.3834    2.1413
```

仿真结果如图 4-15、图 4-16 所示。

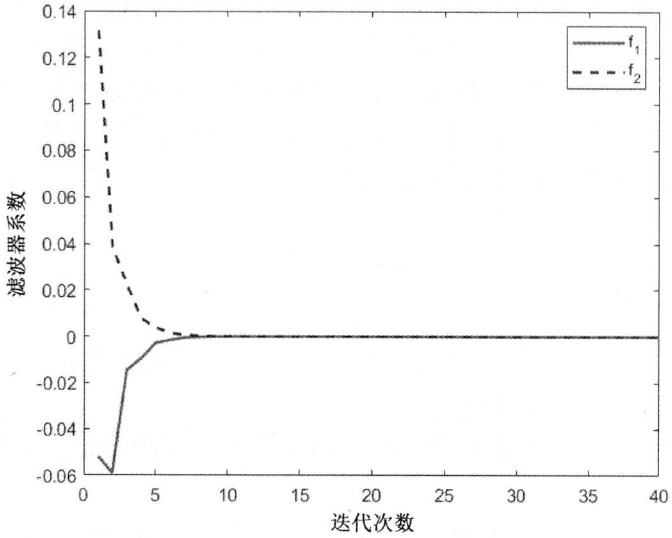

图 4-15　滤波器系数变化趋势图

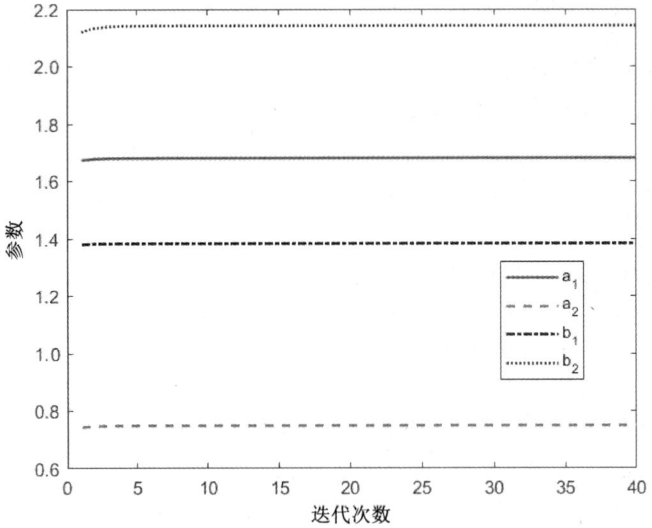

图 4-16　辨识参数变化趋势图

当使用广义最小二乘法时，理论上通过多次迭代调整动态模型，可以对数据进行较好的白化处理。然而，在输出信噪比较大或模型参数较多的情况下，这种白化处理的可靠性可能会降低。在这种情况下，误差准则函数可能会出现多个局部收敛点，导致辨识结果偏向于局部极小点而不是全局极小点，从而产生有偏的估计结果。上述 MATLAB 程序中，由于噪声是随机产生的，每次运行都可能得到不同的未知参数辨识结果，甚至可能出现估计值与真实值存在较大偏差的情况。因此，为了获得更可靠的结果，需要多次运行程序。

广义最小二乘法存在一些缺陷，包括但不限于以下几点：

（1）计算量较大，每个循环需要调用两次最小二乘法和一次数据滤波。

（2）求解差分方程的参数估计是一个非线性最优化问题，不能保证算法总能收敛到最优解，因为广义最小二乘法本质上是一种逐次逼近法，其循环程序的收敛性尚未得到证明。

（3）广义最小二乘法的最小二乘目标函数可能存在多个局部极小值，尤其在信噪比较低时可能存在多个解。广义最小二乘法的估计结果往往取决于所选用的参数初始估计值，因此，参数初始估计值应尽量接近最优参数。在没有先验信息的情况下，最小二乘估计值通常被认为是最好的初始条件。

4.4.5　递推广义最小二乘法

广义最小二乘法借鉴递归最小二乘法的思想，从而形成了递推广义最小二乘法。该方法的递推计算过程可以分为两个主要部分：

（1）按递推最小二乘法，随着 N 的增大，不断计算 $\boldsymbol{\theta}_N$（逐步接近于无偏）和 $\hat{\boldsymbol{f}}_N$（逐步使噪声白化）；

（2）在递推过程中，$\hat{\boldsymbol{\theta}}_N$ 和 $\hat{\boldsymbol{f}}_N$ 是时变的，过滤信号 $\overline{u(k)}$、$\overline{y(k)}$ 及残差 $e(k)$ 是由时变系统产生的，因此要不断计算 $\overline{u(k)}$、$\overline{y(k)}$ 及 $e(k)$。

递推广义最小二乘法由两组普通的递推最小二乘法组成，它们是通过滤波算法联系起来的。

令

$$
\begin{cases}
\overline{y(k)} = \hat{f}(z^{-1})y(k) \\
\overline{u(k)} = \hat{f}(z^{-1})u(k) \\
\overline{y_{N+1}(k)} = \overline{y(n+N+1)} \\
\overline{\boldsymbol{\varphi}}_{N+1}^{\mathrm{T}} = [-\overline{y(n+N)}, -\overline{y(n+N-1)}, \cdots, -\overline{y(N+1)}, \overline{u(n+N+1)}, \overline{u(n+N)}, \cdots, \overline{u(N+1)}] \\
e(k) = \hat{a}(z^{-1})y(k) - \hat{b}(z^{-1})u(k) \\
\boldsymbol{\omega}_{N+1}^{\mathrm{T}} = [-e(n+N), -e(n+N-1), \cdots, -e(n+N-m+1)] \\
e_{N+1} = e(n+N+1)
\end{cases}
\tag{4-69}
$$

记 $\boldsymbol{\Omega}$ 为由 $e(n), e(n+1), \cdots, e(n+N-m)$ 组成的矩阵块，则有递推公式：

$$
\begin{cases}
\hat{\boldsymbol{\theta}}_{N+1} = \hat{\boldsymbol{\theta}}_N + \boldsymbol{K}_{N+1}^{(1)}(y_{N+1} - \boldsymbol{\varphi}_{N+1}^{\mathrm{T}}\hat{\boldsymbol{\theta}}_N) \\
\boldsymbol{K}_{N+1}^{(1)} = \dfrac{\boldsymbol{P}_N^{(1)}\overline{\boldsymbol{\varphi}}_{N+1}}{1+\overline{\boldsymbol{\varphi}}_{N+1}^{\mathrm{T}}\boldsymbol{P}_N^{(1)}\overline{\boldsymbol{\varphi}}_{N+1}} \\
\boldsymbol{P}_{N+1}^{(1)} = \boldsymbol{P}_N^{(1)} - \dfrac{\boldsymbol{P}_N^{(1)}\overline{\boldsymbol{\varphi}}_{N+1}\overline{\boldsymbol{\varphi}}_{N+1}^{\mathrm{T}}\boldsymbol{P}_N^{(1)}}{1+\overline{\boldsymbol{\varphi}}_{N+1}^{\mathrm{T}}\boldsymbol{P}_N^{(1)}\overline{\boldsymbol{\varphi}}_{N+1}} \\
\boldsymbol{P}_N^{(1)} = [\overline{\boldsymbol{\Phi}}^{\mathrm{T}}\overline{\boldsymbol{\Phi}}]^{-1}
\end{cases}
\tag{4-70}
$$

$$
\begin{cases}
\hat{\boldsymbol{f}}_{N+1} = \hat{\boldsymbol{f}}_N + \boldsymbol{K}_{N+1}^{(2)}(e_{N+1} - \boldsymbol{\omega}_{N+1}^{\mathrm{T}}\hat{\boldsymbol{f}}_N) \\
\boldsymbol{K}_{N+1}^{(2)} = \dfrac{\boldsymbol{P}_N^{(2)}\boldsymbol{\omega}_{N+1}}{1+\boldsymbol{\omega}_{N+1}^{\mathrm{T}}\boldsymbol{P}_N^{(2)}\boldsymbol{\omega}_{N+1}} \\
\boldsymbol{P}_{N+1}^{(2)} = \boldsymbol{P}_N^{(2)} - \dfrac{\boldsymbol{P}_N^{(2)}\boldsymbol{\omega}_{N+1}\boldsymbol{\omega}_{N+1}^{\mathrm{T}}\boldsymbol{P}_N^{(2)}}{1+\boldsymbol{\omega}_{N+1}^{\mathrm{T}}\boldsymbol{P}_N^{(2)}\boldsymbol{\omega}_{N+1}} \\
\boldsymbol{P}_N^{(2)} = [\boldsymbol{\Omega}^{\mathrm{T}}\boldsymbol{\Omega}]^{-1}
\end{cases}
\tag{4-71}
$$

递推广义最小二乘法计算效果较好。需要强调的是，递推广义最小二乘法与广义最小二乘法并非完全等价。实践证明，在信噪比足够大的情况下，递推算法得到的参数估计值通常能够迅速收敛到真实值；然而，当信噪比较小时，估计值可能会收敛到与真实值不同的其他数值。

递推广义最小二乘法和广义最小二乘法不等价的原因在于广义最小二乘法在每次迭代时都重新对全部数据进行滤波，而递推广义最小二乘法仅对新的采样值 $y(n+N+1)$、$u(n+N+1)$ 及历史数据 $\boldsymbol{\varphi}_{N+1}$ 进行滤波。

4.4.6　基于递推广义最小二乘法的离散系统参数辨识与仿真

有一单输入单输出离散系统

$$y(k) - 0.6y(k-1) + 1.3y(k-2) = u(k-1) + 0.2u(k-2) + \xi(k)$$

式中，输入$u(k)$是幅值为 1 的 M 序列；噪声$\xi(k)=\varepsilon(k)+2.1\varepsilon(k-1)-2.5\varepsilon(k-2)$；$\varepsilon(k)$为服从正态分布的白噪声。

采用递推广义最小二乘法进行参数辨识的 MATLAB 程序如下：

```
%递推广义最小二乘法
clear all
clc
close all
%产生 400 个 M 序列作为输入
x=[0 1 0 1 1 0 1 1 1]; %initial value
n=403;       %n 为脉冲数目
M=[];        %存放 M 序列
for i=1:n
   temp=xor(x(4),x(9));
   M(i)=x(9);
   for j=9:-1:2
     x(j)=x(j-1);
   end
   x(1)=temp;
end
%产生均值为 0、方差为 1 的高斯白噪声
v=randn(1,400);e=[];e(1)=v(1);e(2)=v(2);
for i=3:400
 e(i)=0*e(i-1)+0*e(i-2)+v(i);
end
%产生观测序列 z
z=zeros(400,1);z(1)=-1;z(2)=0;
for i=3:400
   z(i)=0.6*z(i-1)-1.3*z(i-2)+M(i-1)+0.2*M(i-2)+e(i);
end
%变换后的观测序列
zf=[];zf(1)=-1;zf(2)=0;
for i=3:400
   zf(i)=z(i)-0*z(i-1)-0*z(i-2);
end
%变换后的输入序列
uf=[];uf(1)=M(1); uf(2)=M(2);
for i=3:400
   uf(i)=M(i)-0*M(i-1)-0*M(i-2);
end
%赋初始值
```

```
P=100*eye(4);               %估计方差
Pstore=zeros(4,400);Pstore(:,2)=[P(1,1),P(2,2),P(3,3),P(4,4)];
Theta=zeros(4,400);         %参数的估计值，存放中间过程估计值
Theta(:,2)=[3;3;3;3];
K=[10;10;10;10]; %增益
PE=10*eye(2);ThetaE=zeros(2,400);ThetaE(:,2)=[0.5;0.3];KE=[10;10];
for i=3:400
  h=[-zf(i-1);-zf(i-2);uf(i-1);uf(i-2)];
  K=P*h*inv(h'*P*h+1);
  Theta(:,i)=Theta(:,i-1)+K*(z(i)-h'*Theta(:,i-1));
  P=(eye(4)-K*h')*P;
  Pstore(:,i-1)=[P(1,1),P(2,2),P(3,3),P(4,4)];
  he=[-e(i-1);-e(i-2)];
  KE=PE*he*inv(1+he'*PE*he);
  ThetaE(:,i)=ThetaE(:,i-1)+KE*(e(i)-he'*ThetaE(:,i-1));
  PE=(eye(2)-KE*he')*PE;
end
%输出结果及作图
disp('参数 a1 a2 b1 b2 的估计结果：')
evaluate =Theta(:,400)'
disp('参数 a1 a2 b1 b2 的真实结果：')
real=[-0.6,1.3,1,0.2]
disp('噪声传递系数 c1 c2 的估计结果：')
ThetaE(:,400)
i=1:400;
figure(1)
box on
hold on
plot(i,Theta(1,:),'-r','linewidth',1.5);plot(i,Theta(2,:),'--
b','linewidth',1.5);
plot(i,Theta(3,:),'-.m','linewidth',1.5);plot(i,Theta(4,:),':k','linewidth',1
.5);
title('待估参数迭代过程')
legend('a_1', 'a_2', 'b_1', 'b_2')
figure(2)
hold on
box on
plot(i,Pstore(1,:),'-r','linewidth',1.5);plot(i,Pstore(2,:),'--
b','linewidth',1.5);
plot(i,Pstore(3,:),'-.m','linewidth',1.5);plot(i,Pstore(4,:),':k','linewidth'
```

```
,1.5)
title('估计方差变化过程')
legend('a_1', 'a_2', 'b_1', 'b_2')
axis([0 400,-2,100])
figure(3)
hold on
box on
plot(i,ThetaE(1,:),'-r','linewidth',1.5)
plot(i,ThetaE(2,:),'--b','linewidth',1.5)
title('滤波器估计参数迭代过程')
legend('c_1', 'c_2')
```

运行结果如下：

```
参数 a1 a2 b1 b2 的估计结果：
evaluate =
  -0.6000    1.3000    1.0530    0.2554
参数 a1 a2 b1 b2 的真实结果：
real =
  -0.6000    1.3000    1.0000    0.2000
噪声传递系数 c1 c2 的估计结果：
ans =
   0.0482
   0.0377
```

仿真结果如图 4-17、图 4-18 和图 4-19 所示。

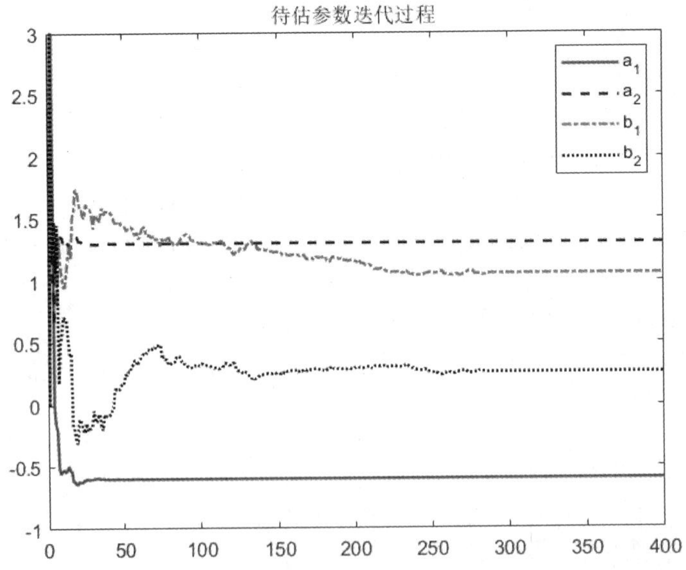

图 4-17　待估参数迭代过程示意图

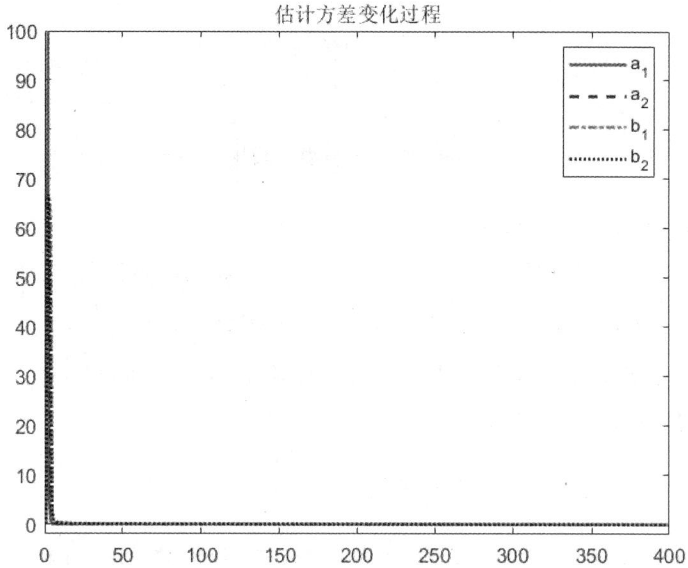

图 4-18　估计方差变化过程示意图

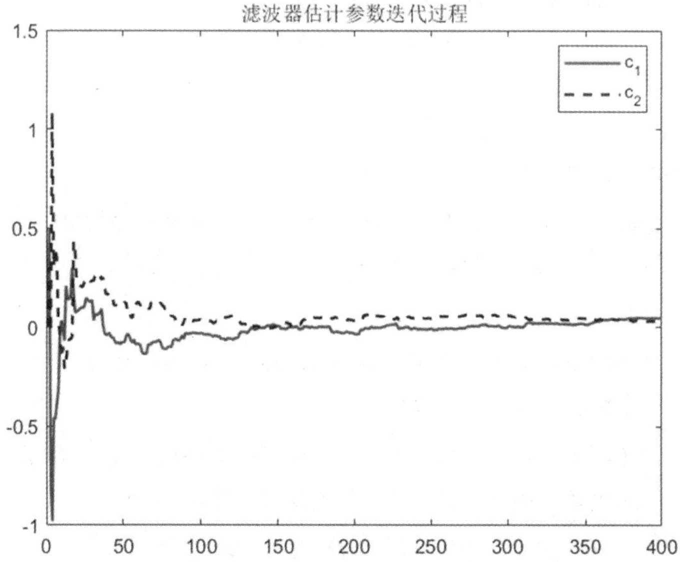

图 4-19　滤波器估计参数迭代过程示意图

4.4.7　夏氏法

广义最小二乘法的特点在于系统的输入和输出信号需要反复滤波，不仅计算量大，还不能保证收敛性。为此，夏天长提出一种交替的广义最小二乘法求解方法，称为夏氏法。夏氏法不需要反复过滤数据即可消除最小二乘估计中的偏差，不仅计算方法比较简单，计算效率也较高。n 阶差分系统和噪声滤波系统的最小二乘形式为

$$\begin{cases} \boldsymbol{Y} = \boldsymbol{\Phi}\boldsymbol{\theta} + \boldsymbol{\xi} \\ \boldsymbol{\xi} = \boldsymbol{\Omega}\boldsymbol{f} + \boldsymbol{\varepsilon} \end{cases} \tag{4-72}$$

则有

$$\boldsymbol{Y} = \boldsymbol{\Phi}\boldsymbol{\theta} + \boldsymbol{\Omega}\boldsymbol{f} + \boldsymbol{\varepsilon} = \begin{bmatrix} \boldsymbol{\Phi} & \boldsymbol{\Omega} \end{bmatrix} \begin{bmatrix} \boldsymbol{\theta} \\ \boldsymbol{f} \end{bmatrix} + \boldsymbol{\varepsilon} \tag{4-73}$$

应用最小二乘法可得到参数估计：

$$\begin{bmatrix} \hat{\boldsymbol{\theta}} \\ \hat{\boldsymbol{f}} \end{bmatrix} = \left\{ \begin{bmatrix} \boldsymbol{\Phi}^{\mathrm{T}} \\ \boldsymbol{\Omega}^{\mathrm{T}} \end{bmatrix} \begin{bmatrix} \boldsymbol{\Phi} & \boldsymbol{\Omega} \end{bmatrix} \right\}^{-1} \begin{bmatrix} \boldsymbol{\Phi}^{\mathrm{T}} \\ \boldsymbol{\Omega}^{\mathrm{T}} \end{bmatrix} \boldsymbol{Y} = \begin{bmatrix} \boldsymbol{\Phi}^{\mathrm{T}}\boldsymbol{\Phi} & \boldsymbol{\Phi}^{\mathrm{T}}\boldsymbol{\Omega} \\ \boldsymbol{\Omega}^{\mathrm{T}}\boldsymbol{\Phi} & \boldsymbol{\Omega}^{\mathrm{T}}\boldsymbol{\Omega} \end{bmatrix}^{-1} \begin{bmatrix} \boldsymbol{\Phi}^{\mathrm{T}}\boldsymbol{Y} \\ \boldsymbol{\Omega}^{\mathrm{T}}\boldsymbol{Y} \end{bmatrix} \tag{4-74}$$

式（4-74）中需要对矩阵求逆，对于分块矩阵有如下的求逆恒等式。

设分块矩阵 $\boldsymbol{R}$ 为非奇异矩阵，且

$$\boldsymbol{R} = \begin{bmatrix} \boldsymbol{E} & \boldsymbol{F} \\ \boldsymbol{G} & \boldsymbol{H} \end{bmatrix}$$

式中，分块子矩阵 $\boldsymbol{E}$ 和 $\boldsymbol{H}$ 为方阵，且矩阵 $\boldsymbol{E}$ 和 $\boldsymbol{D}=\boldsymbol{H}-\boldsymbol{G}\boldsymbol{E}^{-1}\boldsymbol{F}$ 为非奇异矩阵，则有

$$\boldsymbol{R}^{-1} = \begin{bmatrix} \boldsymbol{E}^{-1}(\boldsymbol{I} + \boldsymbol{F}\boldsymbol{D}^{-1}\boldsymbol{G}\boldsymbol{E}^{-1}) & -\boldsymbol{E}^{-1}\boldsymbol{F}\boldsymbol{D}^{-1} \\ -\boldsymbol{D}^{-1}\boldsymbol{G}\boldsymbol{E}^{-1} & \boldsymbol{D}^{-1} \end{bmatrix}$$

分别令 $\boldsymbol{E}=\boldsymbol{\Phi}^{\mathrm{T}}\boldsymbol{\Phi}$, $\boldsymbol{F}=\boldsymbol{\Phi}^{\mathrm{T}}\boldsymbol{\Omega}$, $\boldsymbol{G}=\boldsymbol{\Omega}^{\mathrm{T}}\boldsymbol{\Phi}$, $\boldsymbol{H}=\boldsymbol{\Omega}^{\mathrm{T}}\boldsymbol{\Omega}$，则

$$\begin{aligned} \boldsymbol{D} &= \boldsymbol{\Omega}^{\mathrm{T}}\boldsymbol{\Omega} - \boldsymbol{\Omega}^{\mathrm{T}}\boldsymbol{\Phi}(\boldsymbol{\Phi}^{\mathrm{T}}\boldsymbol{\Phi})^{-1}\boldsymbol{\Phi}^{\mathrm{T}}\boldsymbol{\Omega} \\ &= \boldsymbol{\Omega}^{\mathrm{T}}[\boldsymbol{I} - \boldsymbol{\Phi}(\boldsymbol{\Phi}^{\mathrm{T}}\boldsymbol{\Phi})^{-1}\boldsymbol{\Phi}^{\mathrm{T}}]\boldsymbol{\Omega} \\ &= \boldsymbol{\Omega}^{\mathrm{T}}\boldsymbol{M}\boldsymbol{\Omega} \end{aligned}$$

式中，$\boldsymbol{M}=[\boldsymbol{I}-\boldsymbol{\Phi}(\boldsymbol{\Phi}^{\mathrm{T}}\boldsymbol{\Phi})^{-1}\boldsymbol{\Phi}^{\mathrm{T}}]$。

$$\begin{bmatrix} \hat{\boldsymbol{\theta}} \\ \hat{\boldsymbol{f}} \end{bmatrix} = \begin{bmatrix} (\boldsymbol{\Phi}^{\mathrm{T}}\boldsymbol{\Phi})^{-1}[\boldsymbol{I} + \boldsymbol{\Phi}^{\mathrm{T}}\boldsymbol{\Omega}\boldsymbol{D}^{-1}\boldsymbol{\Omega}^{\mathrm{T}}\boldsymbol{\Phi}(\boldsymbol{\Phi}^{\mathrm{T}}\boldsymbol{\Phi})^{-1}] & -(\boldsymbol{\Phi}^{\mathrm{T}}\boldsymbol{\Phi})^{-1}\boldsymbol{\Phi}^{\mathrm{T}}\boldsymbol{\Omega}\boldsymbol{D}^{-1} \\ -\boldsymbol{D}^{-1}\boldsymbol{\Omega}^{\mathrm{T}}\boldsymbol{\Phi}(\boldsymbol{\Phi}^{\mathrm{T}}\boldsymbol{\Phi})^{-1} & \boldsymbol{D}^{-1} \end{bmatrix} \begin{bmatrix} \boldsymbol{\Phi}^{\mathrm{T}}\boldsymbol{Y} \\ \boldsymbol{\Omega}^{\mathrm{T}}\boldsymbol{Y} \end{bmatrix} \tag{4-75}$$

由式（4-75）可得

$$\begin{aligned} \hat{\boldsymbol{\theta}} &= (\boldsymbol{\Phi}^{\mathrm{T}}\boldsymbol{\Phi})^{-1}\boldsymbol{\Phi}^{\mathrm{T}}\boldsymbol{Y} + (\boldsymbol{\Phi}^{\mathrm{T}}\boldsymbol{\Phi})^{-1}\boldsymbol{\Phi}^{\mathrm{T}}\boldsymbol{\Omega}\boldsymbol{D}^{-1}\boldsymbol{\Omega}^{\mathrm{T}}\boldsymbol{\Phi}(\boldsymbol{\Phi}^{\mathrm{T}}\boldsymbol{\Phi})^{-1}\boldsymbol{\Phi}^{\mathrm{T}}\boldsymbol{Y} - \\ &\quad (\boldsymbol{\Phi}^{\mathrm{T}}\boldsymbol{\Phi})^{-1}\boldsymbol{\Phi}^{\mathrm{T}}\boldsymbol{\Omega}\boldsymbol{D}^{-1}\boldsymbol{\Omega}^{\mathrm{T}}\boldsymbol{Y} \\ &= (\boldsymbol{\Phi}^{\mathrm{T}}\boldsymbol{\Phi})^{-1}\boldsymbol{\Phi}^{\mathrm{T}}\boldsymbol{Y} - (\boldsymbol{\Phi}^{\mathrm{T}}\boldsymbol{\Phi})^{-1}\boldsymbol{\Phi}^{\mathrm{T}}\boldsymbol{\Omega}\boldsymbol{D}^{-1}\boldsymbol{\Omega}^{\mathrm{T}}[\boldsymbol{I} - \boldsymbol{\Phi}(\boldsymbol{\Phi}^{\mathrm{T}}\boldsymbol{\Phi})^{-1}\boldsymbol{\Phi}^{\mathrm{T}}]\boldsymbol{Y} \\ &= (\boldsymbol{\Phi}^{\mathrm{T}}\boldsymbol{\Phi})^{-1}\boldsymbol{\Phi}^{\mathrm{T}}\boldsymbol{Y} - (\boldsymbol{\Phi}^{\mathrm{T}}\boldsymbol{\Phi})^{-1}\boldsymbol{\Phi}^{\mathrm{T}}\boldsymbol{\Omega}\boldsymbol{D}^{-1}\boldsymbol{\Omega}^{\mathrm{T}}\boldsymbol{M}\boldsymbol{Y} \\ \hat{\boldsymbol{f}} &= -\boldsymbol{D}^{-1}\boldsymbol{\Omega}^{\mathrm{T}}\boldsymbol{\Phi}(\boldsymbol{\Phi}^{\mathrm{T}}\boldsymbol{\Phi})^{-1}\boldsymbol{\Phi}^{\mathrm{T}}\boldsymbol{Y} + \boldsymbol{D}^{-1}\boldsymbol{\Omega}^{\mathrm{T}}\boldsymbol{Y} \\ &= \boldsymbol{D}^{-1}\boldsymbol{\Omega}^{\mathrm{T}}[\boldsymbol{I} - \boldsymbol{\Phi}(\boldsymbol{\Phi}^{\mathrm{T}}\boldsymbol{\Phi})^{-1}\boldsymbol{\Phi}^{\mathrm{T}}]\boldsymbol{Y} \\ &= \boldsymbol{D}^{-1}\boldsymbol{\Omega}^{\mathrm{T}}\boldsymbol{M}\boldsymbol{Y} \end{aligned} \tag{4-76}$$

即

$$\hat{\boldsymbol{\theta}} = (\boldsymbol{\Phi}^{\mathrm{T}}\boldsymbol{\Phi})^{-1}\boldsymbol{\Phi}^{\mathrm{T}}\boldsymbol{Y} - (\boldsymbol{\Phi}^{\mathrm{T}}\boldsymbol{\Phi})^{-1}\boldsymbol{\Phi}^{\mathrm{T}}\boldsymbol{\Omega}\hat{\boldsymbol{f}} \tag{4-77}$$

式（4-77）的第一项是 $\boldsymbol{\theta}$ 的最小二乘估计 $\hat{\boldsymbol{\theta}}_{\mathrm{LS}}$，第二项是偏差项 $\hat{\boldsymbol{\theta}}_{\mathrm{B}}$，则有

$$\hat{\boldsymbol{\theta}} = \hat{\boldsymbol{\theta}}_{\mathrm{LS}} - \hat{\boldsymbol{\theta}}_{\mathrm{B}} \tag{4-78}$$

式（4-78）表明，如果从最小二乘估计中减去偏差项，即可得到一致估计 $\hat{\boldsymbol{\theta}}$，所以，必

须准确计算偏差项 $\hat{\boldsymbol{\theta}}_{\mathrm{B}}$。为准确计算 $\hat{\boldsymbol{\theta}}_{\mathrm{B}}$，可采用迭代方法，其迭代计算步骤如下：

第一步：假设 $\hat{\boldsymbol{f}}=0$，计算最小二乘估计 $\hat{\boldsymbol{\theta}}_{\mathrm{LS}}=(\boldsymbol{\Phi}^{\mathrm{T}}\boldsymbol{\Phi})^{-1}\boldsymbol{\Phi}^{\mathrm{T}}\boldsymbol{Y}$。因为 $(\boldsymbol{\Phi}^{\mathrm{T}}\boldsymbol{\Phi})^{-1}\boldsymbol{\Phi}^{\mathrm{T}}$ 和 $\boldsymbol{M}=[\boldsymbol{I}-\boldsymbol{\Phi}(\boldsymbol{\Phi}^{\mathrm{T}}\boldsymbol{\Phi})^{-1}\boldsymbol{\Phi}^{\mathrm{T}}]$ 在整个计算过程中是不变量，所以只需要计算一次。

第二步：计算残差向量 $\boldsymbol{e}=\boldsymbol{Y}-\boldsymbol{\Phi}\hat{\boldsymbol{\theta}}$，并利用残差向量构造矩阵 $\boldsymbol{\Omega}$，计算矩阵 $\boldsymbol{D}=\boldsymbol{\Omega}^{\mathrm{T}}\boldsymbol{M}\boldsymbol{\Omega}$ 和 $\boldsymbol{D}^{-1}$。在第一次计算残差向量 $\boldsymbol{e}$ 时，可取 $\hat{\boldsymbol{\theta}}=\hat{\boldsymbol{\theta}}_{\mathrm{LS}}$。

第三步：计算 $\hat{\boldsymbol{f}}$ 和 $\hat{\boldsymbol{\theta}}_{\mathrm{B}}=(\boldsymbol{\Phi}^{\mathrm{T}}\boldsymbol{\Phi})^{-1}\boldsymbol{\Phi}^{\mathrm{T}}\boldsymbol{\Omega}\hat{\boldsymbol{f}}$，并修改 $\hat{\boldsymbol{\theta}}$：

$$\hat{\boldsymbol{\theta}}=\hat{\boldsymbol{\theta}}_{\mathrm{LS}}-\hat{\boldsymbol{\theta}}_{\mathrm{B}}$$

第四步：返回第二步，并重复上述计算过程，直到 $\hat{\boldsymbol{\theta}}_{\mathrm{B}}$ 基本保持不变。

该算法常称为夏氏偏差修正法。可以看出，上述迭代算法本质上是一种逐次改善偏差项精度的算法。这种算法也可以推广到多变量系统的辨识，而广义最小二乘法在多变量系统的辨识中可能会由于数据反复过滤而失败。

若将等式 $\boldsymbol{Y}=\boldsymbol{\Phi}\boldsymbol{\theta}+\boldsymbol{\xi}$ 中的 $\boldsymbol{\theta}$ 用 $\hat{\boldsymbol{\theta}}$ 代替，则 $\boldsymbol{\xi}=\boldsymbol{Y}-\boldsymbol{\Phi}\hat{\boldsymbol{\theta}}$，又 $\boldsymbol{\xi}=\boldsymbol{\Omega}\boldsymbol{f}+\boldsymbol{\varepsilon}$，则 $\boldsymbol{f}$ 的最小二乘估计为

$$\hat{\boldsymbol{f}}=(\boldsymbol{\Omega}^{\mathrm{T}}\boldsymbol{\Omega})^{-1}\boldsymbol{\Omega}^{\mathrm{T}}\boldsymbol{\xi}=(\boldsymbol{\Omega}^{\mathrm{T}}\boldsymbol{\Omega})^{-1}\boldsymbol{\Omega}^{\mathrm{T}}(\boldsymbol{Y}-\boldsymbol{\Phi}\hat{\boldsymbol{\theta}}) \tag{4-79}$$

于是有

$$\hat{\boldsymbol{\theta}}=(\boldsymbol{\Phi}^{\mathrm{T}}\boldsymbol{\Phi})^{-1}\boldsymbol{\Phi}^{\mathrm{T}}\boldsymbol{Y}-(\boldsymbol{\Phi}^{\mathrm{T}}\boldsymbol{\Phi})^{-1}\boldsymbol{\Phi}^{\mathrm{T}}\boldsymbol{\Omega}\hat{\boldsymbol{f}} \tag{4-80}$$

$$\hat{\boldsymbol{f}}=(\boldsymbol{\Omega}^{\mathrm{T}}\boldsymbol{\Omega})^{-1}\boldsymbol{\Omega}^{\mathrm{T}}(\boldsymbol{Y}-\boldsymbol{\Phi}\hat{\boldsymbol{\theta}}) \tag{4-81}$$

这种算法称为夏氏改良法。因此，夏氏法可分为夏氏偏差修正法和夏氏改良法两种。

4.5 极大似然法

极大似然法是一种很普遍的参数估计方法，在系统辨识中有广泛的应用。极大似然法要求构造一个以观测值和未知参数为自变量的似然函数，并通过最大化似然函数来获得模型的参数估计值。极大似然法要求输出量的条件概率密度函数已知。极大似然法的计算量大，但参数估计量具有良好的渐进性。

n 阶单输入单输出系统的差分方程为

$$y(k)=-\sum_{i=1}^{n}a_i y(k-i)+\sum_{i=0}^{n}b_i u(k-i)+\xi(k)$$

将其转换成矩阵形式，变为

$$\boldsymbol{Y}=\boldsymbol{\Phi}\boldsymbol{\theta}+\boldsymbol{\xi} \tag{4-82}$$

假设 $\{\xi(k)\}$ 是服从高斯分布且均值为 0 的不相关随机序列，与 $\{u(k)\}$ 不相关，则

$$\boldsymbol{\xi}=\boldsymbol{Y}-\boldsymbol{\Phi}\boldsymbol{\theta} \tag{4-83}$$

系统残差向量

$$\boldsymbol{e}=\boldsymbol{Y}-\boldsymbol{\Phi}\hat{\boldsymbol{\theta}} \tag{4-84}$$

设系统残差向量 $\boldsymbol{e}$ 服从高斯分布，$\{e(k)\}$ 具有相同的方差 σ^2，则建立似然函数

$$L(\boldsymbol{e}\,|\,\hat{\boldsymbol{\theta}}) = \frac{1}{(2\pi\sigma^2)^{\frac{N}{2}}}\mathrm{e}^{-\frac{(\boldsymbol{Y}-\boldsymbol{\Phi}\hat{\boldsymbol{\theta}})^{\mathrm{T}}(\boldsymbol{Y}-\boldsymbol{\Phi}\hat{\boldsymbol{\theta}})}{2\sigma^2}} \tag{4-85}$$

对式（4-85）两边取对数，得到

$$\ln L(\boldsymbol{e}\,|\,\hat{\boldsymbol{\theta}}) = -\frac{N}{2}\ln 2\pi - \frac{N}{2}\ln\sigma^2 - \frac{(\boldsymbol{Y}-\boldsymbol{\Phi}\hat{\boldsymbol{\theta}})^{\mathrm{T}}(\boldsymbol{Y}-\boldsymbol{\Phi}\hat{\boldsymbol{\theta}})}{2\sigma^2} \tag{4-86}$$

对 $\ln L(\boldsymbol{e}\,|\,\hat{\boldsymbol{\theta}})$ 求关于未知参数 $\hat{\boldsymbol{\theta}}$ 、σ^2 的偏导数，并令其等于 0，得到

$$\begin{aligned}
\frac{\partial \ln L(\boldsymbol{e}\,|\,\hat{\boldsymbol{\theta}})}{\partial\hat{\boldsymbol{\theta}}} &= \frac{1}{2\sigma^2}(\boldsymbol{\Phi}^{\mathrm{T}}\boldsymbol{Y} - \boldsymbol{\Phi}^{\mathrm{T}}\boldsymbol{\Phi}\hat{\boldsymbol{\theta}}) = 0 \\
\frac{\partial \ln L(\boldsymbol{e}\,|\,\hat{\boldsymbol{\theta}})}{\partial\sigma^2} &= -\frac{N}{2\sigma^2} + \frac{(\boldsymbol{Y}-\boldsymbol{\Phi}\hat{\boldsymbol{\theta}})^{\mathrm{T}}(\boldsymbol{Y}-\boldsymbol{\Phi}\hat{\boldsymbol{\theta}})}{2\sigma^4} = 0
\end{aligned} \tag{4-87}$$

得到未知参数 $\boldsymbol{\theta}$ 的极大似然估计：

$$\begin{aligned}
\hat{\boldsymbol{\theta}} &= (\boldsymbol{\Phi}^{\mathrm{T}}\boldsymbol{\Phi})^{-1}\boldsymbol{\Phi}^{\mathrm{T}}\boldsymbol{Y} \\
\sigma^2 &= \frac{1}{N}(\boldsymbol{Y}-\boldsymbol{\Phi}\hat{\boldsymbol{\theta}})^{\mathrm{T}}(\boldsymbol{Y}-\boldsymbol{\Phi}\hat{\boldsymbol{\theta}}) = \frac{1}{N}\sum_{k=n+1}^{n+N} e^2(k)
\end{aligned} \tag{4-88}$$

可见，当 $\{\xi(k)\}$ 是高斯白噪声时，极大似然估计与普通最小二乘估计的结果完全相同。

当 $\{\xi(k)\}$ 不是高斯白噪声，而是相关噪声系列时，与广义最小二乘法类似，建立滤波器对相关噪声系列 $\{\xi(k)\}$ 进行滤波，则得到如下差分方程：

$$y(k) = -\sum_{i=1}^{n} a_i y(k-i) + \sum_{i=0}^{n} b_i u(k-i) + \sum_{i=1}^{n} c_i \varepsilon(k-i) + \varepsilon(k)$$

此时设待估参数

$$\boldsymbol{\theta} = (a_1, a_2, \cdots, a_n, b_0, b_1, \cdots, b_n, c_1, c_2, \cdots, c_n)^{\mathrm{T}}$$

残差为

$$\begin{aligned}
e(k) &= y(k) - \hat{y}(k) \\
&= y(k) + \sum_{i=1}^{n} \hat{a}_i y(k-i) - \sum_{i=0}^{n} \hat{b}_i u(k-i) - \sum_{i=1}^{n} \hat{c}_i e(k-i)
\end{aligned} \tag{4-89}$$

把 N 个方程写成向量–矩阵形式，得到

$$\boldsymbol{e} = \boldsymbol{Y} - \boldsymbol{\Phi}\hat{\boldsymbol{\theta}} \tag{4-90}$$

式中

$$\boldsymbol{\theta} = [a_1, a_2, \cdots, a_n, b_0, b_1, \cdots, b_n, c_1, c_2, \cdots, c_n]^{\mathrm{T}}$$

$$\boldsymbol{Y} = \begin{bmatrix} y(n+1) \\ y(n+2) \\ \vdots \\ y(n+N) \end{bmatrix}, \quad \boldsymbol{e} = \begin{bmatrix} e(n+1) \\ e(n+2) \\ \vdots \\ e(n+N) \end{bmatrix}$$

$$\boldsymbol{\Phi} = \begin{bmatrix}
-y(n) & \cdots & -y(1) & u(n+1) & \cdots & u(1) & e(n) & \cdots & e(1) \\
-y(n+1) & \cdots & -y(2) & u(n+2) & \cdots & u(2) & e(n+1) & \cdots & e(2) \\
\vdots & & \vdots & \vdots & & \vdots & \vdots & & \vdots \\
-y(n+N-1) & \cdots & -y(N) & u(n+N) & \cdots & u(N) & e(n+N-1) & \cdots & e(N)
\end{bmatrix}$$

残差向量 $\boldsymbol{e}$ 服从高斯分布，$\{e(k)\}$ 具有相同的方差 σ^2，建立似然函数

$$L(\boldsymbol{e}\,|\,\hat{\boldsymbol{\theta}})=\frac{1}{(2\pi\sigma^2)^{\frac{N}{2}}}\mathrm{e}^{-\frac{(\boldsymbol{Y}-\boldsymbol{\Phi}\hat{\boldsymbol{\theta}})^{\mathrm{T}}(\boldsymbol{Y}-\boldsymbol{\Phi}\hat{\boldsymbol{\theta}})}{2\sigma^2}}$$

对上式两边取对数，得到

$$\begin{aligned}\ln L(\boldsymbol{e}\,|\,\hat{\boldsymbol{\theta}})&=-\frac{N}{2}\ln 2\pi-\frac{N}{2}\ln\sigma^2-\frac{(\boldsymbol{Y}-\boldsymbol{\Phi}\hat{\boldsymbol{\theta}})^{\mathrm{T}}(\boldsymbol{Y}-\boldsymbol{\Phi}\hat{\boldsymbol{\theta}})}{2\sigma^2}\\&=-\frac{N}{2}\ln 2\pi-\frac{N}{2}\ln\sigma^2-\frac{1}{2\sigma^2}\sum_{k=n+1}^{n+N}e^2(k)\end{aligned}\tag{4-91}$$

对 $\ln L(\boldsymbol{e}\,|\,\hat{\boldsymbol{\theta}})$ 求关于 σ^2 的偏导数，并令其等于 0，得到

$$\frac{\partial\ln L(\boldsymbol{e}\,|\,\hat{\boldsymbol{\theta}})}{\partial\sigma^2}=-\frac{N}{2\sigma^2}+\frac{1}{2\sigma^4}\sum_{k=n+1}^{n+N}e^2(k)=0\tag{4-92}$$

得到 σ^2 的估计为

$$\hat{\sigma}^2=\frac{2}{N}\frac{1}{2}\sum_{k=n+1}^{n+N}e^2(k)=\frac{2}{N}J\tag{4-93}$$

式中，$J=\frac{1}{2}\sum_{k=n+1}^{n+N}e^2(k)$。一般希望 $\hat{\sigma}^2$ 越小越好，也就是希望 $J=\frac{1}{2}\sum_{k=n+1}^{n+N}e^2(k)$ 越小越好。由于 $e(k)$ 是关于参数 $a_1,a_2,\cdots,a_n$、$b_0,b_1,\cdots,b_n$、$c_1,c_2,\cdots,c_n$ 的线性函数，因此，求使 $L(\boldsymbol{e}\,|\,\hat{\boldsymbol{\theta}})$ 最大的 $\hat{\boldsymbol{\theta}}$ 等价于求使 $J=\frac{1}{2}\sum_{k=n+1}^{n+N}e^2(k)$ 最小的 $\hat{\boldsymbol{\theta}}$。下面给出基于牛顿-拉弗森（Newton-Raphson）法的迭代计算方法。

第一步：选定初始的 $\hat{\boldsymbol{\theta}}_0$ 值。对任意给定 $\hat{\boldsymbol{\theta}}_0$ 中 $\hat{c}_1,\hat{c}_2,\cdots,\hat{c}_n$ 的值，采用最小二乘法估算出 $\hat{\boldsymbol{\theta}}_0$ 中 $\hat{a}_1,\hat{a}_2,\cdots,\hat{a}_n$、$\hat{b}_0,\hat{b}_1,\cdots,\hat{b}_n$ 的值。

第二步：计算残差。

$$e(k)=y(k)-\hat{y}(k)=y(k)+\sum_{i=1}^{n}\hat{a}_i y(k-i)-\sum_{i=0}^{n}\hat{b}_i u(k-i)-\sum_{i=1}^{n}\hat{c}_i e(k-i)$$

并计算出 $J=\frac{1}{2}\sum_{k=n+1}^{n+N}e^2(k)$ 和 $\hat{\sigma}^2=\frac{2}{N}\frac{1}{2}\sum_{k=n+1}^{n+N}e^2(k)=\frac{2}{N}J$。

第三步：计算 J 的梯度 $\frac{\partial J}{\partial\boldsymbol{\theta}}$ 和海塞矩阵 $\frac{\partial^2 J}{\partial\boldsymbol{\theta}^2}$。

$$\frac{\partial J}{\partial\boldsymbol{\theta}}=\sum_{k=n+1}^{n+N}e(k)\frac{\partial e(k)}{\partial\boldsymbol{\theta}}\tag{4-94}$$

式中，$\frac{\partial e(k)}{\partial\boldsymbol{\theta}}=\left[\frac{\partial e(k)}{\partial a_1},\cdots,\frac{\partial e(k)}{\partial a_n},\frac{\partial e(k)}{\partial b_0},\cdots,\frac{\partial e(k)}{\partial b_n},\frac{\partial e(k)}{\partial c_1},\cdots,\frac{\partial e(k)}{\partial c_n}\right]^{\mathrm{T}}$。

$$\begin{aligned}
\frac{\partial e(k)}{\partial a_i} &= y(k-i) - \sum_{j=1}^{n} c_j \frac{\partial e(k-j)}{\partial a_i} \\
\frac{\partial e(k)}{\partial b_i} &= -u(k-i) - \sum_{j=1}^{n} c_j \frac{\partial e(k-j)}{\partial b_i} \\
\frac{\partial e(k)}{\partial c_i} &= -e(k-i) - \sum_{j=1}^{n} c_j \frac{\partial e(k-j)}{\partial c_i}
\end{aligned} \tag{4-95}$$

对式（4-95）进行变形，可得

$$\begin{aligned}
\frac{\partial e(k)}{\partial a_i} + \sum_{j=1}^{n} c_j \frac{\partial e(k-j)}{\partial a_i} &= y(k-i) \\
\frac{\partial e(k)}{\partial b_i} + \sum_{j=1}^{n} c_j \frac{\partial e(k-j)}{\partial b_i} &= -u(k-i) \\
\frac{\partial e(k)}{\partial c_i} \sum_{j-1}^{n} c_j \frac{\partial e(k-j)}{\partial c_i} &= -e(k-i)
\end{aligned} \tag{4-96}$$

根据式（4-96），有 $\frac{\partial e(k)}{\partial a_j} + \sum_{v=1}^{n} c_v \frac{\partial e(k-v)}{\partial a_j} = y(k-j)$，将该式中的 k 用 $(k+j-i)$ 取代，则有

$$\frac{\partial e(k+j-i)}{\partial a_j} + \sum_{v=1}^{n} c_v \frac{\partial e(k+j-i-v)}{\partial a_j} = y(k+j-i-j) = y(k-i)$$

又有 $\frac{\partial e(k)}{\partial a_i} + \sum_{j=1}^{n} c_j \frac{\partial e(k-j)}{\partial a_i} = y(k-i)$，所以有

$$\frac{\partial e(k+j-i)}{\partial a_j} + \sum_{v=1}^{n} c_v \frac{\partial e(k+j-i-v)}{\partial a_j} = y(k-i) = \frac{\partial e(k)}{\partial a_i} + \sum_{j=1}^{n} c_j \frac{\partial e(k-j)}{\partial a_i}$$

对比等式两侧，可得

$$\frac{\partial e(k)}{\partial a_i} = \frac{\partial e(k+j-i)}{\partial a_j} \tag{4-97}$$

式中，j 可取任意整数，当 $j=1$ 时，有

$$\frac{\partial e(k)}{\partial a_i} = \frac{\partial e(k+j-i)}{\partial a_j} = \frac{\partial e(k+1-i)}{\partial a_1} \tag{4-98}$$

所以有

$$\frac{\partial e(k)}{\partial a_2} = \frac{\partial e(k-1)}{\partial a_1}, \frac{\partial e(k)}{\partial a_3} = \frac{\partial e(k-2)}{\partial a_1}, \cdots, \frac{\partial e(k)}{\partial a_n} = \frac{\partial e(k-n+1)}{\partial a_1}$$

同理，可以得到

$$\begin{aligned}
\frac{\partial e(k)}{\partial b_i} &= \frac{\partial e(k+j-i)}{\partial b_j} = \frac{\partial e(k+1-i)}{\partial b_1} \\
\frac{\partial e(k)}{\partial c_i} &= \frac{\partial e(k+j-i)}{\partial c_j} = \frac{\partial e(k+1-i)}{\partial c_1}
\end{aligned} \tag{4-99}$$

先将式（4-96）中的 $e(k)$ 关于 a_i, b_i, c_i 的偏导全部转换成关于 a_1, b_1, c_1 的偏导，再基于线性

方程组计算出 $\frac{\partial e(k)}{\partial a_1},\frac{\partial e(k)}{\partial b_1},\frac{\partial e(k)}{\partial c_1}$ 的值，然后利用关系式计算出 $\frac{\partial e(k)}{\partial a_i},\frac{\partial e(k)}{\partial b_i},\frac{\partial e(k)}{\partial c_i}$。

J 关于 $\boldsymbol{\theta}$ 的二阶偏导为

$$\frac{\partial^2 J}{\partial \boldsymbol{\theta}^2}=\sum_{k=n+1}^{n+N}\frac{\partial e(k)}{\partial \boldsymbol{\theta}}\left(\frac{\partial e(k)}{\partial \boldsymbol{\theta}}\right)^{\mathrm{T}}+\sum_{k=n+1}^{n+N}e(k)\frac{\partial^2 e(k)}{\partial \boldsymbol{\theta}^2}$$

当估计值 $\hat{\boldsymbol{\theta}}$ 接近真实值 $\boldsymbol{\theta}$ 时，$e(k)\to 0$，则 $\sum_{k=n+1}^{n+N}e(k)\frac{\partial^2 e(k)}{\partial \boldsymbol{\theta}^2}\to 0$，所以 J 关于 $\boldsymbol{\theta}$ 的二阶偏导计算式简化为

$$\frac{\partial^2 J}{\partial \boldsymbol{\theta}^2}=\sum_{k=n+1}^{n+N}\frac{\partial e(k)}{\partial \boldsymbol{\theta}}\left(\frac{\partial e(k)}{\partial \boldsymbol{\theta}}\right)^{\mathrm{T}} \tag{4-100}$$

第四步：按照牛顿-拉弗森法计算未知参数 $\boldsymbol{\theta}$ 的新估计值 $\hat{\boldsymbol{\theta}}_1$。

$$\hat{\boldsymbol{\theta}}_1=\hat{\boldsymbol{\theta}}_0-\left[\left(\frac{\partial^2 J}{\partial^2 \boldsymbol{\theta}}\right)^{-1}\frac{\partial J}{\partial \boldsymbol{\theta}}\right]_{\boldsymbol{\theta}=\hat{\boldsymbol{\theta}}_0} \tag{4-101}$$

重复第二步至第四步，经过 r 次迭代计算后，可得到 $\hat{\boldsymbol{\theta}}_r$，进一步迭代计算得到

$$\hat{\boldsymbol{\theta}}_{r+1}=\hat{\boldsymbol{\theta}}_r-\left[\left(\frac{\partial^2 J}{\partial^2 \boldsymbol{\theta}}\right)^{-1}\frac{\partial J}{\partial \boldsymbol{\theta}}\right]_{\boldsymbol{\theta}=\hat{\boldsymbol{\theta}}_r} \tag{4-102}$$

如果

$$\frac{\hat{\sigma}_{r+1}^2-\hat{\sigma}_r^2}{\hat{\sigma}_r^2}<10^{-4} \tag{4-103}$$

则停止计算，否则继续迭代计算。该算法即使在噪声比较大的情况下也能得到较好的估计值 $\hat{\boldsymbol{\theta}}$。

除基于牛顿-拉弗森法的迭代算法外，还有其他迭代算法，有兴趣的读者可参阅《计算方法》《数值计算》等相关教材。

4.6 小　结

1）普通最小二乘法

普通最小二乘法一次性处理全部数据，通过最小化误差平方和来估计参数。在处理全部数据时，普通最小二乘法的计算量可能较大，尤其对于大规模数据集。最小二乘法适用于误差服从正态分布、误差和方差恒定的情况。

2）加权最小二乘法

加权最小二乘法引入权重矩阵处理异方差，需要通过先验知识或模型诊断来调整观测值的相对权重。加权最小二乘法适用于误差具有异方差性质的情况。

3）正则化最小二乘法

正则化最小二乘法引入正则化项，限制参数增长，缓解过拟合，可以通过调整正则化参

数进行模型选择。正则化最小二乘法适用于处理多重共线性问题、过拟合问题，以及高维数据等。

4）递推最小二乘法

递推最小二乘法适用于处理连续产生的数据流，通过逐步更新模型参数，避免了对整个数据集的存储和处理，更适合在线学习和动态系统辨识。

5）广义最小二乘法

广义最小二乘法通过引入成型滤波器，将相关噪声逐步转化为白噪声，并在转化过程中不断对数据进行滤波，将数据白化后使用普通最小二乘法来获得未知参数的无偏估计。

6）增广最小二乘法

增广最小二乘法用于估计线性动态系统的参数，通过构造增广矩阵来一次性估计多个系统参数。它在系统辨识中应用广泛，但对初始条件敏感，可能存在多个局部极小值。

7）夏氏法

夏氏法是一种通过多步迭代逼近最小二乘法结果的优化方法，可以逐步优化估计值。夏氏法虽然能够提高准确性，但需要事先设定迭代次数，可能增加计算复杂度。

8）极大似然法

极大似然法基于概率模型，通过最大化似然函数来估计模型参数，具有良好的渐进性，适用于大样本情况，但对于某些模型，应用极大似然法需要满足一定的分布假设，且需要输出量的条件概率密度函数已知。

思 考 题

1．简述用最小二乘法辨识参数的原理，实现普通最小二乘法、加权最小二乘法、正则化最小二乘法的 MATLAB 程序。

2．试述普通最小二乘法和递推最小二乘法在辨识参数时的异同之处。

3．广义最小二乘法进行参数辨识的原理是什么？

4．增广最小二乘法和普通最小二乘法有什么区别？如何通过编程实现增广最小二乘法？如何验证该方法的收敛性？

5．分析广义最小二乘法、增广最小二乘法、夏氏法、极大似然法的参数辨识公式，并尝试用 MATLAB 进行仿真。

第 5 章　模型结构辨识

第 4 章着重讨论了单输入单输出 n 阶系统模型的未知参数 $\boldsymbol{\theta}$ 的辨识算法。在设计参数辨识算法时，通常默认模型的阶次 n 是已知的。然而，在实际工程应用中，模型的阶次 n 往往未知。因此，本章将介绍几种确定模型阶次 n 的辨识算法。

5.1　阶次检验法基本步骤

阶次检验法主要通过观察模型的阶次（Order）来选择适当的模型复杂度，以在保持模型简单性的同时，能够较好地拟合观测数据。以下是阶次检验法在系统辨识中应用的基本步骤：

第一步，给定初始模型：选择一个可能的系统结构，如自回归移动平均模型（ARMA）、自回归积分移动平均模型（ARIMA）、自回归移动平均变量模型（ARMAX）等。

第二步，模型拟合：使用选定的初始模型对观测数据进行拟合，得到估计的模型参数。

第三步，阶次检验：通过一系列统计检验方法、信息准则或图形分析方法来确定模型的适当阶次。一些常见的阶次检验法如下：

（1）赤池信息量准则（AIC）法：通过对模型的对数似然函数和参数数量的权衡来选择最佳模型。

（2）残差分析：观察模型残差序列的自相关图（ACF）和部分自相关图（PACF），检查是否存在显著的自相关结构。

（3）Ljung-Box 检验和 Portmanteau 检验：用于检验残差序列是否具有白噪声的特性。

（4）利用损失函数定阶：逐步增加模型阶次，观察预测误差是否显著减小。

第四步，调整模型：根据阶次检验的结果，对模型进行调整，增加或减少阶次，并重新拟合模型。

第五步，重复第三步和第四步：反复进行阶次检验和模型调整，直至找到一个合适的模型。

第六步，模型评估：使用独立的测试集或进行交叉验证来评估最终模型的性能，确保模型在未来数据上的泛化能力。

阶次检验法的应用目标是找到一个在拟合观测数据方面表现良好，又不过于复杂的模型。这样的模型更有可能对未来数据产生良好的预测效果，避免过拟合和欠拟合的问题。下面讲述几种基本的阶次检验法。

5.2　利用损失函数定阶

在利用输入和输出数据进行模型辨识时，在不同阶次的情况下进行最小二乘拟合，并比较不同阶次模型与输入、输出数据之间的拟合效果。衡量拟合效果的重要标准之一是残差的平方和。根据客观事实，当阶次 n 逐渐增大时，损失函数应随之减小；当 n 增大到某一值时，损失函数应逐渐趋于稳定，不再显著下降；当模型的阶次大于系统真实的阶次时，损失函数曲线会趋于平坦。因此，可以采用以下检验原则：若在 $n-1$ 这一阶次时，损失函数曲线最后一次出现快速下降，此后就近似保持不变或只有微小的下降，那么可以认为模型的阶次为 n。

如图 5-1 所示，对某一系统，当 $n=1,2,3,\cdots$ 时，分别计算损失函数 $J(n)$，得到损失函数 $J(n)$ 关于阶次 n 的变化趋势图。

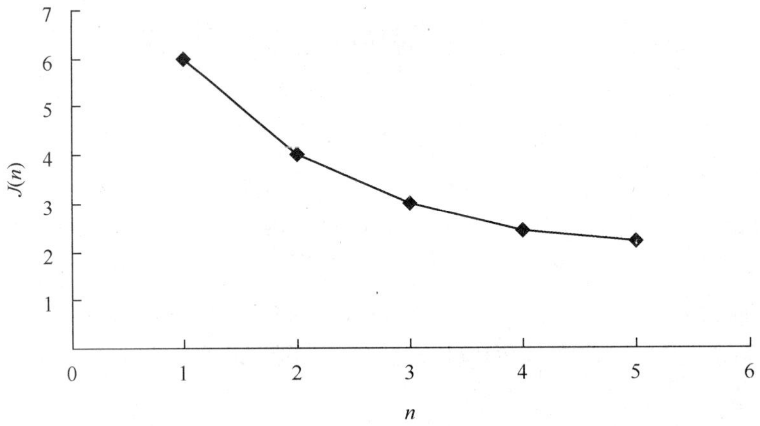

图 5-1　损失函数 $J(n)$ 关于阶次 n 的变化趋势图

由图 5-1 可以看出，在 $n=2$ 时，损失函数曲线最后一次出现快速的下降，在 $n=3$ 之后，损失函数曲线的变化不再显著，因此该系统模型的阶次应该为 3。

下面给出利用损失函数定阶的步骤：

第一步，采集输入与输出信号：记输入与输出信号对为 $\{u(k),y(k)\}$。

第二步，不同阶次下的参数辨识：分别令阶次 $n=1,2,3,\cdots$，采用某种统一的参数辨识算法辨识未知参数 $\boldsymbol{\theta}$，并根据阶次 n 的不同，将参数 $\boldsymbol{\theta}$ 的辨识结果记为 $\hat{\boldsymbol{\theta}}_1,\hat{\boldsymbol{\theta}}_2,\hat{\boldsymbol{\theta}}_3,\cdots$。

第三步，计算广义残差 $e(k,n)$：分别计算阶次 $n=1,2,3,\cdots$ 时系统的输出模拟值

$$\hat{y}(k,n)=-\sum_{i=1}^{n}\hat{a}_{n,i}y(k-i)+\sum_{i=0}^{n}\hat{b}_{n,i}u(k-i) \tag{5-1}$$

并计算不同阶次时的广义残差 $e(k,n)=y(k)-\hat{y}(k,n)$。

第四步，计算损失函数 $J(n)$：分别计算阶次 $n=1,2,3,\cdots$ 时的损失函数

$$J(n)=\sum_{k=1}^{N}e^2(k,n) \tag{5-2}$$

第五步，作图并确定模型的阶次：作出损失函数 $J(n)$ 关于阶次 n 的变化趋势图，根据阶次检验原则，确定系统模型的阶次。

5.3 利用 F 检验法定阶

5.3.1 F 检验法原理

虽然上述损失函数法具有直接性，但以损失函数不再显著变化来确定模型阶次带有一定的主观性和不确定性，因此其精细化程度有待提高。为了准确判断不同阶次对应的损失函数是否存在显著差异，通常需要借助统计检验法。在数理统计中，F 检验法是一种常用的统计检验方法。

检验损失函数 $J(n)$ 是否随阶次 n 的变化发生显著变化的统计量为

$$t(n)=\frac{J(n-1)-J(n)}{J(n)}\times\frac{N-(2n+1)}{2} \tag{5-3}$$

式中，N 为样本长度；统计量 t 服从 $F(2,N-2n-1)$ 分布。这种利用统计量 t 服从 F 分布的特性确定模型阶次的方法称为 F 检验法。

在给定的观测样本长度下，当阶次从 n 增加到 n+1 时，损失函数 J 的值和统计量 t 的值均呈现减小趋势。为了评估损失函数减小的显著性，可参考 F 分布表。对于单输入单输出系统，当阶次增加 1 时，参数会增加 2 个。在置信度 α =0.05 的情况下，从 F 分布表中查找相应的数据：

$$F(2,100)=3.09,\ F(2,300)=3.03$$
$$F(2,1000)=3.00,\ F(2,\infty)=3.00$$

在上述置信度下，当样本长度 N 大于 100 时，只有在统计量 t 的值大于或等于 3 时，损失函数值的减小才可视为显著。因此，在应用 F 检验法时，其判别标准为统计量 t 的值最后一次大于或等于 3 时对应的阶次为模型的阶次。

5.3.2 基于 F 检验法的离散系统定阶

通过对一系统 $y(k)=-\sum_{i=1}^{n}a_i y(k-i)+\sum_{i=1}^{n}b_i y(k-i)+\zeta(k)$ 进行试验，得到输入与输出数据对为 $\{u(k),y(k)\}$，$k=1,2,\cdots,500$。当 $n=1,2,3,4,5,6$ 时，对模型的参数 $\hat{\theta}$=$(\hat{a}_1,\hat{a}_2,\cdots,\hat{a}_n,\hat{b}_0,\hat{b}_1,\cdots,\hat{b}_n)^{\mathrm{T}}$ 反复进行最小二乘拟合，并计算出相应的损失函数 J 和统计量 t 的值，结果如表 5-1 所示。

表 5-1 辨识过程中相关参数、损失函数 J 和统计量 t 数据表

阶次 n	参数 a	参数 b	损失函数 J	统计量 t
1	−0.643±0.029	1.018±0.062	592.65	—
2	−1.015±0.045	1.086±0.056	496.64	50.94
	0.337±0.039	−0.520±0.072		
3	−1.118±0.050	1.115±0.055	447.25	9.67
	0.0642±0.068	−0.660±0.078		
	−0.178±0.043	0.263±0.073		

续表

阶次 n	参数 a	参数 b	损失函数 J	统计量 t
4	−1.157±0.050	1.085±0.055	426.40	9.43
	0.756±0.074	−0.733±0.078		
	−0.412±0.074	0.409±0.083		
	0.187±0.044	−0.146±0.076		
5	−1.185±0.051	1.080±0.054	418.72	3.51
	0.814±0.077	−0.745±0.078		
	−0.518±0.083	0.475±0.086		
	0.349±0.076	−0.252±0.086		
	−0.117±0.044	0.123±0.076		
6	1.195±0.051	1.079±0.055	415.56	0.99
	0.339±0.079	−0.751±0.078		
	−0.555±0.088	0.487±0.087		
	0.410±0.088	−0.290±0.090		
	−0.208±0.079	0.183±0.087		
	0.061±0.045	−0.080±0.076		

从表 5-1 中可以看出：

（1）当模型的阶次从 1 增加到 6 时，损失函数 J 的值不断减小。

（2）当模型的阶次增加到 5 时，统计量 $t=3.51>3.00$，说明损失函数值的减小是显著的。当阶次继续增加时，总是保持 $t<3.00$，即损失函数值的减小已不再显著了。因此，这个系统可以用一个 5 阶差分模型予以描述，即

$$\begin{aligned}&y(k)-1.19y(k-1)+0.81y(k-2)-0.52y(k-3)+0.35y(k-4)-0.18y(k-5)\\&=1.08u(k-1)-0.75u(k-2)+0.48u(k-3)-0.25u(k-4)+0.12u(k-5)\end{aligned}$$

5.4 利用赤池信息量准则定阶

赤池信息量准则（AIC）是 Akaike 于 1974 年正式提出的一种具有客观标准的判定方法，该方法能比较客观地确定系统模型的阶次。

考虑如下数学模型：

$$y(k)=-\sum_{i=1}^{n}a_i y(k-i)+\sum_{i=0}^{n}b_i u(k-i)+\xi(k) \tag{5-4}$$

式中，$y(k)$ 为输出变量；$u(k)$ 为输入变量；$\xi(k)$ 表示均值为 0、方差为 σ_ξ^2，且服从正态分布的不相关随机噪声。

为了确定该模型的阶次 n（或独立的参数个数），引入如下准则：

$$\mathrm{AIC}(\hat{n})=-2\lg L(\hat{\boldsymbol{\theta}}_{\mathrm{ML}})+2\hat{n} \tag{5-5}$$

式中，$\hat{\boldsymbol{\theta}}_{\mathrm{ML}}$ 为模型的参数 $\boldsymbol{\theta}=(a_1,a_2,\cdots,a_n,b_0,b_1,\cdots,b_n)^{\mathrm{T}}$ 的极大似然估计；$L(\hat{\boldsymbol{\theta}}_{\mathrm{ML}})$ 为在 $\hat{\boldsymbol{\theta}}_{\mathrm{ML}}$ 条件下的似然函数；$\hat{n}$ 为模型的阶次或独立的参数个数的估计值。Akaike 证明了使 $\mathrm{AIC}(\hat{n})$ 的值最

小的 $\hat{n}$ 是模型相对合理的阶次。下面探讨 AIC 定阶公式。

将式（5-4）写成

$$y_n(k)=\boldsymbol{\varphi}_n(k)\boldsymbol{\theta}_n(k)+\xi(k) \tag{5-6}$$

将采集的输入与输出样本数据依次代入式（5-6），得到其最小二乘矩阵形式：

$$\boldsymbol{Y}_n=\boldsymbol{\Phi}_n\boldsymbol{\theta}_n+\boldsymbol{\xi}_n \tag{5-7}$$

输出变量在 $\boldsymbol{\theta}_n$ 条件下的似然函数为

$$L(\boldsymbol{\theta}_n)=(2\pi\sigma_\xi^2)^{-\frac{L}{2}}\mathrm{e}^{-\frac{(\boldsymbol{Y}_n-\boldsymbol{\Phi}_n\boldsymbol{\theta}_n)^{\mathrm{T}}(\boldsymbol{Y}_n-\boldsymbol{\Phi}_n\boldsymbol{\theta}_n)}{2\sigma_\xi^2}} \tag{5-8}$$

对应的对数似然函数为

$$\lg L(\boldsymbol{\theta}_n)=-\frac{L}{2}\lg(2\pi)-\frac{L}{2}\lg\sigma_\xi^2-\frac{1}{2\sigma_\xi^2}(\boldsymbol{Y}_n-\boldsymbol{\Phi}_n\boldsymbol{\theta}_n)^{\mathrm{T}}(\boldsymbol{Y}_n-\boldsymbol{\Phi}_n\boldsymbol{\theta}_n) \tag{5-9}$$

式中，L 为采集的输入与输出样本数据的个数。根据极大值原理，模型参数 $\boldsymbol{\theta}_n$ 及噪声 $\xi(k)$ 的方差 σ_ξ^2 的极大似然估计为

$$\begin{cases}\hat{\boldsymbol{\theta}}_{\mathrm{ML}}=(\boldsymbol{\Phi}_n^{\mathrm{T}}\boldsymbol{\Phi}_n)^{-1}\boldsymbol{\Phi}_n^{\mathrm{T}}\boldsymbol{Y}_n\\ \hat{\sigma}_\xi^2=\dfrac{1}{L}(\boldsymbol{Y}_n-\boldsymbol{\Phi}_n\hat{\boldsymbol{\theta}}_{\mathrm{ML}})^{\mathrm{T}}(\boldsymbol{Y}_n-\boldsymbol{\Phi}_n\hat{\boldsymbol{\theta}}_{\mathrm{ML}})\end{cases} \tag{5-10}$$

将 $\hat{\boldsymbol{\theta}}_{\mathrm{ML}}$ 和 $\hat{\sigma}_\xi^2$ 代入式（5-9）中，得到

$$\lg L(\hat{\boldsymbol{\theta}}_{\mathrm{ML}})=\mathrm{const}-\frac{L}{2}\lg\hat{\sigma}_\xi^2 \tag{5-11}$$

式中，const 表示常数。

由式（5-11）可得 AIC 为

$$\mathrm{AIC}(\hat{n})=L\lg\hat{\sigma}_\xi^2+2\hat{n} \tag{5-12}$$

式中，$\hat{n}$ 表示模型阶次的估计值。式（5-12）即 AIC 定阶公式。

对不同阶次 $\hat{n}$，分别计算 $\mathrm{AIC}(\hat{n})=L\lg\hat{\sigma}_\xi^2+2\hat{n}$，将使 $\mathrm{AIC}(\hat{n})$ 的值最小的 $\hat{n}$ 作为模型的阶次。一般来说，这样得到的模型阶次比较接近系统的真实阶次。AIC 定阶法的 MATLAB 程序见 5.5 节。

5.5　离散系统定阶与仿真案例

设辨识对象为离散系统：

$$z(k)=-0.9z(k-1)-0.15z(k-2)-0.02z(k-3)+0.7u(k-1)-1.5u(k-2)+e(k)$$
$$e(k)=\lambda v(k)-1.0e(k-1)-0.41e(k-2)$$

式中，$u(k)$ 和 $z(k)$ 分别是输入与输出变量，$u(k)$ 是与 $e(k)$ 不相关的随机序列；$v(k)$ 是均值为 0、方差为 1 的不相关的随机噪声；$e(k)$ 是有色噪声；参数 $\lambda=1$。

在实际应用中，对于模型的阶次和纯时延，往往难以准确辨识，很多时候只能猜测。因此，可以先将系统模型设为待定形式，以便在后续的分析和实验中进行探索与确定。设系统模型为

$$y(k)=-\sum_{i=1}^{n}a_i y(k-i)+\sum_{i=1}^{n}b_i y(k-i)+\zeta(k)$$

式中，n 为模型的阶次；$\zeta(k)=C(z^{-1})e(k)=e(k)+c_1e(k-1)+c_2e(k-2)$。该模型的理想参数值为 $a_1=0.9$，$a_2=0.15$，$a_3=0.02$，$b_1=0.7$，$b_2=-1.5$，$c_1=1.0$，$c_2=0.41$。下面采用本章所提出的各种阶次检验法来确定模型的阶次。各种阶次检验法的 MATLAB 程序如下：

```
%%%%%%%%%损失函数法、F 检验法、AIC 法 MATLAB 程序%%%%%
clear
clc
close all;
%%%% 产生 M 序列
L=100;y1=1;y2=1;y3=1;y4=0;
for i=1:L+5;
    x1=xor(y3,y4);              %第 1 个移位寄存器的输入信号
    x2=y1;                      %第 2 个移位寄存器的输入信号
    x3=y2;                      %第 3 个移位寄存器的输入信号
    x4=y3;                      %第 4 个移位寄存器的输入信号
    yy(i)=y4;                   %第 4 个移位寄存器的输出，即 M 序列，幅值为“0”或“1”
if yy(i)>0.5;
  u(i)=-1;                      %M 序列的值为“1”时，辨识的输入取“-1”
else
  u(i)=1;                       %M 序列的值为 0 时，输入取 1
end
    y1=x1;y2=x2;y3=x3;y4=x4;%移位寄存器的输出序列
end
v=randn(L+5,1);                 %产生满足正态分布的白噪声
%%%%%%%%%产生理想辨识输出采样信号，用于辨识%%%%%%
y(3)=0;y(2)=0;y(1)=0;           %取 z 的前 3 个初始值为 0
for k=4:L+5;
  y(k) = -0.9*y(k-1) - 0.15*y(k-2) - 0.02*y(k-3) + 0.7*u(k-1) - 1.5*u(k-2)
+v(k);                          %理想辨识输出采样信号
end
Jie = 10;                       %程序的最大阶次
for n = 1:Jie                   %从阶次为 1 逐步循环到阶次为 10
    N = length(u) - n;          %用于辨识的样本个数
    Y(1:N,1) = y(n+1:length(u));
    for i = 1:N
        for j = 1:n
            fai(i,j) = -y(n+i-j);
            fai(i,n+j) = u(n+i-j);
        end
```

```
    end
    sita = inv(fai'*fai)*fai'*Y;     % 最小二乘估计未知参数
    Err = Y - fai*sita;             % 所用样本个数的广义残差
    J(n) = Err'*Err;                %损失函数
    AIC(n)=L*log( J(n)/N)+2*n;   %AIC 法指标值

end
tn(1)=0;
for n = 1:Jie-1                    %计算 t 统计量
    tn(n+1) = (J(n)-J(n+1))/J(n+1)*(N-2*n-3)/2;
end
tn(1)=tn(2)+1;                     %特意增加，以突出 n=1 时的 t 值比 n=2 时的 t 值大
disp('损失函数值');
J_n=J(1:10)
disp('F 检验法中的 t 值');
t_n=tn(1:10)
disp('AIC 法的 AIC 值');
AIC_value=AIC(1:10)
figure(1)
subplot(2,1,1);plot(1:Jie,J,'-*');grid on;
title('损失函数法判别模型的阶数');xlabel('n');ylabel('Jn');
subplot(2,1,2);plot(1:Jie,tn,'-*');grid on;
title('F 检验法判别模型的阶数');xlabel('n');ylabel('t');grid on;
figure(2)
plot(1:Jie,AIC,'-*');
title('AIC 法判别模型的阶数');xlabel('n');ylabel('AIC');grid on;
```

程序运行结果为：

```
损失函数值
J_n =  331.1562   105.4891   102.4879    99.4824   100.7723   102.9156   102.8587
100.9003   94.0632   95.8469
F 检验法中的 t 值
t_n =97.2661     96.2661      1.2885      1.2991     -0.5376     -0.8539       0.0222
0.7570    2.7621   -0.6886
AIC 法的 AIC 值
AIC_value = 117.8199     6.3879     6.4772     6.4860    10.7693    15.8790    18.8388
19.9422   15.9619 20.8876
```

损失函数法和 F 检验法、AIC 法定阶曲线分别如图 5-2、图 5-3 所示。

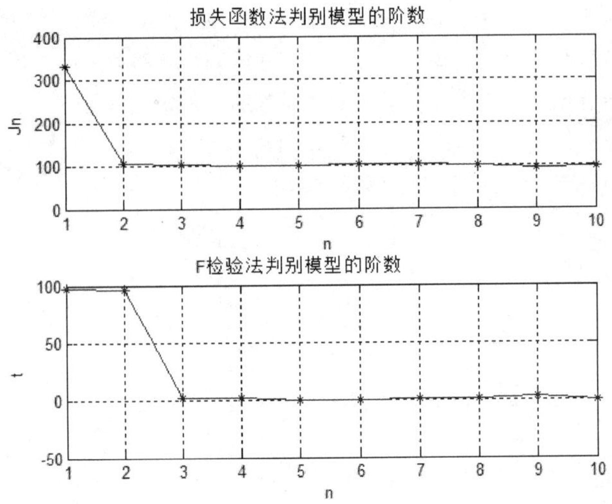

图 5-2　损失函数法和 F 检验法定阶曲线

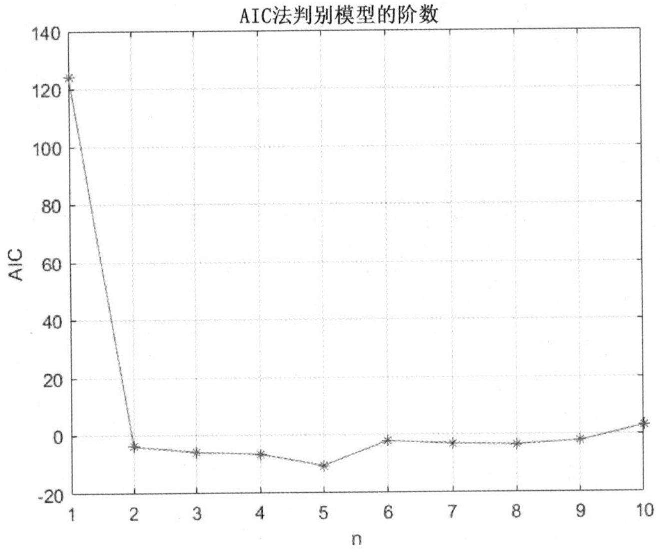

图 5-3　AIC 法定阶曲线

由图 5-2 和图 5-3 可知，当模型的阶次从 1 变化到 10 时，在 n=3 及以后，损失函数只有微小的下降，在 n=4 以后又出现上升的趋势，所以取 n=3 作为模型的阶次。

思　考　题

1．试述损失函数法的原理和步骤。

2．简述利用 AIC 法确定模型的阶次的步骤。

3．模型结构辨识和模型参数辨识的区别是什么？

第 6 章　基于遗传算法的参数辨识及其应用

系统参数辨识是实现系统精确控制、预测的关键环节，然而，目前针对复杂非线性系统的参数辨识算法研究面临诸多挑战。智能优化算法的提出，有效解决了复杂非线性系统的参数辨识问题。智能优化算法，也称为智能计算，是人工智能领域的一个关键方向。

智能优化算法通过模拟自然界生物的进化、觅食和筑巢等行为规律，形成一种群体迭代寻优的通用算法，这种通用算法不依赖于特定问题，能够应对传统优化算法难以处理的复杂非线性优化问题。通过智能优化算法的应用，可以实现对复杂非线性系统参数的高效辨识，进一步实现对系统的精确控制。

遗传算法起源于对生物系统进行的计算机模拟研究，其最早可以追溯到 20 世纪 40 年代，当时，研究人员开始探索如何利用计算机模拟生物的遗传与进化过程，以达到优化计算的目的。

在之后的 20 世纪 60 年代，美国密歇根大学的 Holland 教授及其学生受到了生物模拟技术的启发，创造性地提出了一种基于生物遗传和进化机制的自适应概率优化技术，即遗传算法。这种算法专门用于复杂系统的优化计算，它通过模拟生物的遗传和进化过程，达到寻找最优解的目的。

经过数十年的发展，遗传算法不断被改进，且已经广泛应用于各个领域，如优化问题求解、机器学习、图像处理等。遗传算法的优点在于能够根据问题特性自动调整搜索策略，并且具有较好的鲁棒性和通用性。

6.1　遗传算法的基本原理

遗传算法（Genetic Algorithm，GA）是一种通过模拟自然界遗传机制和生物进化论形成的并行随机搜索最优解的算法，该算法相对简单，可实现并行处理，并能得到全局最优解。达尔文的自然选择学说为遗传算法提供了基础，该学说包括以下三个方面：

首先，遗传是生物的重要特性，亲代将生物信息遗传给子代，子代通常具有与亲代相同或相似的性状。正是由于生物的遗传特性，才能保持物种的稳定存在。

其次，变异是生物界中普遍存在的现象。变异是随机发生的，它为生物多样性提供了基础。在遗传算法中，变异操作可以引入新的个体或新的编码，以增强种群的多样性。

最后，生存斗争和适者生存是自然界中普遍存在的现象。适应性强的个体在生存环境中被保留下来，适应性弱的个体则被淘汰。通过一代又一代的选择作用，个体的性状逐渐演变，形成新的物种。

遗传算法将“优胜劣汰，适者生存”的生物进化原理引入优化参数形成的编码串联群体中，在计算过程中，通过选择、交叉和变异等操作对个体进行筛选和优化，适应度高的个体被保留下来，并组成新的群体，这个新群体既继承了上一代的信息，又有所创新和变化，这样循环往复，群体中个体的适应度不断提高，直到满足预设的条件或达到终止条件。

遗传算法的特点可总结如下：

（1）遗传算法对参数的编码进行操作，而不对参数本身进行操作。在优化计算过程中，遗传算法借鉴了生物学中染色体和基因等概念，模仿了自然界中生物的遗传和进化等机理。

（2）遗传算法同时使用多个搜索点的搜索信息。传统的优化算法往往从解空间的单个初始点开始最优解的迭代搜索过程，而遗传算法从由多个个体组成的初始群体开始最优解的迭代搜索过程，具有隐含并行性，因此搜索效率较高。

（3）遗传算法直接将目标函数作为搜索方向。传统的优化算法需要利用目标函数值和目标函数的导数值等辅助信息才能确定搜索方向，而遗传算法仅使用与目标函数值对应的适应度函数值，即可确定进一步的搜索方向和搜索范围，无须其他辅助信息。

（4）遗传算法使用概率搜索技术。遗传算法中选择、交叉、变异等运算都是以概率搜索的方式进行的，因此搜索过程具有很高的灵活性。随着进化过程的深入，新的群体会产生许多新的优良个体。

（5）遗传算法在解空间进行高效启发式搜索，而非盲目地进行穷举或完全随机搜索。

（6）遗传算法对于待寻优的函数基本无限制，待寻优函数既可以是用数学解析式表示的显函数，又可以是用映射矩阵甚至神经网络表示的隐函数，因此遗传算法应用范围较广。

（7）遗传算法具有并行计算的特点，可通过大规模并行计算来提高计算速度，适合大规模复杂问题的优化。

遗传算法包含以下三种基本操作。

（1）选择操作（Selection Operator）。在遗传算法中，选择操作是其核心操作，它从现有种群中筛选出适应度高的个体，从而产生新的种群。具有高适应度的个体在下一代中更有可能产生一个或多个子孙。最简单的选择策略是随机选择法，即首先生成一个在[0,1]区间上服从均匀分布的随机数。如果设定的个体选择概率为40%，则当随机数落在区间[0.4,1]上时，该个体将被选择并参与进化过程，否则将被淘汰。

轮盘赌选择法和**锦标赛选择法**是最常用的选择策略。其中轮盘赌选择法的具体操作步骤如下：

第一步：用个体适应度值 $f(x_i)$ 除以所有个体适应度的叠加值 $\sum_{i=1}^{N} f(x_i)$，得到该个体在子代中出现的概率 $p(x_i) = f(x_i) \Big/ \sum_{i=1}^{N} f(x_i)$。

第二步：计算该个体之前所有个体出现的概率之和 $q(x_i) = \sum_{j=1}^{i} p(x_j)$，得到该个体出现的累积概率 $q(x_i)$。

第三步：产生一个[0,1]区间上的随机数 r，若 $r < q(x_1)$，则选择个体 x_1，否则，选择个体 x_k，使得 $q(x_{k-1}) < r \leqslant q(x_k)$ 成立。

第四步：重复以上步骤 M 次，则可选择 M 个个体构成子代种群。

锦标赛选择法是一种通过从种群中选取最佳个体来构建新的子代种群的方法。该方法的具体操作步骤如下：

第一步：确定每次选择的个体数量，通常以占种群中个体总数量的百分比来表示。

第二步：以相同的入选概率从种群中随机选择一定数量的个体组成一个子代种群。然后，比较每个个体的适应度值，选择适应度值最高的个体进入子代种群。

第三步：重复第二步多次，得到的个体构成新一代种群。

锦标赛选择法每次从随机选择的一定数量的个体中选择最好的个体进入子代种群。因此，该方法可以广泛应用于优化问题和最小化问题，无须将适应度值进行转换。

（2）交叉操作（Crossover Operator）。选择操作能够从旧种群中甄选出优秀者，但无法创建新的染色体。交叉操作模拟了生物进化过程中的繁殖现象，通过交换两个染色体的不同部分来生成新的优良品种。交叉操作的具体过程如下：从匹配池中随机选取两个染色体，再随机选择一个或多个交换点；交换双亲染色体交换点两边或中间的部分，以获得两个新的染色体。

交叉操作体现了自然界中信息交换的思想。交叉操作包括一点交叉、多点交叉、一致交叉、顺序交叉和周期交叉。一点交叉是最基本的方法，应用较为广泛，它是指染色体在某个特定点被切断，然后交换两个染色体被切断的部分以产生新的染色体。

例如：

染色体 A: 101100 1110 → 101100 0101

染色体 B: 001010 0101 → 001010 1110

对于十进制编码的遗传算法，在进行交叉操作时有两种方法：一种方法是将十进制编码转换成二进制编码后进行交叉操作，完成交叉操作后再转换为十进制编码；第二种方法是直接进行十进制交叉操作，交叉操作策略如下：

实数型变量的交叉操作：
$$\begin{cases} X_i^{\text{New}} = aX_i^{\text{Old}} + (1-a)X_j^{\text{Old}} \\ X_j^{\text{New}} = aX_j^{\text{Old}} + (1-a)X_i^{\text{Old}} \end{cases}$$

整数型变量的交叉操作：
$$\begin{cases} X_i^{\text{New}} = \text{round}[aX_i^{\text{Old}} + (1-a)X_j^{\text{Old}}] \\ X_j^{\text{New}} = \text{round}[aX_j^{\text{Old}} + (1-a)X_i^{\text{Old}}] \end{cases}$$

式中，a 为[0,1]内的随机数；$X_i^{\text{Old}}, X_j^{\text{Old}}$ 为父代用于交叉操作的个体；$X_i^{\text{New}}, X_j^{\text{New}}$ 为交叉操作后产生的子代个体。

例 1　设两个个体为 $X_1 = [1.0132,\ 0.9543,\ 0.9888,\ 5,\ 6]$，$X_2 = [1.0224,\ 0.9611,\ 0.9754,\ 3,\ 8]$，这两个个体进行交叉操作的步骤如下：

第一步：设产生的随机数为 0.5，大于交叉预设概率值 0.4，执行交叉操作。

第二步：采用 MATLAB 命令 $y = \text{rand}(1,5) > 0.4$ 随机生成含 5 个元素（元素为 0 或 1）的向量，若 y 值为[1,0,0,0,1]，则两个个体的第一个和最后一个基因进行交叉。

第三步：随机生成 a_1，假设生成的 $a_1 = 0.65$，则

1.0132 的更新值：0.65×1.0132+（1−0.65）×1.0224=1.01642

1.0224 的更新值：0.65×1.0224+（1−0.65）×1.0132=1.01918

随机生成a_2，假设$a_2=0.6$（是否另外生成，需要对比生成与不生成两种情况下最优解的好坏来选择），则

6 的更新值：0.6×6+(1−0.6)×8=6.8，向下取整后为 6

8 的更新值：0.6×8+(1−0.6)×6=7.2，向下取整后为 7

因此，交叉后X_1和X_2变为

$$X_1=[1.01642,\ 0.9543,\ 0.9888,\ 5,\ 6]$$

$$X_2=[1.01918,\ 0.9611,\ 0.9754,\ 3,\ 7]$$

（3）变异操作（Mutation Operator）。变异操作旨在模拟生物在自然遗传环境中，由各种随机因素导致的基因突变现象。它以较低的概率随机地改变遗传基因（表示染色体的符号串中的某一位）的值。在采用二进制编码表示染色体的系统中，变异操作随机地将其中的一个基因由 0 变为 1，或由 1 变为 0。

对于十进制编码的遗传算法，在执行变异操作时，可选择如下变异操作：

$$X_i^{\text{New}}=l_{\text{b}}+(X_i^{\text{Old}}-l_{\text{b}})\times\text{rand} \tag{6-1}$$

式中，l_{b}为变量的下界；rand 为[0,1]内的随机数。

如果仅有选择操作和交叉操作，而缺少变异操作，那么进化过程在早期就可能陷入局部最优，导致搜索过程终止，影响解的质量。为了在尽可能大的搜索空间中获得高质量的优化解，常需要引入变异操作。

6.2 遗传算法的构成要素及设计流程

6.2.1 遗传算法的构成要素

（1）染色体编码方法：基本遗传算法使用固定长度的二进制符号来表示群体中的个体，其等位基因由二值符号集$\{0,1\}$组成。初始个体的基因值可用均匀分布的随机数表示，如$x=100111001000101101$就可以表示一个个体，该个体的染色体长度是 18。

（2）个体适应度评价：基本遗传算法中个体适应度的取值决定当前群体中每个个体遗传到下一代群体中的概率。所有个体的适应度值必须为正数或 0，因此，在参数辨识时，必须先确定由目标函数值J到个体适应度值f之间的转换规则。

（3）遗传算子：基本遗传算法使用下述三种遗传算子。

① 选择操作：使用比例选择算子。

② 交叉操作：使用单点交叉算子。

③ 变异操作：使用基本位变异算子或均匀变异算子。

（4）基本遗传算法的运行参数：遗传算法需要提前设定下述四个运行参数。

M：群体大小，即群体中所含个体的数量，一般取值范围为 20～100。

G：遗传算法的终止进化代数，一般取值范围为 100～500。

P_{c}：交叉概率，一般取值范围为 0.4～0.99。

P_m：变异概率，一般取值范围为 0.0001～0.1。

6.2.2　遗传算法的设计流程

针对需要参数辨识的实际工程问题，遗传算法的设计流程如下：

第一步：明确决策变量的定义以及对应的约束条件，同时确定问题的解空间。

第二步：建立目标函数的数学模型，并明确其类型及具体的量化方法。

第三步：规定可行解的染色体编码方式，并确定个体基因型的具体表示方法，同时明确搜索空间的范围。

第四步：确定解码方法，即从个体基因型到个体表现型的对应关系或转换规则。

第五步：建立个体适应度的量化评价机制，明确目标函数与个体适应度之间的转换规则。

第六步：设计遗传算子，确定选择操作、交叉操作、变异操作需要使用的遗传算子。

第七步：确定遗传算法的运行参数，包括 M、G、P_c、P_m 等。

以上设计流程可以用图 6-1 来表示。

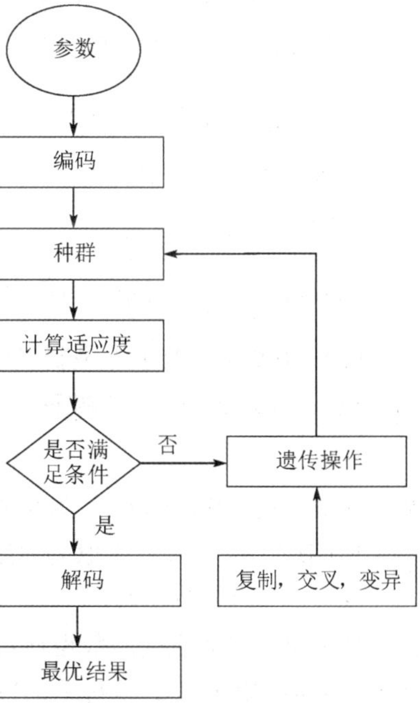

图 6-1　遗传算法设计流程图

6.3　遗传算法应用实例

例 2　利用遗传算法求 Rosenbrock 函数的极大值。

$$\begin{cases} f(x_1,x_2)=100(x_1^2-x_2)^2+(1-x_1)^2 \\ -2.048 \leqslant x_i \leqslant 2.048 \quad (i=1,2) \end{cases}$$

方法一：用二进制编码遗传算法求函数极大值。

（1）确定决策变量和约束条件：本题的决策变量为x_1和x_2，且这两个变量满足约束条件$-2.048 \leqslant x_i \leqslant 2.048$（$i=1,2$）。

（2）建立优化模型：本题的优化模型为目标函数$\max f(x_1,x_2)=100(x_1{}^2-x_2)^2+(1-x_1)^2$。

（3）确定编码方法：用长度为10位的二进制编码串分别表示两个决策变量x_1和x_2。10位二进制编码串可以表示0到1023之间的1024个不同的数，故将x_1和x_2的定义域离散化为1023个均等的区域，包括两个端点在内共有1024个不同的离散点。从离散点-2.048到离散点2.048，分别对应0000000000(0)到1111111111(1023)之间的二进制编码。

将分别表示x_1和x_2的两个10位的二进制编码串连接在一起，组成一个20位的二进制编码串，它就构成了这个函数优化问题的染色体编码。使用这种编码方法，解空间和遗传算法的搜索空间就具有了一一对应的关系。

例如，*x*: 0000110111　1101110001表示一个个体的基因型，其中前10位表示x_1，后10位表示x_2。

（4）确定解码方法：解码时需要将20位的二进制编码串切断为两个10位的二进制编码串，然后分别将它们转换为对应的十进制整数代码，分别记为y_1和y_2。由个体编码方法和对定义域的离散化方法可知，将代码y转换为变量x的解码公式为

$$x=(x_{\text{up}}-x_{\text{low}})\frac{y_i}{2^n-1}+x_{\text{low}} \tag{6-2}$$

式中，$x_{\text{up}}, x_{\text{low}}$分别为$x$的上、下界；$n$为单个决策变量的二进制长度。本算例中$x_{\text{low}}=-2.048$，$x_{\text{up}}=2.048$，$n=10$，则第$i$个决策变量的解码公式为

$$x_i=4.096\times\frac{y_i}{1023}-2.048 \quad (i=1,2) \tag{6-3}$$

例如，个体*x*: 0000110111　1101110001由两个二进制编码串组成，将其转换成对应的十进制整数代码为$y_1=55$，$y_2=881$，将这两个代码解码后，可得到两个决策变量的值$x_1=-1.828$，$x_2=1.476$。

（5）确定个体适应度的评价方法：由于Rosenbrock函数的值域总是非负的，并且优化目标是求函数的极大值，故可将个体的适应度函数直接取为对应的目标函数，即

$$F(x)=f(x_1,x_2) \tag{6-4}$$

正常情况下，当寻求极大值时，通常将适应度函数设计为与目标函数一致的形式；当寻求极小值时，将目标函数的倒数作为适应度函数，这样，通过优化适应度函数，间接地极小化原始目标函数。

$$F(x)=\frac{1}{J(x)} \tag{6-5}$$

（6）设计遗传算子：选择操作使用比例选择算子，交叉操作使用单点交叉算子，变异操作使用基本位变异算子。

（7）确定遗传算法的运行参数：群体大小M=80，终止进化代数G=100，交叉概率P_c=0.6，变异概率P_m=0.1。

上述7个步骤构成了求解Rosenbrock函数极大值的二进制编码遗传算法，其对应的

MATLAB 程序如下：

```
%求解函数极大值的遗传算法 MATLAB 程序
clear all;
close all;
%参数设置
Size=80;   G=100;   CodeL=10; umax=2.048; umin=-2.048;
E=round(rand(Size,2*CodeL));     %种群初始化
 %主程序
for k=1:1:G
time(k)=k;
for s=1:1:Size
m=E(s,:);y1=0;y2=0;
%解码
m1=m(1:1:CodeL);
for i=1:1:CodeL
     y1=y1+m1(i)*2^(i-1);
end
x1=(umax-umin)*y1/1023+umin;
m2=m(CodeL+1:1:2*CodeL);
for i=1:1:CodeL
    y2=y2+m2(i)*2^(i-1);
end
x2=(umax-umin)*y2/1023+umin;
F(s)=100*(x1^2-x2)^2+(1-x1)^2;
end
Ji=1./F;
%******第一步 : 估计最优指标 J ******
BestJ(k)=min(Ji);
fi=F;                                   %适应度函数
[Oderfi,Indexfi]=sort(fi);              %将适应度从小到大排序
Bestfi=Oderfi(Size);                    % Bestfi 取得适应度最大值，即 Bestfi=max(fi)
BestS=E(Indexfi(Size),:);               %让 BestS=E(m), m 是最优适应度对应的个体下标
bfi(k)=Bestfi;
%****** 第二步：选择和复制操作******
   fi_sum=sum(fi);
   fi_Size=(Oderfi/fi_sum)*Size;
   fi_S=floor(fi_Size);                 %选择适应度最大的值
   kk=1;
   for i=1:1:Size
      for j=1:1:fi_S(i)                 %选择和复制
         TempE(kk,:)=E(Indexfi(i),:);
         kk=kk+1;
      end
```

```
  end
%************ 第三步：交叉操作 ************
pc=0.60;
n=ceil(20*rand);
for i=1:2:(Size-1)
    temp=rand;
    if pc>temp                    %交叉条件
    for j=n:1:20
        TempE(i,j)=E(i+1,j);
        TempE(i+1,j)=E(i,j);
    end
    end
end
TempE(Size,:)=BestS;
E=TempE;
%************ 第四步：变异操作**************
%pm=0.001;
%pm=0.001-[1:1:Size]*(0.001)/Size; %适应度越大，变异概率越小
%pm=0.0;     %无变异
pm=0.1;      %大变异
    for i=1:1:Size
      for j=1:1:2*CodeL
         temp=rand;
         if pm>temp                    %变异条件
            if TempE(i,j)==0
               TempE(i,j)=1;
            else
               TempE(i,j)=0;
            end
        end
      end
  end
TempE(Size,:)=BestS;
E=TempE;
end
Max_Value=Bestfi
BestS
x1
x2
figure(1);
plot(time,BestJ);
xlabel('Times');ylabel('Best J');
figure(2);
```

```
plot(time,bfi);
xlabel('times');ylabel('Best F');
```

采用上述方法进行仿真，经过 100 步迭代，最优样本为

$$\text{Best } S = [0\,0\,0\,0\,0\,0\,0\,0\,0\,0\,0\,0\,0\,0\,0\,0\,0\,0\,0\,0\,0]$$

即当 $x_1 = -2.048$，$x_2 = -2.048$ 时，Rosenbrock 函数具有极大值，极大值为 3905.9。

方法二：用实数编码遗传算法求函数极大值。

（1）确定决策变量和约束条件：本题的决策变量为 x_1 和 x_2，且这两个变量满足约束条件 $-2.048 \leqslant x_i \leqslant 2.048$（$i = 1,2$）。

（2）建立优化模型：本题的优化模型为目标函数 $\max f(x_1, x_2) = 100(x_1^2 - x_2)^2 + (1 - x_1)^2$。

（3）确定编码方法：用两个实数分别表示两个决策变量，假设种群数为 Size，通过坐标变换，随机产生 Size 个在−2.048 到 2.048 之间的实数作为各决策变量的种群。两个决策变量要分两次分别产生种群。

（4）确定个体适应度的评价方法：个体的适应度直接取为对应的目标函数，即

$$F(x) = f(x_1, x_2) \tag{6-6}$$

（5）设计遗传算子：选择操作使用比例选择算子，交叉操作使用单点交叉算子，变异操作使用基本位变异算子。

（6）确定遗传算法的运行参数：群体大小 M=500，终止进化代数 G=200，交叉概率 P_c=0.9，采用自适应变异概率

$$P_m = 0.10 - [1:1:\text{Size}] \times 0.01/\text{Size} \tag{6-7}$$

即变异概率与适应度有关，适应度越小，变异概率越大。

上述 6 个步骤构成了求解 Rosenbrock 函数极大值的实数编码遗传算法，其对应的 MATLAB 程序如下：

```
%求解函数 f(x1,x2) 的遗传算法
clear all;
close all;
Size=500;CodeL=2;MinX(1)=-2.048;MaxX(1)=2.048;
MinX(2)=-2.048;MaxX(2)=2.048;
E(:,1)=MinX(1)+(MaxX(1)-MinX(1))*rand(Size,1);
E(:,2)=MinX(2)+(MaxX(2)-MinX(2))*rand(Size,1);

G=200;BsJ=0;
%*************** 开始运行 ***************
for kg=1:1:G
time(kg)=kg;
%****** 第一步：估计最优指标******
for i=1:1:Size
      xi=E(i,:);x1=xi(1);x2=xi(2);
      F(i)=100*(x1^2-x2)^2+(1-x1)^2;
      Ji=1./F;
```

```
        BsJi(i)=min(Ji);
end
[OderJi,IndexJi]=sort(BsJi);
BestJ(kg)=OderJi(1);
BJ=BestJ(kg);
Ji=BsJi+1e-10;                          %避免适应度值出现零
fi=F;
   [Oderfi,Indexfi]=sort(fi);           %将适应度从小到大排序
   Bestfi=Oderfi(Size);                 % Bestfi 取得适应度最大值，即 Bestfi=max(fi)
   BestS=E(Indexfi(Size),:);            %让 BestS=E(m), m 是最优适应度对应的个体下标
   bfi(kg)=Bestfi;
   kg
   BestS
%****** 第二步：选择和复制操作******
   fi_sum=sum(fi);
   fi_Size=(Oderfi/fi_sum)*Size;
   fi_S=floor(fi_Size);                 % 选择最大适应度值
   r=Size-sum(fi_S);
   Rest=fi_Size-fi_S;
   [RestValue,Index]=sort(Rest);
   for i=Size:-1:Size-r+1
      fi_S(Index(i))=fi_S(Index(i))+1;
   end
   k=1;
   for i=Size:-1:1
      for j=1:1:fi_S(i)
       TempE(k,:)=E(Indexfi(i),:);      %选择和复制
         k=k+1;
      end
   end
%************ 第三步：交叉操作 ************
    Pc=0.90;
    for i=1:2:(Size-1)
          temp=rand;
      if Pc>temp                        %交叉条件
          alfa=rand;
          TempE(i,:)=alfa*E(i+1,:)+(1-alfa)*E(i,:);
          TempE(i+1,:)=alfa*E(i,:)+(1-alfa)*E(i+1,:);
      end
    end
    TempE(Size,:)=BestS;
    E=TempE;
 %************ 第四步：变异操作**************
```

```
Pm=0.10-[1:1:Size]*(0.01)/Size;        %适应度值 fi 越大，变异概率 Pm 越小
Pm_rand=rand(Size,CodeL);
Mean=(MaxX + MinX)/2;
Dif=(MaxX-MinX);
    for i=1:1:Size
      for j=1:1:CodeL
         if Pm(i)>Pm_rand(i,j)          %变异条件
            TempE(i,j)=Mean(j)+Dif(j)*(rand-0.5);
         end
      end
   end
   TempE(Size,:)=BestS;
   E=TempE;
end
BestS
Bestfi
figure(1);
plot(time,BestJ,'k');
xlabel('Times');ylabel('Best J');
figure(2);
plot(time,bfi,'k');
xlabel('times');ylabel('Best F');
```

经过 200 步迭代，最优样本 Best $S=[-2.0438\quad -2.044]$，即当 $x_1=-2.0438$，$x_2=-2.044$ 时，函数具有极大值，极大值为 3880.3。

6.4　遗传算法的 MATLAB 模块化代码实现

下面以算例的形式给出遗传算法的 MATLAB 模块化代码。模块化代码与流程型遗传算法不同，模块化代码的主要思想是将遗传算法中的每一步操作都用一个 M 函数实现，整个遗传算法通过函数之间的调用来实现参数的辨识或优化。想要对遗传算法做改进，只需要修改对应操作的 M 函数，因此，模块化代码具有可移植性。

例 3　求下列函数的最大值

$$f(x)=10\sin(5x)+7\cos(4x),\ x\in[0,10]$$

将 x 的值用一个 10 位的二进制数表示为二值数，一个 10 位的二值数提供的分辨率是每位 $\dfrac{10-0}{2^{10}-1}\approx 0.01$，将变量域 $[0,10]$ 离散化为二值域 $[0,1023]$，$x=0+(10\times b)/1023$，其中 b 是 $[0,1023]$ 中的一个二值数。

下面给出遗传算法的 MATLAB 模块化代码。

6.4.1 初始化（编码）子程序（initpop.m 函数）的实现

initpop.m 函数的功能是实现群体的初始化，其中变量 popsize 表示群体的大小，变量 chromlength 表示染色体的长度（二值数的长度），长度大小取决于变量的二进制编码的长度（在本例中取 10 位）。

```
%Name:initpop.m  %初始化子程序名称
function pop=initpop(popsize,chromlength)
pop=round(rand(popsize,chromlength));
%rand 随机产生每个单元为 {0,1}，行数为 popsize，列数为 chromlength 的矩阵
% round 将矩阵的每个单元四舍五入为最近的整数
% pop 每个元素为 0 或 1 的矩阵，形成种群
>>  pop=initpop(2,10)
pop =
1    0    1    0    0    0    1    0    1    0
1    1    0    1    0    0    0    0    0    0
```

6.4.2 计算目标函数值

1. 将二进制数转化为十进制数的子程序 decodebinary.m 的实现

遗传算法子程序的名称为 decodebinary.m，该子程序将产生行向量$[2^n,2^{(n-1)}, \cdots ,1]$，然后求和，将二进制数转化为十进制数。

```
function pop2=decodebinary(pop)
[px,py]=size(pop);               %求 pop 的行数和列数
for i=1:py
pop1(:,i)=2.^(py-i).*pop(:,i);
end
pop2=sum(pop1,2);                %求 pop1 的每行之和
>> decodebinary(pop)
ans =
   650
   832
```

2. 将二进制编码转化为十进制编码的子程序（decodechrom.m 函数）的实现

decodechrom.m 函数的功能是将染色体（或二进制编码）转换为十进制编码，参数 spoint 表示待解码的二进制串的起始位置。（对于多个变量而言，如有两个变量，则采用 20 位表示，每个变量为 10 位，第一个变量从 1 开始，另一个变量从 11 开始。本例中为 1），参数 1ength 表示所截取的长度（本例中为 10）。

```
%Name: decodechrom.m                          %将二进制编码转化成十进制编码
function pop2=decodechrom(pop,spoint,length)
pop1=pop(:,spoint:spoint+length-1);        %从种群中选择某一个染色体
pop2=decodebinary(pop1);
```

```
>> pop2=decodechrom(pop,1,10)
pop2 =
   650
   832
```

3. **计算目标函数值的子程序（calobjvalue.m 函数）的实现**

calobjvalue.m 函数的功能是实现目标函数的计算，目标函数可根据不同优化问题予以修改。

```
%Name:calobjvalue.m                          %计算目标函数值
function [objvalue]=calobjvalue(pop,chromlength)
temp1=decodechrom(pop,1,chromlength);        %将 pop 的每一行转化成十进制数
x=temp1*10/1023;                             %将二值域中的数转化为变量域中的数
objvalue=10*sin(5*x)+7*cos(4*x);
>>[objvalue]=calobjvalue(pop,10)
objvalue =
        10.1828
        4.8268
```

6.4.3　计算个体适应度值的子程序 calfitvalue.m 的实现

```
% Name:calfitvalue.m          %计算个体的适应度值
function fitvalue=calfitvalue(objvalue)
global Cmin;
Cmin=0;
[px,py]=size(objvalue);      %py=1
for i=1:px
if objvalue(i)+Cmin>0
temp=Cmin+objvalue(i);
else
temp=0.0;
end
fitvalue(i)=temp;  %objvalue 中的元素正数保持不变，负数清零;fitvalue 默认为行向量
end
fitvalue=fitvalue';
>> fitvalue=calfitvalue(objvalue)
fitvalue =
        10.1828
        4.8268
```

6.4.4　选择复制子程序 selection.m 的实现

选择或复制操作决定哪些个体可以进入下一代。程序中采用轮盘赌选择法进行选择，这

种方法较易实现。

根据方程 $p_i = f_i / \sum f_i = f_i / f_{\text{sum}}$ ，选择步骤如下：

第一步：在第 t 代，计算 f_{sum} 和 p_i。

第二步：产生 {0,1} 的随机数 rand ，计算 $s=\text{rand}\times f_{\text{sum}}$ 。

第三步：求 $\sum f_i \geqslant s$ 中最小的 k，则第 k 个个体被选中。

第四步：进行 N 次第二步、第三步操作，得到 N 个个体作为第 $t=t+1$ 代种群。

```
% Name: selection.m                    %选择复制
function [newpop]=selection(pop,fitvalue)
totalfit=sum(fitvalue);                %求适应度值之和，sum 是指逐列求和
fitvalue=fitvalue/totalfit;            %单个个体被选择的概率归一化
fitvalue=cumsum(fitvalue);
%若 fitvalue=[1 2 3 4]'，则 cumsum(fitvalue)=[1 3 6 10]'为前 n 项和
[px,py]=size(pop);
ms=sort(rand(px,1));                   %一个从小到大排列的随机列向量
fitin=1;
newin=1;
while newin<=px
if (ms(newin))<fitvalue(fitin)
   newpop(newin,:)=pop(fitin,:);
   newin=newin+1;
else
   fitin=fitin+1;
end
end
```

6.4.5 交叉子程序 crossover.m 的实现

```
% Name: crossover.m              %交叉子程序
function [newpop]=crossover(pop,pc)
[px,py]=size(pop);
newpop=ones(size(pop));
for i=1:2:px-1
  if(rand<pc)
    cpoint=round(rand*py);
    newpop(i,:)=[pop(i,1:cpoint),pop(i+1,cpoint+1:py)];
    newpop(i+1,:)=[pop(i+1,1:cpoint),pop(i,cpoint+1:py)];
  else
    newpop(i,:)=pop(i);
    newpop(i+1,:)=pop(i+1);
  end
```

```
end
```

6.4.6　变异子程序 mutation.m 的实现

```
%Name:mutation.m                          %变异子程序
function [newpop]=mutation(pop,pm)
[px,py]=size(pop);
newpop=ones(size(pop));
for i=1:px
    if(rand<pm)
      mpoint=round(rand*py);  % mpoint 可能取 0、1、2…py
    if mpoint<=0
      mpoint=1;
  end
  newpop(i,:)=pop(i,:);
  if any(newpop(i,mpoint))==0
    newpop(i,mpoint)=1;
  else
    newpop(i,mpoint)=0;
  end
  else
    newpop(i,:)=pop(i,:);%每行至多变异一位
  end
end
```

6.4.7　求群体中最大的适应度值及其对应个体的子程序 best.m 的实现

```
% Name:best.m                              %求群体中最大的适应度值及其对应个体
function [bestindividual,bestfit]=best(pop,fitvalue)
[px,py]=size(pop);
bestindividual=pop(1,:);
bestfit=fitvalue(1);
for i=2:px
  if fitvalue(i)>bestfit
    bestindividual=pop(i,:);   %适应度值最大的个体
    bestfit=fitvalue(i);       %最大的适应度值
  end
end
```

6.4.8　主程序 genmain05.m 的实现

```
% Name:genmain05.m
```

```
clear all
clf                         %清除图形，一般用在画图之前
popsize=60;                 %群体大小
chromlength=10;             %字符串长度（个体长度）
pc=0.6;                                               %交叉概率
pm=0.001;                                             %变异概率
time=1000;                                            %time 为迭代次数
pop=initpop(popsize,chromlength);                     %随机产生初始群体
for i=1:time
    [objvalue]=calobjvalue(pop,chromlength); %计算目标函数
    fitvalue=calfitvalue(objvalue);           %计算群体中每个个体的适应度
    [newpop]=selection(pop,fitvalue);         %复制
    [newpop]=crossover(newpop,pc);            %对复制后的群体进行交叉
    [newpop]=mutation(newpop,pm);             %对交叉后的群体进行变异
    [objvalue]=calobjvalue(newpop,chromlength); %计算复制交叉变异后新种群的目标函数
    fitvalue=calfitvalue(objvalue);           %计算新群体中每个个体的适应度
    [bestindividual,bestfit]=best(newpop,fitvalue); %求出新群体中适应度值最大的个体
及其适应度值
    y(i)=bestfit;
    x(i)=decodechrom(bestindividual,1,chromlength)* 10/1023;
    pop=newpop;
end
fplot('10*sin(5*x)+7*cos(4*x)',[0 10])
hold on
display('计算最大值及其位置')
[yy index]=max(y)                                     %计算最大值及其位置
display('计算最大值对应的 x 值')
xx=x(index)                                           %计算最大值对应的 x 值
plot(xx,yy,'r*')
hold off
```

运行结果为

```
计算最大值及其位置
y =   16.9917
index =  5
计算最大值对应的 x 值
x = 1.5640
```

目标函数曲线及其最大值如图 6-2 所示。

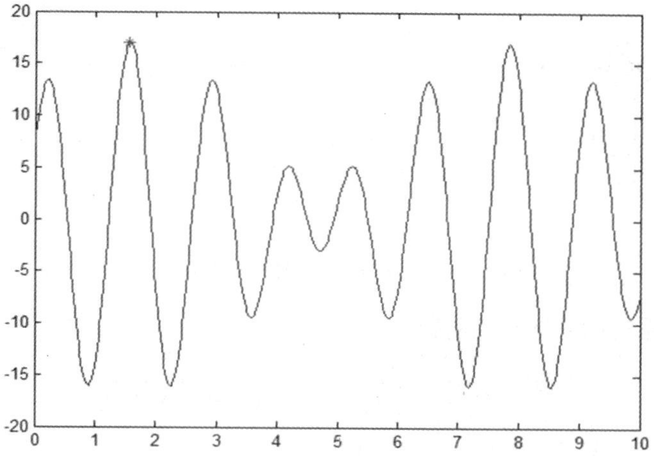

图 6-2　目标函数曲线及其最大值

6.5　直流伺服电机模型 PID 控制参数辨识仿真

6.5.1　直流伺服电机模型

直流伺服电机的模型如图 6-3 所示。

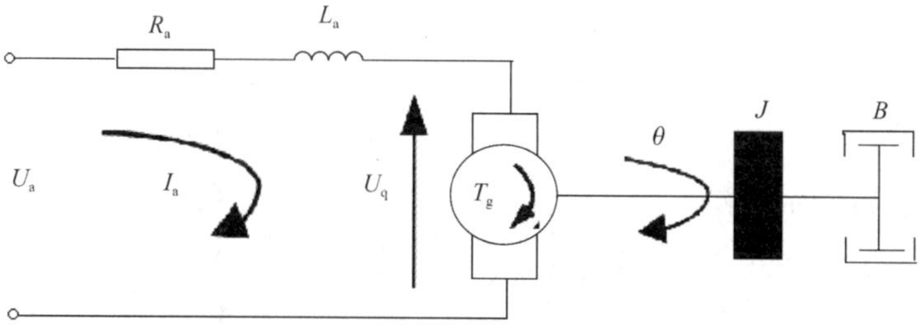

图 6-3　直流伺服电机的模型

图 6-3 中，U_a 为电枢输入电压（V），R_a 为电枢电阻（Ω），L_a 为电枢电感（H），U_q 为感应电动势（V），T_g 为电机电磁转矩（N·m），J 为转动惯量（kg·m²），B 为黏性阻尼系数（N·m·s），I_a 为流过电枢的电流（A），θ 为电机输出的转角（rad）。

利用基尔霍夫定律和牛顿第二定律得出电机基本方程，并对其进行拉普拉斯变换，得到

$$\begin{aligned}
&U_a(s)-U_q(s)=I_a(s)\cdot R_a+L_a s\cdot I_a(s)\\
&T_g(s)=Js^2\cdot\theta(s)+Bs\cdot\theta(s)\\
&T_g(s)=I_a(s)\cdot K_t\\
&U_q(s)=K_e s\cdot\theta(s)
\end{aligned}\tag{6-8}$$

式中，K_t 为电机的转动常数；K_e 为感应电动势常数。

设 $\Omega(s)=s\cdot\theta(s)$，则直流伺服电机模型的方框图如图 6-4 所示。

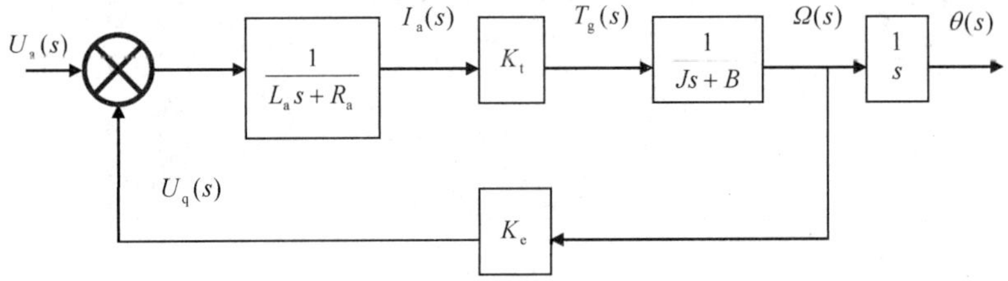

图 6-4 直流伺服电机模型的方框图

由图 6-4 得到系统的开环传递函数

$$G(s)=\frac{\theta(s)}{U_a(s)}=\frac{K_t}{[(L_a s+R_a)(Js+B)+K_t K_e]s} \tag{6-9}$$

设置电机系统的参数为

$$J=3.23\text{mg}\cdot\text{m}^2,\ B=3.51\mu\text{N}\cdot\text{m}\cdot\text{s},\ R_a=4\Omega,$$
$$L_a=2.75\mu\text{H},\ K_t=K_e=0.03(\text{N}\cdot\text{m})/\text{A}$$

在施加控制电压之前，直流伺服电机的电枢处于静止状态。当电枢受到阶跃电压作用后，由于电枢绕组具有电感特性，电枢电流不会立即增大，而需要经历一个电气过渡过程，相应地，电磁转矩的增大也需要一个过程。为了满足自动控制系统的快速响应需求，直流伺服电机的转速变化应当能够迅速跟随控制信号的变化，因此，这里所描述的系统要求在电压输入端输入单位阶跃电压（1V）后，直流伺服电机的转轴应能输出 1 rad 的转角，同时，该系统应满足以下条件：系统调节时间 $t_s < 40\text{ms}$，超调量 $\sigma\% < 15\%$，系统稳态误差 $e_{ss}=0$。

6.5.2 PID 校正

选择如下的 PID 控制器：

$$G_c(s)=K_p+\frac{K_i}{s}+K_d s \tag{6-10}$$

式中，参数 K_p、K_i、K_d 分别为 PID 控制器的比例系数、积分系数、微分系数。本次仿真 PID 参数取值为

$$K_p=15,\ K_i=0.8,\ K_d=0.6 \tag{6-11}$$

MATLAB 程序如下：

```
clear all
clc
close all
J=3.23E-6;B=3.51E-6;Ra=4;La=2.75E-6;Kt=0.03;
num= Kt;
den=[(J*La) ((J*Ra)+(La*B)) ((B*Ra)+Kt*Kt) 0];
t=0:0.001:0.2;
step(num,den,t);
hold on
Kp=15;Ki=0.8;Kd=0.6;
```

```
numcf=[Kd Kp Ki];
dencf=[1 0];
numf=conv(numcf,num);
denf=conv(dencf,den);
[numc,denc]=cloop(numf,denf);
t=0:0.001:0.04;
step(numc,denc,t);
```

仿真结果（系统阶跃响应）如图 6-5 所示。

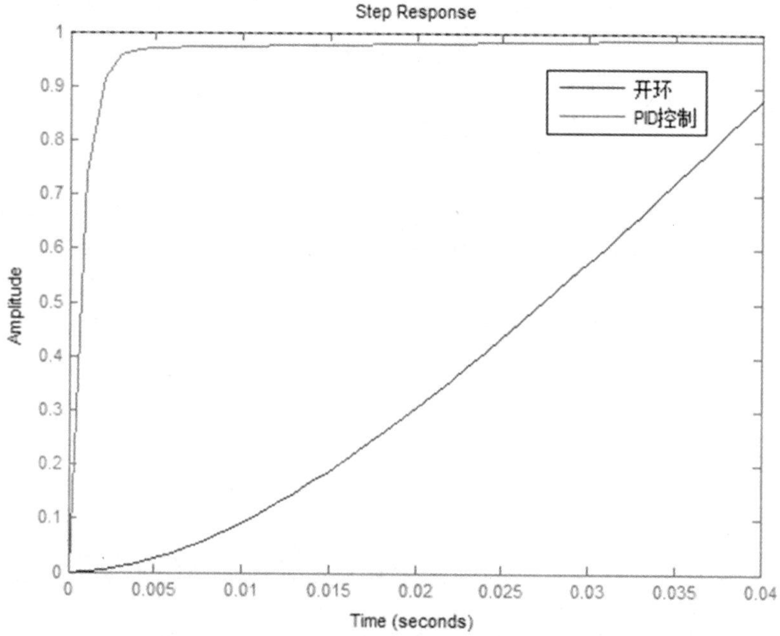

图 6-5 系统阶跃响应（K_p=15，K_i=0.8，K_d=0.6）

根据 MATLAB 仿真结果，发现系统输出在 PID 控制器的作用下并不能完全跟踪单位阶跃响应曲线。这表明不合适的 PID 参数无法满足控制系统的要求，因此需要对 PID 参数进行优化。

6.5.3 利用遗传算法进行 PID 参数优化

1. 相关参数的设置

选择遗传代数为 100，种群大小为 30，变量维数为 3，其中$10 \leqslant K_p \leqslant 20$，$0 \leqslant K_i \leqslant 1$，$0 \leqslant K_d \leqslant 1$，要求精度达到0.0001，二进制编码串长度为17，则 K_p 的精度为$(20-10)/(2^{17}-1)$，K_i, K_d 的精度为$(1-0)/(2^{17}-1)$，选择概率为 0.9，交叉概率为 0.6，变异概率为 0.01。

2. PID 控制器

计算机控制是一种采样控制，仅能根据采样时刻的偏差值来计算控制量，因此，连续的 PID 控制算法不能直接应用，需要对其进行离散化处理。在计算机 PID 控制中，使用的是增量式 PID 控制器，增量式 PID 控制是一种数字控制策略，其输出仅为控制量的增量 $\Delta u(k)$。当执行机构需要产生控制量的增量时，应采用增量式 PID 控制。增量式 PID 控制系统结构图如图 6-6 所示。

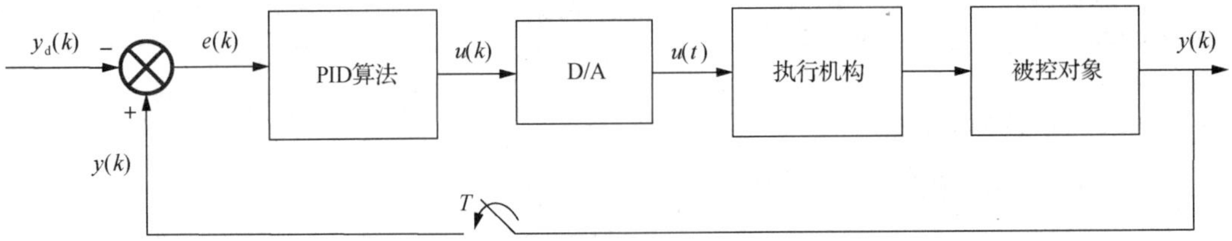

图 6-6　增量式 PID 控制系统结构图

在用离散时间点 kT（T 为采样周期）代表连续时间 t 的情况下，通过近似变换来实现离散化。

$$
\begin{aligned}
& t = kT \\
& \int_0^t e(t)\mathrm{d}t \approx T\sum_{j=0}^{k} e(j) \\
& \frac{\mathrm{d}e(t)}{\mathrm{d}t} \approx \frac{e(k)-e(k-1)}{T}
\end{aligned}
\tag{6-12}
$$

可得离散的 PID 表达式：

$$
u(k-1) = K_{\mathrm{p}}e(k-1) + K_{\mathrm{i}}T\sum_{j=0}^{k-1} e(j) + K_{\mathrm{d}}\frac{e(k-1)-e(k-2)}{T} \tag{6-13}
$$

增量式 PID 控制算法：

$$
\Delta u(k) = K_{\mathrm{p}}[e(k)-e(k-1)] + K_{\mathrm{i}}e(k)T + K_{\mathrm{d}}\frac{e(k)-2e(k-1)+e(k-2)}{T} \tag{6-14}
$$

增量式 PID 控制算法在实现过程中无须进行多次累加，其控制增量仅与最近三次的采样数据有关，因此，当发生误动作时，对系统的影响相对较小。

3. 适应度函数的设计

PID 控制优化设计的目标是实现系统特定性能指标的最优化，然而，单独依赖误差性能指标难以同时满足系统对快速性、稳定性和鲁棒性的需求，因此，在适应度函数中引入超调量、上升时间和累计绝对误差指标项是必要的，这些指标项的引入有助于更全面地评估系统性能，并确保系统在快速性、稳定性和鲁棒性方面均满足要求。

设 $\sigma\% = (|y_{\mathrm{p}} - y_{\mathrm{ref}}|/y_{\mathrm{ref}})\times 100\%$ 为系统的超调量，y_{p} 和 y_{ref} 分别为输出峰值和输入参考值；t_{r}^{*} 为上升时间，将其定义为输出从 0 至第 1 次达到 0.95 y_{ref} 的时间；$e_k = y(k) - y_{\mathrm{ref}}$ 为采样时刻 k 的输出误差；w_j（j=1,2,3）为权重系数，则多目标适应度函数为

$$
f = w_1\sigma\% + w_2 t_{\mathrm{r}}^{*} + w_3\sum_{k=1}^{n}|e_k| \tag{6-15}
$$

通过对权重系数的调整，可以满足系统对快速性和稳定性的需求。例如，若系统要求较小的超调量，可以适当增大权重系数 w_1；若系统要求快速的动态响应，则可以适当增大权重系数 w_2。

针对直流伺服电机系统 PID 控制参数寻优问题，为了获取满意的过渡过程动态特性，首先，将采样时间设定为 1ms；其次，采用误差绝对值时间积分性能指标作为参数选择的目标函数。为了防止控制量过大，在目标函数中引入了控制输入的平方项，此时参数优化的目标函数为

$$J=\int_0^{+\infty}[0.999|e(t)|+0.001u^2(t)]\mathrm{d}t+2t_{\mathrm{u}} \tag{6-16}$$

式中，$e(t)$ 为系统偏差；$u^2(t)$ 为 PID 控制器输出；t_{u} 为上升时间。

为了防止出现超调现象，进一步引入对超调的惩罚，此时优化目标为

$$J=\int_0^{+\infty}[0.999|e(t)|+0.001u^2(t)+100|e(t)|]\mathrm{d}t+2t_{\mathrm{u}} \quad (e(t)<0)$$

J 值越小，对应的 PID 参数越合适，但是，由于遗传算法优化过程中适应度函数的值越大越好，所以需要对 J 进行简单变形，从而得到遗传算法的适应度函数：

$$f=\frac{1}{J} \tag{6-17}$$

基于遗传算法调整参数的 PID 控制系统的结构图如图 6-7 所示。

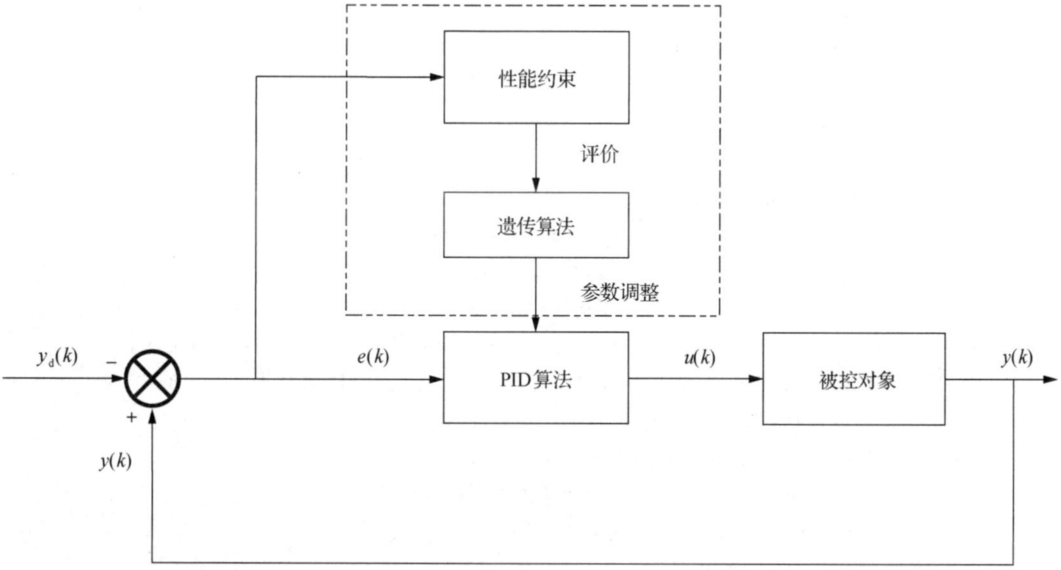

图 6-7 基于遗传算法调整参数的 PID 控制系统的结构图

4. 仿真程序

用遗传算法优化 PID 参数的主程序如下：

```
%PID 参数寻优的遗传算法
clear all;
close all;
clc
global yd y timef
format long
Size=30;  %种群大小
```

```
CodeL=3;  %变量维数

MinX(1)=zeros(1);%PID三个参数的取值范围
MaxX(1)=20.0*ones(1);  MinX(2)=zeros(1); MaxX(2)=1.0*ones(1);
MinX(3)=zeros(1); MaxX(3)=1.0*ones(1);
TempE=zeros(30,3);%产生一个30行3列的矩阵
Kpid(:,1)=MinX(1)+(MaxX(1)-MinX(1))*rand(Size,1);%取值为0到1的随机数，产生初始种群
Kpid(:,2)=MinX(2)+(MaxX(2)-MinX(2))*rand(Size,1);
Kpid(:,3)=MinX(3)+(MaxX(3)-MinX(3))*rand(Size,1);
G=100;%100代进化
BsJ=0;%最优指标初始值
%*************** 开始运行***************
for kg=1:1:G
   time(kg)=kg;
%****** 第 步：估计最优指标******
for i=1:1:Size
  Kpidi=Kpid(i,:);
   [Kpidi,BsJ]=pidf(Kpidi,BsJ);%调用m函数
  BsJi(i)=BsJ;
end
[OderJi,IndexJi]=sort(BsJi);      %避免分母为零
BestJ(kg)=OderJi(1); BJ=BestJ(kg);
Ji=BsJi+1e-10;                    %避免目标函数值为零
fi=1./Ji;                         %转换为适应度函数
[Oderfi,Indexfi]=sort(fi);        %将适应度值从小到大排列
Bestfi=Oderfi(Size);              %Bestfi取得适应度最大值，即 Bestfi=max(fi)
BestS=Kpid(Indexfi(Size),:);      %让BestS=E(m), m 是最优适应度对应的个体下标
 %****** 第二步：选择和复制操作******
  fi_sum=sum(fi);     fi_Size=(Oderfi/fi_sum)*Size;
  fi_S=floor(fi_Size);            % 选择最大的适应度值
  r=Size-sum(fi_S);   Rest=fi_Size-fi_S;
  [RestValue,Index]=sort(Rest);
  for i=Size:-1:Size-r+1
     fi_S(Index(i))=fi_S(Index(i))+1;
  end
  k=1;
  for i=Size:-1:1
     for j=1:1:fi_S(i)
        TempE(k,:)=Kpid(Indexfi(i),:);      % 选择与复制
        k=k+1;
     end
  end
  E=TempE;
```

```
%************ 第三步：交叉操作 ************
    Pc=0.90; %交叉概率
    for i=1:2:(Size-1)
         temp=rand;
      if Pc>temp                              %交叉条件
         alfa=rand;
         TempE(i,:)=alfa*Kpid(i+1,:)+(1-alfa)*Kpid(i,:);
         TempE(i+1,:)=alfa*Kpid(i,:)+(1-alfa)*Kpid(i+1,:);
      end
    end
    TempE(Size,:)=BestS;
    Kpid=TempE;
%************第四步：变异操作 **************
Pm=0.10-[1:1:Size]*(0.01)/Size;           % 适应值 fi 越大，变异概率 Pm 越小
Pm_rand=rand(Size,CodeL);
Mean=(MaxX + MinX)/2;
Dif=(MaxX-MinX);
   for i=1:1:Size
      for j=1:1:CodeL
         if Pm(i)>Pm_rand(i,j)             %变异条件
           TempE(i,j)=Mean(j)+Dif(j)*(rand-0.5);
         end
      end
   end
   TempE(Size,:)=BestS;
   Kpid=TempE;
end
Bestfi
 display('最优 PID 参数')
BestS
 display('最优 PID 控制器下的目标函数值')
Best_J=BestJ(G)
figure(1);
plot(time,BestJ,'r','linewidth',2);
xlabel('Times');ylabel('Best J');
figure(2);
plot(timef,yd,'r',timef,y,'b:','linewidth',2);
xlabel('Time(s)');ylabel('yd,y');
legend('Ideal position signal','Position signal tracking');
```

PID 控制子程序：

```
function [Kpidi,BsJ]=pidf(Kpidi,BsJ)
global yd y timef
```

```
ts=0.001;%采样时间
sys=tf(0.03,[8.8825e-12,1.2920e-05,9.1404e-04,0]);  %目标函数
dsys=c2d(sys,ts,'z');                       %把传递函数离散化
[num,den]=tfdata(dsys,'v');                 %离散化后提取分子、分母
u_1=0.0;  u_2=0.0;%只有 U_1 是初始状态值，而 U_2 是用来传递 U(k)的，所以 U_2 是 U_1 在下一个 ts 时间内的值
y_1=0.0;  y_2=0.0;
x=[0,0,0]';                                 %PID 的 3 个参数 Kp、Ki、Kd 组成的数组
B=0;
error_1=0;                                  %初始误差
tu=1;s=0;P=100;                             %仿真时间 100m
for k=1:1:P
   timef(k)=k*ts;   yd(k)=1.0;
   u(k)=Kpidi(1)*x(1)+Kpidi(2)*x(2)+Kpidi(3)*x(3);
   if u(k)>=10                              %防止积分饱和
      u(k)=10;
   end
   if u(k)<=-10
      u(k)=-10;
   end
   y(k)=-den(2)*y_1-den(3)*y_2+num(2)*u_1+num(3)*u_2;%:
   error(k)=yd(k)-y(k);
%------------ 返回 pid 参数 -------------
  u_2=u_1; u_1=u(k); y_2=y_1;y_1=y(k);
   x(1)=error(k);                           % 计算 P
   x(2)=(error(k)-error_1)/ts;              % 计算 D
   x(3)=x(3)+error(k)*ts;                   % 计算 I
   error_2=error_1; error_1=error(k);
if s==0
   if y(k)>0.95&y(k)<1.05
      tu=timef(k);     s=1;
   end
end
end
for i=1:1:P                                 % 计算目标函数 J 的公式实现
   Ji(i)=0.999*abs(error(i))+0.01*u(i)^2*0.1;   B=B+Ji(i);
  if i>1
   erry(i)=y(i)-y(i-1);
   if erry(i)<0
      B=B+100*abs(erry(i));
   end
  end
```

```
end
BsJ=B+0.2*tu*10;
```

程序运行结果：

```
最优 PID 参数
BestS =18.775919546919049   0.109372737443415   0.025712629223127
最优 PID 控制器下的目标函数值
Best_J = 9.784274697383491
```

仿真结果如图 6-8 和图 6-9 所示。

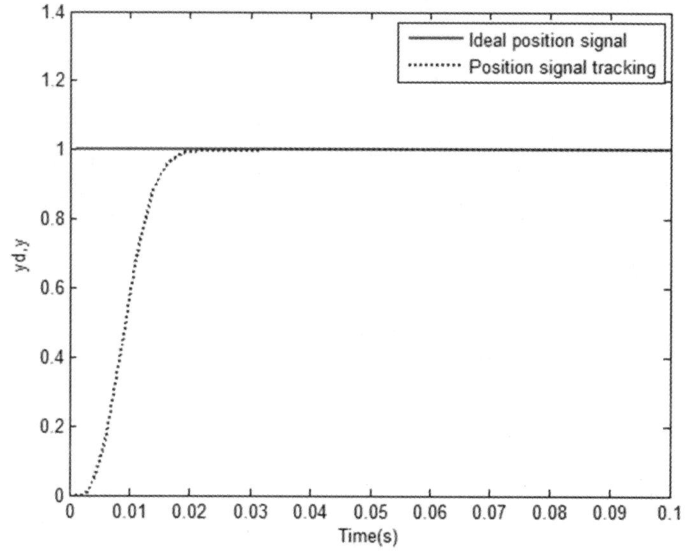

图 6-8　最优 PID 参数优化时的阶跃响应

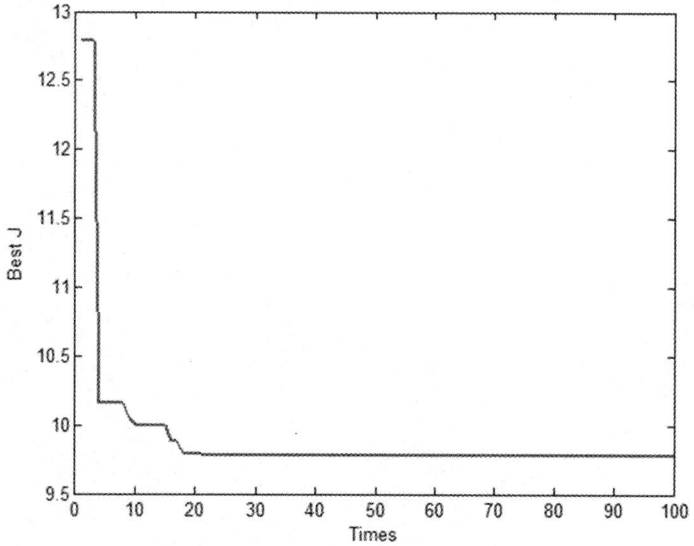

图 6-9　最优 J 随进化代数的变化曲线

思 考 题

1．遗传算法的基本原理是什么？

2．辨识的目标和遗传算法的优化目标函数之间有什么关系？

3．遗传算法中个体的编码方式有哪些？

4．遗传算法中的遗传算子可能对算法产生哪些影响？

第7章 基于差分进化算法的参数辨识及其应用

差分进化算法（Differential Evolution algorithm, DE）是由Storn和Price于1995年首次提出的一种基于群体的自适应全局优化算法，属于演化算法的一种。该算法具有结构简单、容易实现、收敛快速、鲁棒性强等特点，主要用于求解优化问题，也常用于被控系统中控制参数的寻优。

差分进化算法的基本思想来源于遗传算法，通过模拟遗传算法中的交叉、变异、复制等操作来设计算子。与遗传算法一样，差分进化算法也是一种基于现代智能理论的优化算法，通过群体内个体之间的相互合作与竞争所产生的群体智能来指导优化搜索的方向。

该算法的基本思想如下：从一个随机产生的初始种群开始，把种群中任意两个个体的向量差与第三个个体求和以产生新个体，然后将新个体与当代种群中相应的个体相比较，如果新个体的适应度优于当前个体的适应度，则在下一代中用新个体取代旧个体，否则仍保留旧个体。通过不断地进化，保留优良个体，淘汰劣质个体，引导搜索向最优解逼近。

差分进化算法和遗传算法的相同点在于它们都随机生成初始种群、以种群中个体的适应度为选择个体的标准，并且主要过程都包括选择、交叉和变异三种操作。然而，差分进化算法的变异向量是由父代差分向量生成的，与父代个体向量交叉生成新个体向量，新个体与父代个体一起被选择。

7.1 差分进化算法的基本原理和案例仿真

7.1.1 差分进化算法的基本原理

差分进化算法首先在N维可行解空间随机生成初始种群$\boldsymbol{X}^0=[\boldsymbol{x}_1^0,\boldsymbol{x}_2^0,\cdots,\boldsymbol{x}_{N_\mathrm{p}}^0]$，其中个体$\boldsymbol{x}_i^0=[x_{i1}^0,x_{i2}^0,\cdots,x_{iN}^0]^\mathrm{T}$是一个向量，$x_{ij}^0$代表每个个体中的基因，“0”表示第0代，$N_\mathrm{p}$为差分进化种群规模。每个个体代表解空间内的一个解，而基因代表解的各个分量（和遗传算法一样，遗传算法的每个个体的染色体二进制编码代表一个解）。

差分进化算法的核心思想在于采取变异和交叉操作生成试验种群，然后对试验种群进行适应度评估，再通过贪婪思想的选择机制，将原种群和试验种群进行一对一比较，择优进入下一代。

基本差分进化算法主要包括变异、交叉和选择三种操作。首先，在种群中随机选取三个个体进行变异操作：

$$\boldsymbol{v}_i^{t+1}=\boldsymbol{x}_{\mathrm{r}1}^t+F(\boldsymbol{x}_{\mathrm{r}2}^t-\boldsymbol{x}_{\mathrm{r}3}^t) \tag{7-1}$$

式中，$\boldsymbol{v}_i^{t+1}$ 表示变异后得到的个体；t 表示种群代数；F 为变异系数，一般取(0,2]内的值，它的大小可以决定种群分布情况，使种群在全局范围内进行搜索；$\boldsymbol{x}_{r1}^t$、$\boldsymbol{x}_{r2}^t$、$\boldsymbol{x}_{r3}^t$ 为从种群中随机抽取的三个不同的个体。

其次，将变异种群和原种群进行交叉操作：

$$u_{i,j}^{t+1}=\begin{cases} v_{i,j}^{t+1} & \text{rand}(j)\leqslant \text{CR或}\ j=\text{rand}(i) \\ x_{i,j}^{t} & \text{rand}(j)>\text{CR且}\ j\neq \text{rand}(i) \end{cases} \tag{7-2}$$

式中，$u_{i,j}^{t+1}$ 表示交叉后得到的种群；$\text{rand}(j)$ 为[0,1]内的随机数，j 表示个体的第 j 个分量；CR 为交叉概率；$\text{rand}(i)$ 为 $[1,2,\cdots,N]$ 内的随机量，用于保证新个体至少有一维分量由变异个体贡献。

最后，差分进化算法通过贪婪选择模式，从原种群和试验种群中选择适应度更高的个体进入下一代：

$$\boldsymbol{x}_i^{t+1}=\begin{cases} \boldsymbol{u}_i^{t+1} & f(\boldsymbol{u}_i^{t+1})<f(\boldsymbol{x}_i^t) \\ \boldsymbol{x}_i^t & f(\boldsymbol{u}_i^{t+1})\geqslant f(\boldsymbol{x}_i^t) \end{cases} \tag{7-3}$$

式中，$f(\boldsymbol{u}_i^{t+1})$、$f(\boldsymbol{x}_i^t)$ 分别为 $\boldsymbol{u}_i^{t+1}$ 和 $\boldsymbol{x}_i^t$ 的适应度。当试验个体 $\boldsymbol{u}_i^{t+1}$ 的适应度优于 $\boldsymbol{x}_i^t$ 时，试验个体取代原个体，反之舍弃试验个体，保留原个体。

差分进化算法的流程图如图 7-1 所示。

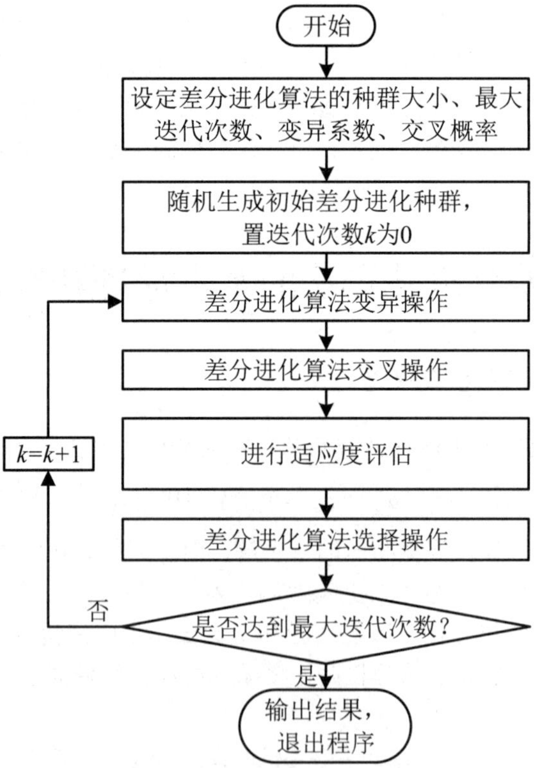

图 7-1　差分进化算法的流程图

对于差分进化算法等智能寻优算法，通常会以种群中的个体为对象，实施一系列的交叉、变异操作。这些操作可能导致种群中个体的某些属性（决策变量的取值）超出预设的范围。因此，在上述操作后，需要对种群进行边界条件检查和处理。当遇到处于边界之外的个体时，一般有以下两种处理方式。

（1）边界吸收：假设 x 的范围是$(x_{\min}, x_{\max})$，x' 是经过变异或交叉操作后所得的新个体，则新个体的边界条件检查和处理规则为

$$x' = \begin{cases} x_{\min} & x' < x_{\min} \\ x_{\max} & x' > x_{\max} \end{cases} \tag{7-4}$$

（2）重新随机生成新的个体：

$$x' = \begin{cases} x_{\min} + \text{rand}(x_{\max} - x_{\min}) & x' < x_{\min} \text{ 或 } x' > x_{\max} \\ x' & \text{其他} \end{cases} \tag{7-5}$$

7.1.2　基于差分进化算法的参数寻优案例仿真

利用差分进化算法求下列函数在 $x \geqslant -4$，$y \leqslant 4$ 时的最小值：

$$f(x,y) = -20\mathrm{e}^{-0.2\sqrt{(x^2+y^2)/2}} - \mathrm{e}^{[\cos(2\pi x)+\cos(2\pi y)]/2} + 20 + \mathrm{e}$$

通过理论求解可知，该函数在 $x^*=y^*=0$ 处取得最小值。利用 MATLAB 编写代码如下：

```
% 使用差分进化算法计算函数 f = @(x,y) -20.*exp(-0.2.*sqrt((x.^2+y.^2)./2))-
exp((cos(2.*pi.*x)+cos(2.*pi.*y))./2)+20+exp(1) 在区间[-4,4]上的最小值
% 它真正的最小值点是(0,0)
clear
clc
N = 20;                 %设置种群数量
F = 0.5;                %设置差分变异系数
P_cr = 0.5;             %设置交叉概率
T = 100;                %设置最大迭代次数
f = @(x,y) -20.*exp(-0.2.*sqrt((x.^2+y.^2)./2))-exp((cos(2.*pi.*x)+cos(2.*pi.
*y))./2)+20+exp(1); %定义目标函数
%种群初始化
population = -4 + rand(N,2).*8;
t = 0;
%开始迭代
while t < T
    %变异
    H_pop = [];
    for i = 1:N
        index = round(rand(1,3).*19)+1;
        add_up = population(index(1),:) + F.*(population(index(2),:)-population
(index(3),:));
        H_pop = [H_pop; add_up];
```

```
    end
    %交叉
    V_pop = H_pop;
    for i = 1:N
        for j = 1:2
            if rand > P_cr
                V_pop(i,j) = population(i,j);
            end
        end
    end
    %选择
    for i = 1:N
        f_old = f(population(i,1),population(i,2));
        f_new (i)= f(V_pop(i,1),V_pop(i,2));
        if f_new(i) < f_old %新值比旧值小，则替换
            population(i,:) = V_pop(i,:);
        end
    end
    f_best=min(f_new);  %记忆所有函数值的最小值为最优函数值
    %更新 t 值
 t = t + 1;
 ff_best(t)=f_best;
end
display('最后一代所有种群的值')
population;                 % 去掉分号，可显示结果
display('最优解(最后一代所有种群的均值)')
population_bset=mean(population)
display('最优解对应的最小值')
ff1_best=ff_best(end)
plot(1:T,ff_best,'--')
xlabel('迭代次数');ylabel('最小函数值');
```

输出结果如下：

```
最优解(最后一代所有种群的均值)
population_bset = 1.0e-07 *
                    0.1661   -0.0879
最优解对应的最小值
  ff1_best =  1.8409e-08
```

可见，通过差分进化算法得到的最优解为 $x=0.1661\times10^{-7}, y=-0.0879\times10^{-7}$，最优解对应的函数值为 $f=1.8409\times10^{-8}$，非常接近理想最优解 $x^*=y^*=0$。最小函数值与迭代次数的关系图如图 7-2 所示。

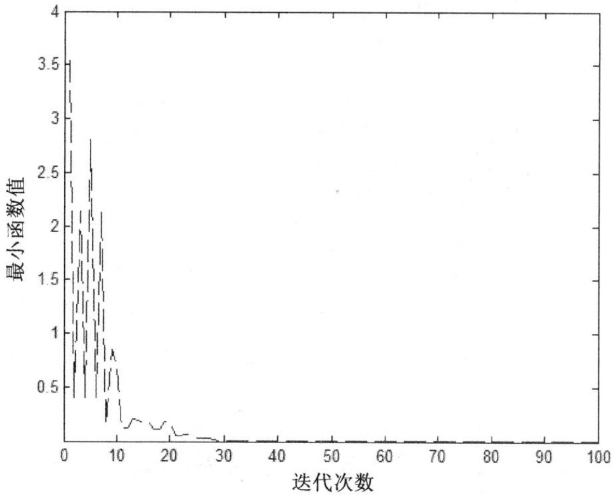

图 7-2　最小函数值与迭代次数的关系图

7.2　自适应变异系数的改进差分进化算法

7.2.1　差分进化算法存在的问题

1. 早熟收敛

图 7-3 和图 7-4 分别给出一个多峰函数的三维图及其最优解的分布情况，从图中可以看出，一旦在某代出现个体收敛到局部最优解，则新个体很难跳出该局部最优解，使得差分进化算法陷于早熟收敛。

导致早熟收敛的主要因素包括以下三个方面：

（1）种群规模过小，导致种群多样性降低，有利“基因”出现的概率降低，无法生成更优的个体，从而进入局部收敛。这意味着种群多样性的降低会限制算法找到更优解的能力，从而使算法过早收敛于局部最优解。

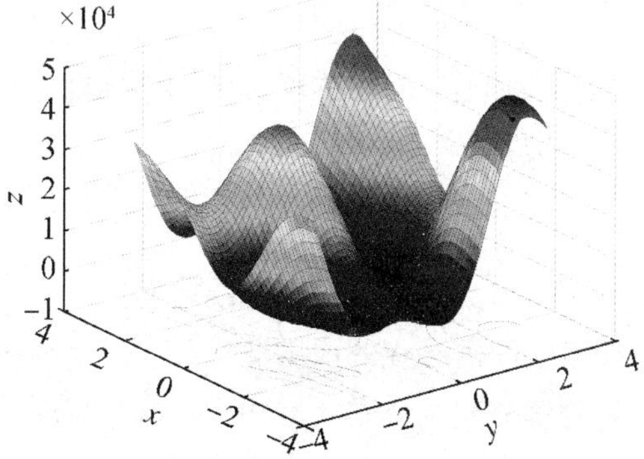

图 7-3　多峰函数的三维图

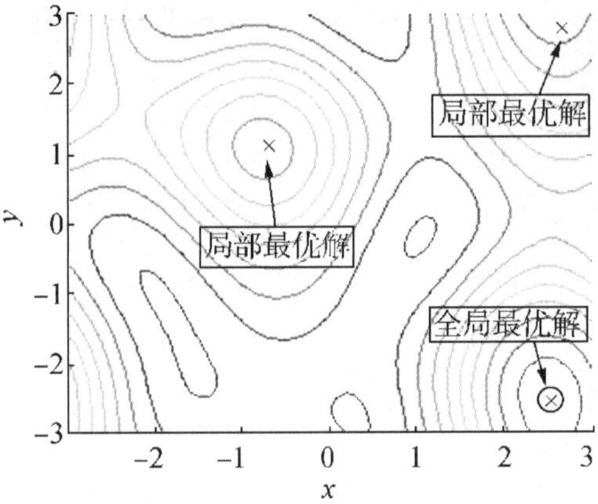

图 7-4 多峰函数最优解的分布情况

（2）尽管已有较优的参数区间可供参考，但还是要根据具体优化问题确定更优的参数值，参数设置不当会影响算法的收敛性能。这意味着在设置算法参数时，需要根据具体问题的特点来调整参数，以获得更好的收敛性能。

（3）差分策略是平衡算法搜索与开发能力的关键，不同的差分策略会对算法收敛造成不同的影响。这意味着差分策略的选择会影响算法的搜索和开发能力，从而影响算法的收敛性能。

2. **搜索停滞**

在差分进化算法中，当经过变异、交叉操作后生成的测试个体的适应度低于原个体时，贪心算法会选择原个体进入下一代。这种情况下，种群个体在后续迭代中无法得到更新，这就是差分进化算法的搜索停滞问题。尽管目前尚不清楚搜索停滞产生的原因，但有文献指出，扩大种群规模和提高种群的多样性可以在一定程度上降低搜索停滞发生的概率。为了解决搜索停滞问题，可以在算法中引入广泛搜索的策略，或者通过调整参数来提高种群的多样性，从而避免搜索停滞。

7.2.2 差分进化算法主要的改进方向

为了解决早熟收敛和搜索停滞问题，同时提高算法的搜索能力和收敛速度，目前对差分进化算法的改进主要集中在以下方面。

1. **种群结构**

已经提出的分布式进化算法（dEA）为改善种群结构提供了很好的参考。随着优化问题复杂程度的提升，在巨大的搜索空间内寻优的成本非常高，也很难在合理的时间内得出满意的结果。而分布式进化算法将种群分配到分布式结构中，用分而治之的方法很好地协同解决高维问题。目前提出的分布式进化算法种群结构有主从模型、岛屿模型、元胞模型、等级模型和水池模型等，使得进化可以在种群级、个体级甚至操作级并行执行。

2. 差分策略

具有一个或两个差分向量的差分策略可以提高种群的多样性，采用最佳向量作为基向量的差分策略可以提高算法的收敛速度，但容易陷于早熟收敛，在差分策略上要做出的改进主要是平衡各策略的侧重点。有学者提出将搜索与变异操作算子线性混合以平衡两者冲突的二进制差分进化算法，也有学者提出在进化的不同阶段采用不同的策略，在进化初期保证适应度较差的个体也能生存，有利于保持种群多样性，在进化后期则注重个体适应度使算法加快收敛。

3. 参数设置

经测试总结，差分进化算法的性能严重依赖于参数的设置，而对于不同问题，参数设置的理想区间不同，因而经典的固定参数设置模式所受限制较大。差分进化算法主要的控制参数包括种群规模、交叉概率和变异系数。

种群规模主要反映算法中种群信息量的大小，种群规模越大，种群信息越丰富，但带来的后果就是计算量变大，不利于求解。反之，种群规模过小使种群多样性受到限制，不利于算法求得全局最优解，甚至会导致搜索停滞。

交叉概率主要反映在交叉的过程中，子代与父代、中间变异体之间交换信息量的大小。交叉概率越大，交换的信息量越大。反之，如果交叉概率偏小，则种群的多样性快速降低，不利于全局寻优。

相对于交叉概率，变异系数对算法性能的影响更大，变异系数主要影响算法的全局寻优能力。变异系数越小，算法对局部的搜索能力越好；变异系数越大，算法越容易跳出局部极小点，但是收敛速度会变慢。此外，变异系数还影响种群的多样性。

对参数设置的研究经历了三个阶段。在第一个阶段，相关学者针对不同问题展开了研究，并给出了针对不同类型问题，如可分离和不可分离等情况下，各参数设置的理想区间。在第二个阶段，随机设置参数的方法逐渐涌现出来，主要有线性变化、概率分布及特定启发式规则三种常见的随机参数设置方法。在第三个阶段，参数的自适应调节设置方式应运而生，它可以根据搜索过程的反馈或通过进化操作实现参数调节。在这个阶段出现了许多经典的改进差分算法，如 FADE、jDE、JADE 等。

4. 与其他算法的结合

差分进化算法与其他算法的结合主要有以下三种操作方式：

（1）将其他优化算法的优化算子嵌入差分进化算法的差分策略中。

（2）将差分进化算法的差分策略嵌入其他优化算法的优化算子中。

（3）由差分进化算法和其他优化算法分别完成迭代过程，以获得种群多样性更高的优化算法。

有学者将差分进化算法与粒子群优化算法（Particle Swarm Optimization algorithm，PSO）、遗传算法（Genetic Algorithm，GA）、模拟退火算法（Simulate Anneal algorithm，SA）和灰狼优化算法（Grey Wolf Optimizer algorithm，GWO）结合起来研究，并取得了较好的成果。

7.2.3 差分进化算法的改进策略

在实际应用中，如果将变异系数设定为常数，可能会对算法的性能产生负面影响。若变异系数取值过大，会导致算法收敛速度减慢，并且所求得的全局最优解精度降低；而若变异系数取值过小，则会导致种群的多样性降低，进而出现早熟现象。

为了解决这些问题，一种可行的方案是将变异系数设置为一个随着迭代次数变化的量。在迭代初期可以设定较大的变异系数的值，以保持种群的多样性。随着迭代次数的增加，可以逐渐减小变异系数的值，以便保存优良种群的信息，同时避免破坏最优解。这种动态调整变异系数的方法可以在保证算法收敛速度的同时，提高所求全局最优解的精度。

为了防止出现早熟现象，可以引入一种具有自适应变异特性的算子，该算子可以根据算法的搜索进展自适应地调节变异系数。以下是自适应算子的具体形式：

$$\lambda = \mathrm{e}^{1-\frac{G_\mathrm{m}}{1+G_\mathrm{m}-G}} \tag{7-6}$$

式中，G_m表示最大迭代次数；G表示当前迭代次数。则自适应变异系数F表示为

$$F = F_0 \cdot 2^{\lambda} \tag{7-7}$$

式中，F_0为变异算子。

差分进化算法通过差分策略产生变异个体$v_{i,j}(t+1)$，差分策略是差分进化算法的主要特征。表 7-1 给出了几种常用的差分策略及其表达式。

表 7-1 常用差分策略及其表达式

差分策略	表达式
DE/rand/1/bin	$x_{\mathrm{r}1}+F(x_{\mathrm{r}2}-x_{\mathrm{r}3})$
DE/best/1/bin	$x_{\mathrm{b}}+F(x_{\mathrm{r}2}-x_{\mathrm{r}3})$
DE/best/2/bin	$x_{\mathrm{b}}+F(x_{\mathrm{r}2}+x_{\mathrm{r}3}-x_{\mathrm{r}4}-x_{\mathrm{r}5})$
DE/rand/2/bin	$x_{\mathrm{r}1}+F(x_{\mathrm{r}2}+x_{\mathrm{r}3}-x_{\mathrm{r}4}-x_{\mathrm{r}5})$
DE/rand-to-best/1/bin	$x_{\mathrm{r}1}+F(x_{\mathrm{b}}-x_{\mathrm{r}1}+x_{\mathrm{r}2}-x_{\mathrm{r}3})$

表 7-1 中，x_r为当前种群中的随机向量，x_b为当前种群中的最优向量；bin 表示二项式交叉；F表示变异系数。不同差分策略的侧重点有所不同，DE/rand/1/bin 侧重于种群多样性，DE/best/2/bin 则强调收敛速度，这两者是当前使用最多且效果最好的差分策略。

7.2.4 基于自适应变异系数的改进差分进化算法参数寻优

为了测试改进差分进化算法的搜索能力，选用表 7-2 所示的三个测试函数，基于自适应变异系数F，在不同差分策略下进行数值仿真分析。

表 7-2 测试函数

函数定义	维度	取值范围	最优值
$f_1=\mathrm{e}^{-(x_1-3)^2-(x_2-5)^2}+\mathrm{e}^{(-x_1^2-x_2^2)}$	二维	[−10,10]	$f_{\max}=1$
$f_2=(\lvert x_1\rvert-5)^2+(\lvert x_2\rvert-5)^2$	二维	[−10,10]	$f_{\min}=0$

续表

函数定义	维度	取值范围	最优值
$f_3=\sum_{i=1}^{d}x_i^2$	五维	[−5.12,5.12]	$f_{\min}=0$

以下是含自适应变异系数的改进差分进化算法的典型 MATLAB 程序：

```
clear all;
close all;
clc;
NP=40;          % 种群大小
S=100;          % 迭代次数
D=2;            % 决策变量个数
F0=0.3;         % 初始的变异系数
CR=0.5*(1+rand());
X_min=-10;  X_max=10;
% 偏差向量的生成方式
DE_vector = 2;
% DE_vector=0,1,2,3,4,
% DE_vector=0    表示 DE/rand/1/bin
% DE_vector=1    表示 DE/best/1/bin
% DE_vector=2    表示 DE/rand-to-best/1/bin
% DE_vector=3    表示 DE/best/2/bin
% DE_vector=4    表示 DE/rand/2/bin
mode = 'self_define';                  % 测试函数类型，本程序默认函数为 self_define
% mode = 'self_define';                % 测试函数类型，如为其他函数，开启本命令
if strcmp(mode, 'self_define')         % 函数模式为自编程序时运行此命令
    figure(1);
    x = -10:0.1:10;     y = -10:0.1:10;
    [X,Y] = meshgrid(x,y);
    Z = exp(-1.*(X-3).^2-(Y-5).^2+exp(-X.^2-Y.^2));
    surf(X,Y,Z);
    %title('Rosen Brock valley Function');
    title('Self define Function');
    xlabel('X-轴');    ylabel('Y-轴');    zlabel('Z-轴');
end
%  种群初始化
x=zeros(NP,D); v=zeros(NP,D);  u=zeros(NP,D);
x=X_min + (X_max-X_min)*rand(NP,D);
for gen=1:1:S
    for i=1:1:NP
        ob(i) = func(x(i,:), mode);
    end
    [fitness_max, index] = max(ob);
    x_best=x(index,:);
```

```
lamb(gen) = exp(1-(S/(S+1-gen)));
F = F0*2^lamb(gen);
%  变异
if(DE_vector==0)
    for m=1:NP
        r1=randi([1,NP],1,1);
        while (r1==m)
            r1=randi([1,NP],1,1);
        end
        r2=randi([1,NP],1,1);
        while(r2==r1)||(r2==m)
            r2=randi([1,NP],1,1);
        end
        r3=randi([1,NP],1,1);
        while (r3==m)||(r3==r2)||(r3==r1)
            r3=randi([1,NP],1,1);
        end
        v(m,:)=x(r1,:)+F*(x(r2,:)-x(r3,:));   % DE/rand/1bin
    end
elseif(DE_vector==1)
    for m=1:NP
        r1=randi([1,NP],1,1);
        while (r1==m)
            r1=randi([1,NP],1,1);
        end
        r2=randi([1,NP],1,1);
        while(r2==r1)||(r2==m)
            r2=randi([1,NP],1,1);
        end
        v(m,:)=x(index,:)+x(r1,:)+F*(x(r1,:)-x(r2,:));
    end
elseif(DE_vector==2)
   lambda = 0.35;
   for m=1:NP
        r1=randi([1,NP],1,1);
        while (r1==m)
            r1=randi([1,NP],1,1);
        end
        r2=randi([1,NP],1,1);
        while(r2==r1)||(r2==m)
            r2=randi([1,NP],1,1);
        end
        v(m,:)=x(m,:)+lambda*(x(index,:)-x(m,:))+F*(x(r1,:)-x(r2,:));
```

```
    end
  elseif(DE_vector==3)
    for m=1:NP
        r1=randi([1,NP],1,1);
        while (r1==m)
            r1=randi([1,NP],1,1);
        end
        r2=randi([1,NP],1,1);
        while(r2==r1)||(r2==m)
            r2=randi([1,NP],1,1);
        end
        r3=randi([1,NP],1,1);
        while (r3==m)||(r3==r2)||(r3==r1)
            r3=randi([1,NP],1,1);
        end
        r4=randi([1,NP],1,1);
        while (r4==m)||(r4==r3)||(r4==r2)||(r4==r1)
            r4=randi([1,NP],1,1);
        end
        v(m,:)=x(index,:)+F*(x(r1,:)-x(r2,:)+x(r3,:)-x(r4,:));
    end
  else
     for m=1:NP
        r1=randi([1,NP],1,1);
        while (r1==m)
            r1=randi([1,NP],1,1);
        end
         r2=randi([1,NP],1,1);
        while(r2==r1)||(r2==m)
            r2=randi([1,NP],1,1);
        end
        r3=randi([1,NP],1,1);
        while (r3==m)||(r3==r2)||(r3==r1)
            r3=randi([1,NP],1,1);
        end

        r4=randi([1,NP],1,1);
        while (r4==m)||(r4==r3)||(r4==r2)||(r4==r1)
            r4=randi([1,NP],1,1);
        end
        r5=randi([1,NP],1,1);
        while (r5==m)||(r5==4)||(r5==r3)||(r5==r2)||(r5==r1)
            r5=randi([1,NP],1,1);
```

```
            end
            v(m,:)=x(r5,:)+F*(x(r1,:)-x(r2,:)+x(r3,:)-x(r4,:));
        end
    end
    %交叉操作
    r=randi([1,D],1,1);
    for i=1:D
        cr=rand;
        if (cr<=CR)||(i==r)
            u(:,i)=v(:,i);
        else
            u(:,i)=x(:,i);
        end
    end
    % 边界条件处理
    for m=1:NP
        for n=1:D
            if u(m,n)<X_min
                u(m,n)=X_min;
            end
            if u(m,n)>X_max
                u(m,n)=X_max;
            end
        end
    end
    %  自然选择
    for i=1:NP
        ob_1(i)=func(u(i,:), mode);
    end
    for i=1:NP
        if ob_1(i)>ob(i)
            x(i,:)=u(i,:);
        else
            x(i,:)=x(i,:);
        end
    end
    trace(gen+1)=fitness_max;
end
display('最后一代种群各个体值')
x;              % 去掉分号即可显示
display('最优值x_best为')
x_best
display('最大函数值fmax为')
```

```
fmax=trace(end)
figure(3);
plot(trace);
title('差分进化算法');
xlabel('迭代次数');
ylabel('目标函数值');

%子函数 func(buf, md)
function f=func(buf, md)
   if strcmp(md,'self_define')
      f = exp(-1.*(buf(1)-3).^2-(buf(2)-5).^2+exp(-buf(1).^2-buf(2).^2));
   end
end
```

基于上面的 MATLAB 程序，测试函数 $f_1 = \mathrm{e}^{-(x_1-3)^2-(x_2-5)^2} + \mathrm{e}^{(-x_1^2-x_2^2)}$ 的三维图和不同差分策略下自适应值的迭代收敛趋势如图 7-5 所示。

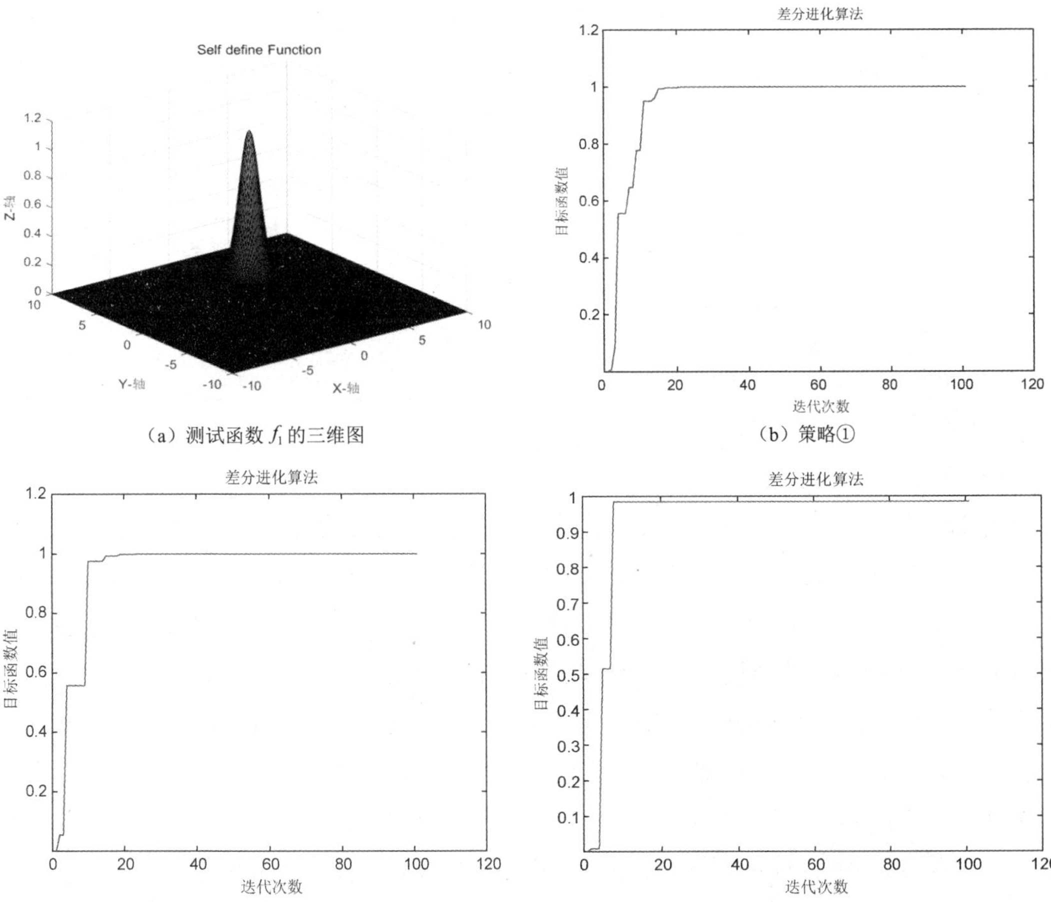

（a）测试函数 f_1 的三维图　（b）策略①　（c）策略②　（d）策略③

图 7-5　测试函数 f_1 的三维图和不同差分策略下自适应值的迭代收敛趋势

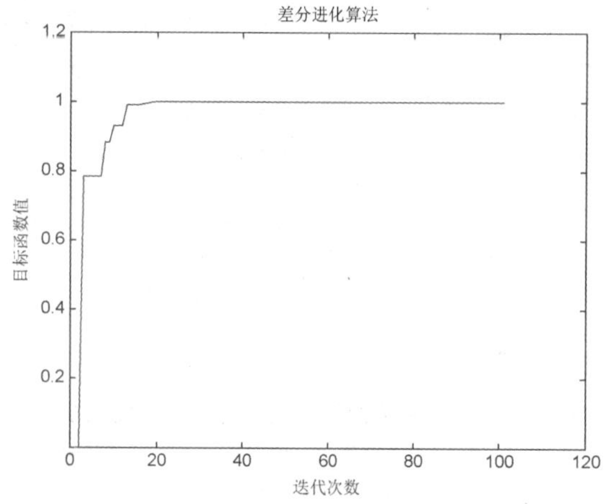

（e）策略④

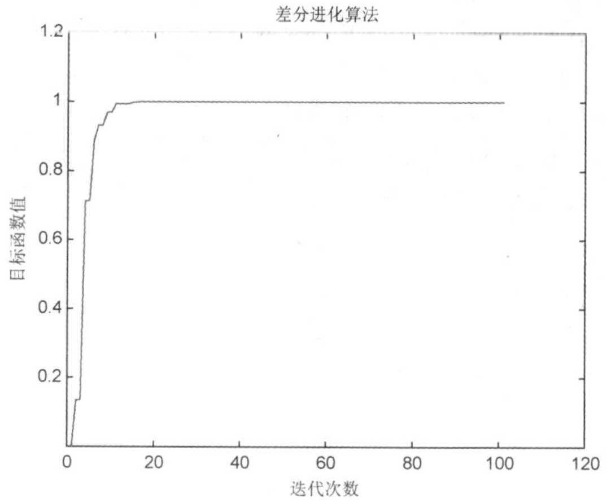

（f）策略⑤

图 7-5　测试函数 f_1 的三维图和不同差分策略下自适应值的迭代收敛趋势（续）

其中策略①表示 DE/ rand /1/bin，策略②表示 DE/ best /1/bin，策略③表示 DE/rand-to-best/1/bin，策略④表示 DE/best/2/bin，策略⑤表示 DE/rand/2/bin。测试函数 f_1 的参数寻优结果如表 7-3 所示。

表 7-3　测试函数 f_1 的参数寻优结果

策略	最优解		f_1（测试函数）			
	x_1	x_2	真值	计算值	偏差	收敛次数
DE/rand/1/bin	3.0000	5.0000	1	1.0000	0	25
DE/rand/2/bin	3.0000	5.0000	1	1.0000	0	28
DE/best/1/bin	3.0410	4.8812	1	0.9843	0.0157	8
DE/best/2/bin	3.0000	5.0000	1	1.0000	0	17
DE/rand-to-best/1/bin	3.0000	5.0000	1	1.0000	0	21

策略 DE/rand/1/bin、DE/rand/2/bin 和改进的策略 DE/best/2/bin、DE/rand-to-best/1/bin 都有很好的全局搜索能力，能够搜索到全局最优解。然而，策略 DE/rand/1/bin、DE/rand/2/bin 的收敛速度相对较慢，需要迭代至 25 代或 28 代才能收敛。相比之下，改进的策略 DE/best/1/bin 在五个策略中的收敛速度最快，仅需迭代至第 8 代就已收敛。然而，它的寻优能力是最差的，未能找到全局最优解。这表明算法过早收敛，容易陷入局部最优。而改进的策略 DE/best/2/bin 能够找到全局最优解，且收敛速度较快。然而，该策略容易导致算法过早收敛，陷入早熟状态。改进的策略 DE/rand-to-best/1 不仅能够找到最优解，而且收敛速度适中。

测试函数 f_2 的三维图和不同差分策略下自适应值的迭代收敛趋势如图 7-6 所示。

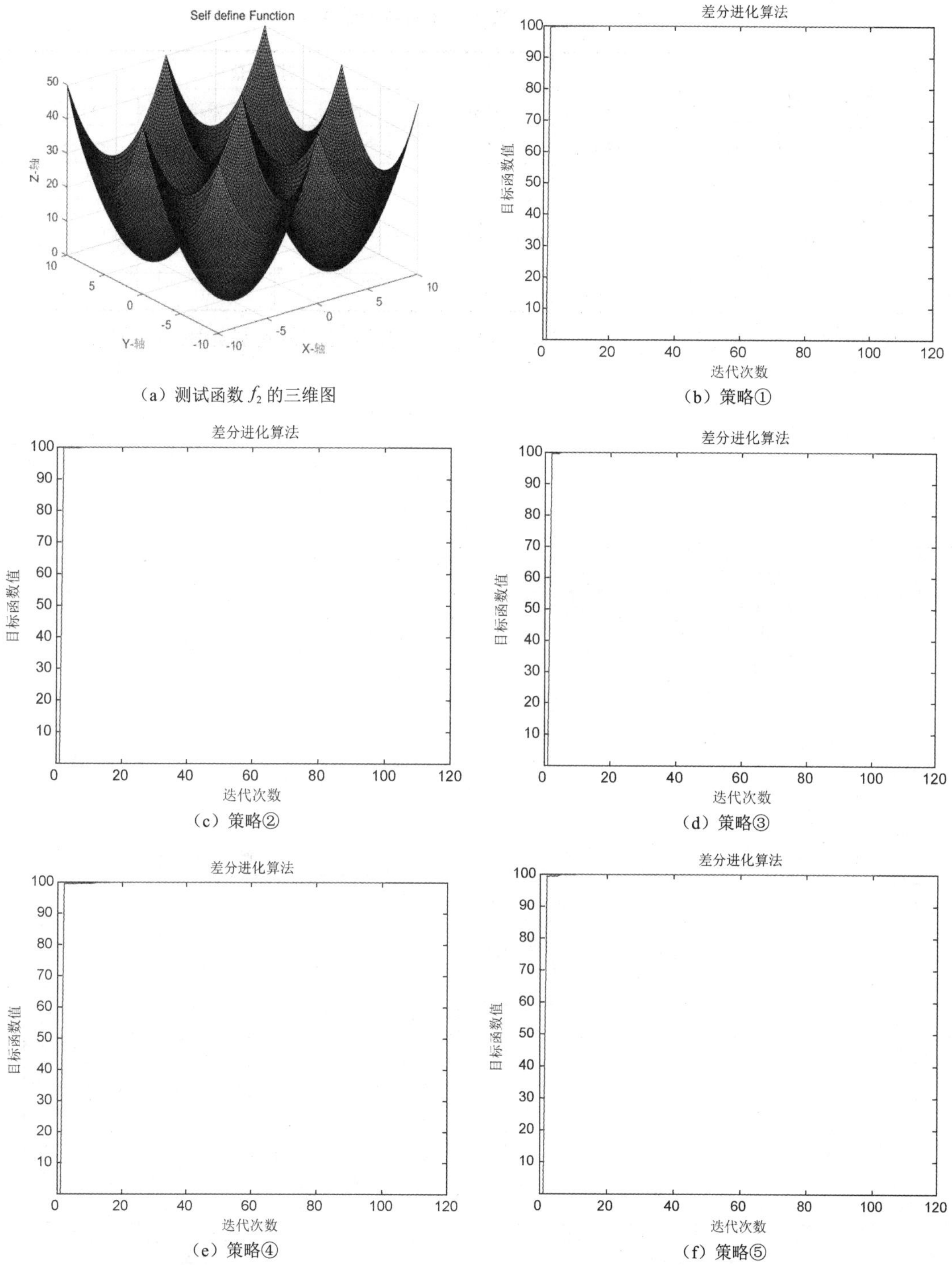

（a）测试函数 f_2 的三维图　（b）策略①

（c）策略②　（d）策略③

（e）策略④　（f）策略⑤

图 7-6　测试函数 f_2 的三维图和不同差分策略下自适应值的迭代收敛趋势

测试函数 f_2 的参数寻优结果如表 7-4 所示。

表 7-4　测试函数 f_2 的参数寻优结果

策略	最优值		f_2（测试函数）			
	x_1	x_2	真值	计算值	偏差	收敛次数
DE/rand/1/bin	−5.0000	5.0000	0	0	0	15
DE/rand/2/bin	−4.9999	4.9998	0	0	0	32
DE/best/1/bin	5.0136	5.0544	0	0.0031	0.0031	27
DE/best/2/bin	5.0000	−5.0000	0	0	0	21
DE/rand-to-best/1/bin	−5.0000	5.0000	0	0	0	23

测试函数 f_3 的三维图和不同差分策略下自适应值的迭代收敛趋势如图 7-7 所示。

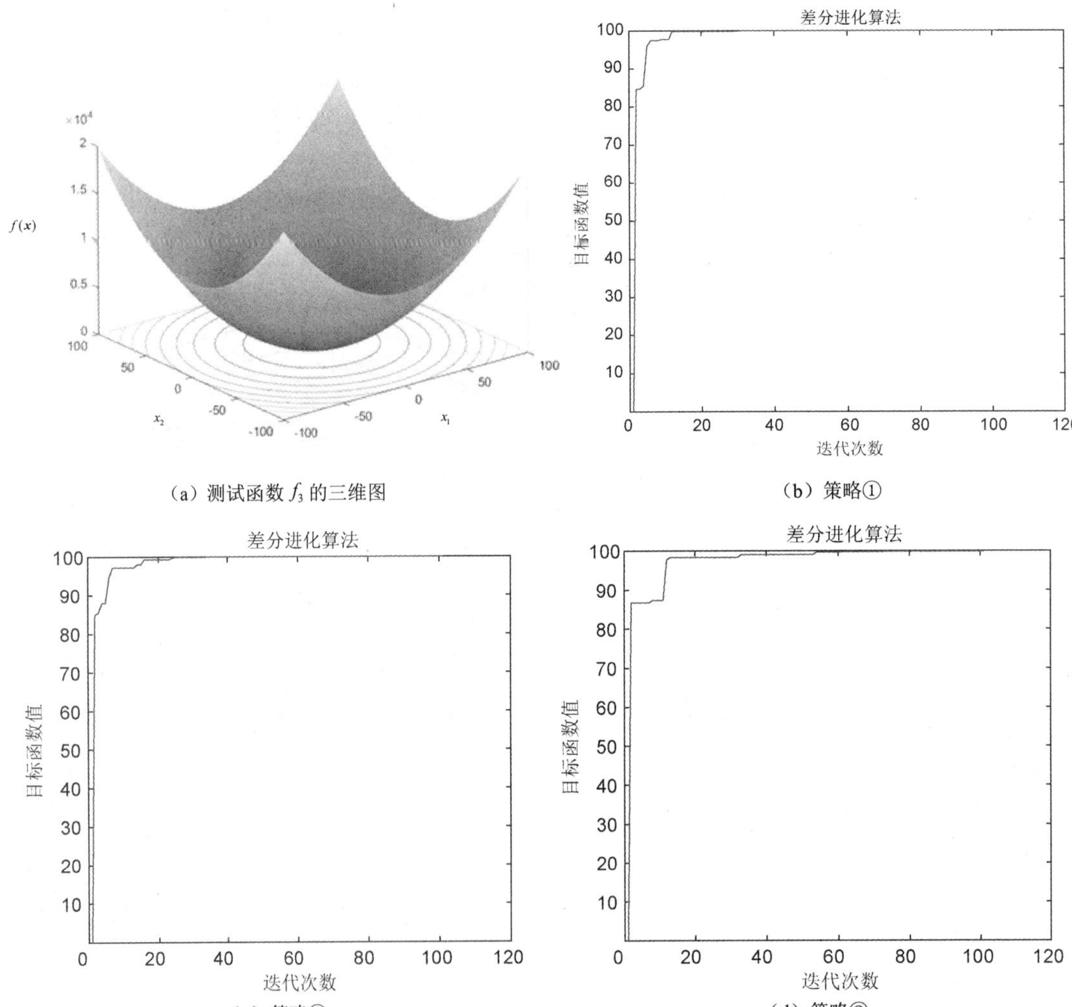

（a）测试函数 f_3 的三维图　（b）策略①　（c）策略②　（d）策略③

图 7-7　测试函数 f_3 的三维图和不同差分策略下自适应值的迭代收敛趋势

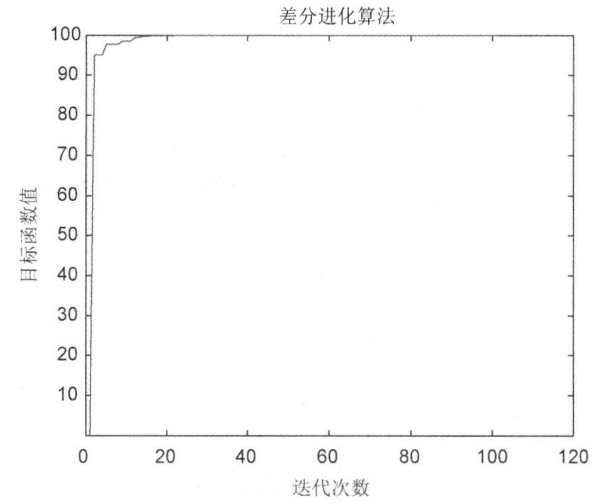

（e）策略④

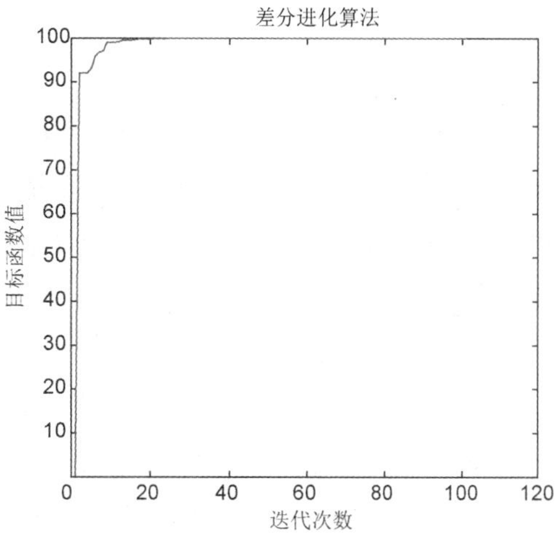

（f）策略⑤

图 7-7　测试函数 f_3 的三维图和不同差分策略下自适应值的迭代收敛趋势（续）

测试函数 f_3 的参数寻优结果如表 7-5 所示。

表 7-5　测试函数 f_3 的参数寻优结果

策略	最优值					f_3（测试函数）			
	x_1	x_2	x_3	x_4	x_5	真值	计算值	偏差	收敛次数
DE/rand/1/bin	1.8×10^{-7}	-1.705×10^{-5}	2.971×10^{-5}	-2.64×10^{-6}	-3.18×10^{-6}	0	0	0	42
DE/rand/2/bin	3.01×10^{-5}	-3.83×10^{-5}	1.066×10^{-4}	-1.39×10^{-5}	1.271×10^{-4}	0	0	0	44
DE/best/1/bin	-2.317×10^{-1}	-1.414×10^{-1}	-2.668×10^{-1}	-1.979×10^{-1}	-2.08×10^{-2}	0	0.1844	0.1844	74
DE/best/2/bin	-6.56×10^{-8}	-2.51×10^{-8}	-4.70×10^{-8}	-1.088×10^{-7}	5.9×10^{-9}	0	0	0	29
DE/rand-to-best/1/bin	-1.474×10^{-7}	6.19×10^{-8}	-3.173×10^{-7}	1.351×10^{-7}	4.234×10^{-7}	0	0	0	32

7.3　三种改进差分进化算法及其性能分析

7.3.1　三种改进差分进化算法

1. 复合差分进化算法

复合差分进化算法（Composite DE，CoDE）主要在差分策略的选择上做出改进，即同时选择三种差分策略生成三个候选解，并选择适应度最优的个体作为变异个体。本节中 CoDE 的三种差分策略分别为 DE/rand/1/bin、DE/best/2/bin 和 DE/current-to-rand/1/bin，对应的差分表达式如下：

DE/rand/1/bin:

$$v_{i,j}(t+1) = x_{r1} + F(x_{r2} - x_{r3}) \tag{7-8}$$

DE/best/2/bin:

$$v_{i,j}(t+1)=x_{\mathrm{b}}+F(x_{\mathrm{r}2}+x_{\mathrm{r}3}-x_{\mathrm{r}4}-x_{\mathrm{r}5}) \tag{7-9}$$

DE/current-to-rand/bin:

$$v_{i,j}(t+1)=x_i+F(x_{\mathrm{b}}-x_i)+F(x_1-x_2) \tag{7-10}$$

理论上来说，CoDE 由于采取了多样的差分策略，能产生更具多样性的群体，更能够避免陷入局部最优，寻优的精度应该比经典的差分进化算法更高。

2. 模拟退火差分进化算法

模拟退火差分进化算法（SaDE）沿用的是不同算法结合的改进方式，是 SA 与 DE 的结合。其基本思路是在寻优前期采用 rand 差分策略，以及 SA 以概率接受差解的方法保持种群的多样性，继承了 SA 有效跳出局部最优的优点，在寻优的后期采用 best 差分策略，以提高算法的收敛速度。在本次对比仿真研究中，SaDE 前期采用了 DE/rand/1/bin 策略，后期采用的是 DE/current-to-best/bin 策略。

3. 自适应差分进化算法

自适应差分进化算法（JADE）在差分策略和参数设置上都做了改进。JADE 采用了一种改进的 DE/rand/1/bin 差分策略：

$$v_{i,j}(t+1)=x_{\mathrm{r}1}+\mathrm{sig}\cdot F(x_{\mathrm{r}2}-x_{\mathrm{r}3}) \tag{7-11}$$

$$\mathrm{sig}=\begin{cases}1 & \mathrm{rand}<P_2\\ -1 & 其他\end{cases} \tag{7-12}$$

$$P_2=1-\frac{f(x_{\mathrm{r}2})-f(x_{\mathrm{r}1})}{f(x_{\mathrm{r}2})-f(x_{\mathrm{r}1})+f(x_{\mathrm{r}3})-f(x_{\mathrm{r}1})} \tag{7-13}$$

式中，$x_{\mathrm{r}1}$、$x_{\mathrm{r}2}$、$x_{\mathrm{r}3}$分别是随机选择的三个个体中最优、次优和最差的个体；sig 函数则用于控制差分向量的方向，使变异个体向更有希望产生最优个体的区域靠近。

JADE 的参数改进集中在变异系数 F 和交叉概率 CR 上，采用的是随机设置和自适应更新的方法：

$$\begin{aligned}F_i&=\mathrm{rand}(F_\mu,F_\delta)\\ \mathrm{CR}_i&=\mathrm{rand}(\mathrm{CR}_\mu,\mathrm{CR}_\delta)\end{aligned} \tag{7-14}$$

F_μ,CR_μ 的初始值为 0.5，$F_\delta,\mathrm{CR}_\delta$ 的初始值为 0.3，F_i,CR_i 均为(0,1)上的实数，当更新后超出这个范围时会被(0,1)上的随机数代替，更新规则如下（CR 同 F）：

$$F_\mu=\begin{cases}c_1\times F_\mu+(1-c_1)\times\mathrm{mean}(S_F) & S_F\neq\varnothing\\ c_1\times F_\mu+(1-c_1)\times\mathrm{rand}(0,1) & 其他\end{cases} \tag{7-15}$$

$$F_\delta=\begin{cases}\max(0.1,\min(0.3,c_2\times F_\delta+(1-c_2)\times\mathrm{var}(S_{\mathrm{CR}}))) & S_{\mathrm{CR}}\neq\varnothing\\ \max(0.1,\min(0.3,c_2\times F_\delta+(1-c_2)\times 0.3)) & 其他\end{cases} \tag{7-16}$$

式中，S_F、S_{CR} 为每次迭代 F 与 CR 的集合；mean(S_F)和 var(S_{CR})分别是平均值和方差。

7.3.2 三种改进差分进化算法在参数寻优中的性能分析

为测试三种改进差分进化算法的搜索能力，选用如下五种测试函数进行数值仿真分析。

1. Spherical 函数

$$f(x)=\sum_{i=1}^{n}x_i^{\,2}\text{，}\quad -100\leqslant x_i\leqslant 100\text{，}\quad f(x^*)=0$$

Spherical 函数是一个简单的单峰测试函数，多数算法对其都能较好地完成寻优，常用来测试算法的寻优精度。Spherical 函数图形如图 7-8 所示。

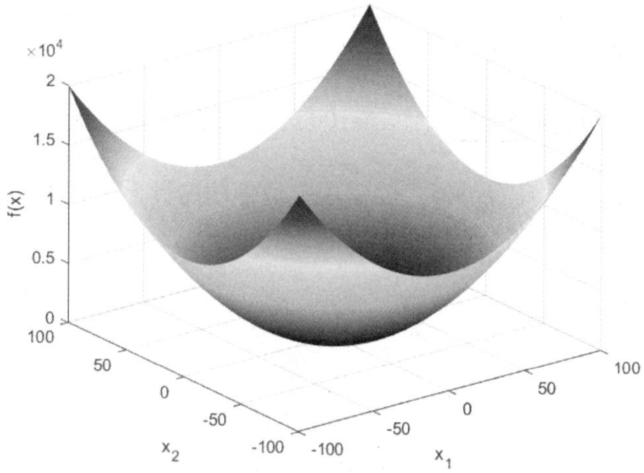

图 7-8　Spherical 函数图形

为有效避免改进差分进化算法在参数寻优中的偶然性，在数值仿真过程中，分别采用 DE、CoDE、JADE 和 SaDE 四种差分进化算法对 Spherical 函数进行十次寻优，并将十次寻优的平均值作为最终的结果。

利用 DE、CoDE、JADE 和 SaDE 四种差分进化算法对 Spherical 函数寻优的迭代收敛图如图 7-9 所示，图中横轴代表差分进化迭代次数，纵轴代表对函数参数寻优后的最优适应度值。

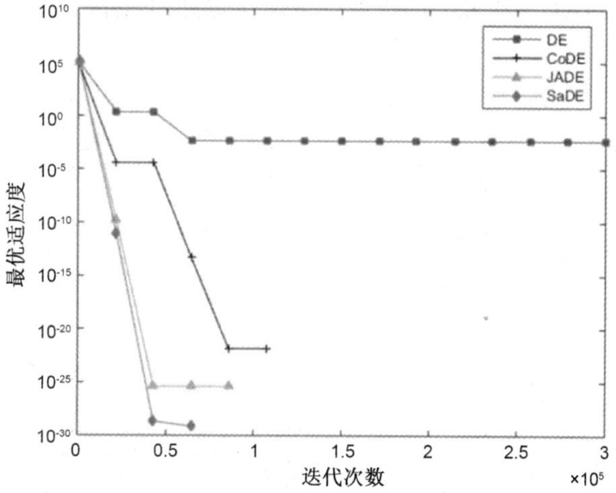

图 7-9　利用四种差分进化算法对 Spherical 函数寻优的迭代收敛图

Spherical 函数的寻优结果，如表 7-6 所示。

表 7-6　Spherical 函数的寻优结果

算法	适应度				函数真值	偏差	时间（s）	收敛次数
	最优值	最差值	平均值	方差				
DE	4.7710×10^{-8}	1.1569×10^{-2}	1.2283×10^{-5}	0.00001	0	1.2283×10^{-5}	10.39	10
CoDE	0	0	0	0		0	6.85	10
JADE	0	0	0	0		0	1.74	10
SaDE	0	0	0	0		0	27.48	10

2. Schwefel 函数

$$f(x)=\sum_{i=1}^{n}(\sum_{j=1}^{i}x_j)^2,\quad -100\leqslant x_i\leqslant 100,\quad f(x^*)=0$$

Schwefel 函数的自变量具有类似生物学中上位性的特性，其梯度不沿着轴线方向变化，具有较高的寻优难度。Schwefel 函数图形如图 7-10 所示。

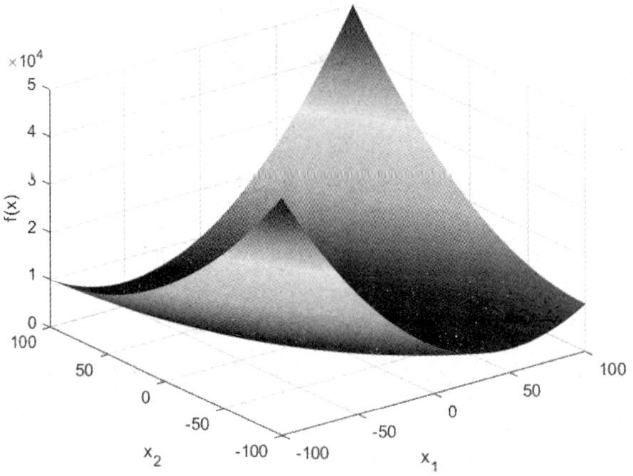

图 7-10　Schwefel 函数图形

利用 DE、CoDE、JADE 和 SaDE 四种差分进化算法对 Schwefel 函数寻优的迭代收敛图如图 7-11 所示。

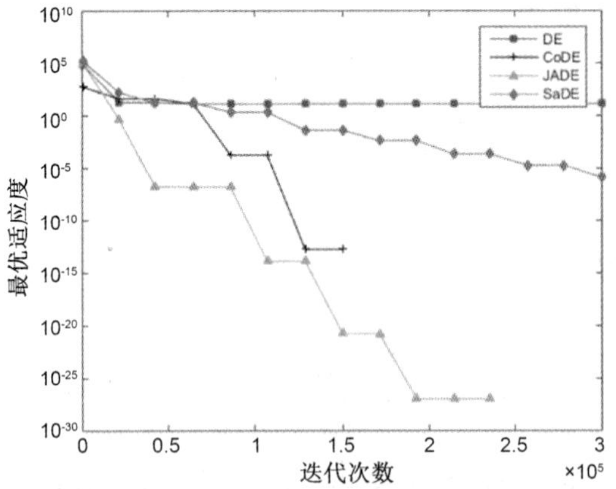

图 7-11　利用四种差分进化算法对 Schwefel 函数寻优的迭代收敛图

Schwefel 函数的寻优结果，如表 7-7 所示。

表 7-7　Schwefel 函数的寻优结果

算法	适应度				函数真值	偏差	时间(s)	收敛次数
	最优值	最差值	平均值	方差				
DE	6.4868×10^{-3}	2.2061×10^{-2}	1.1718×10^{-2}	0.00002	0	1.1718×10^{-2}	9.93	7
CoDE	0	0	0	0		0	7.14	10
JADE	0	0	0	0		0	2.16	10
SaDE	9.9022×10^{-12}	5.0987×10^{-11}	2.7643×10^{-11}	0		2.7643×10^{-11}	26.06	2

3. Ackley 函数

$$f(x)=-20\mathrm{e}^{-0.2\sqrt{\frac{1}{n}\sum_{i=1}^{n}x_i^2}}-\mathrm{e}^{\frac{1}{n}\sum_{i=1}^{n}\cos(2\pi x_i)}+20+\mathrm{e}，\quad -32\leqslant x_i\leqslant 32，\quad f(x^*)=0$$

如图 7-12 所示，Ackley 函数图形的外部区域非常平坦，中心有一个大洞，使得算法的寻优结果极易被困于众多的局部最小值之中。

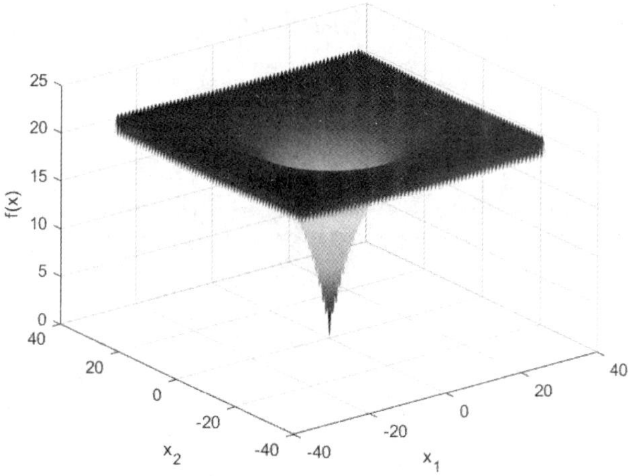

图 7-12　Ackley 函数图形

利用 DE、CoDE、JADE 和 SaDE 四种差分进化算法对 Ackley 函数寻优的迭代收敛图如图 7-13 所示。

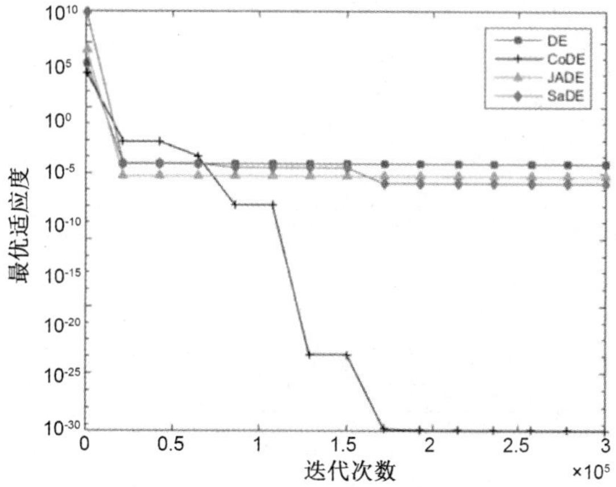

图 7-13　利用四种差分进化算法对 Ackley 函数寻优的迭代收敛图

Ackley 函数的寻优结果，如表 7-8 所示。

表 7-8　Ackley 函数的寻优结果

算法	适应度				函数真值	偏差	时间（s）	收敛次数
	最优值	最差值	平均值	方差				
DE	8.1312×10^{-10}	6.7161×10^{-7}	4.2215×10^{-9}	0	0	4.2215×10^{-9}	11.66	6
CoDE	0	0	0	0		0	11.81	10
JADE	1.4537×10^{-10}	5.0012×10^{-10}	3.3417×10^{-10}	0		3.3417×10^{-10}	2.99	9
SaDE	4.5192×10^{-11}	5.2235×10^{-10}	2.2283×10^{-10}	0		2.2283×10^{-10}	30.27	7

4. Rastrigin 函数

$$f(x)=\sum_{i=1}^{n}[x_i^2-10\cos(2\pi x_i)+10]，\quad -5\leqslant x_i\leqslant 5，\quad f(x^*)=0$$

Rastrigin 函数是高度多模态的，有许多局部极小值，其图形如图 7-14 所示。

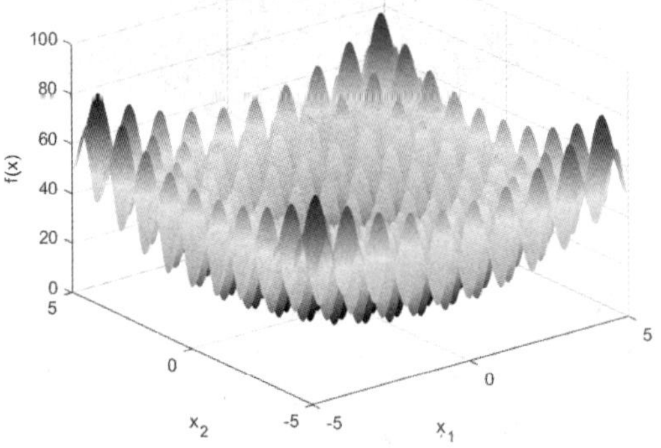

图 7-14　Rastrigin 函数图形

利用 DE、CoDE、JADE 和 SaDE 四种差分进化算法对 Rastrigin 函数寻优的迭代收敛图如图 7-15 所示。

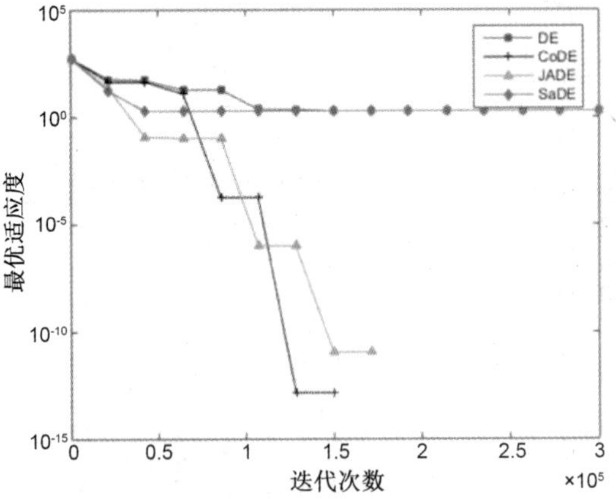

图 7-15　利用四种差分进化算法对 Rastrigin 函数寻优的迭代收敛图

Rastrigin 函数的寻优结果，如表 7-9 所示。

表 7-9　Rastrigin 函数的寻优结果

算法	适应度值				函数真值	偏差	时间（s）	收敛次数
	最优值	最差值	平均值	方差				
DE	1.6084×10^{-6}	6.9647×10^{-2}	2.0895×10^{-2}	0.0004	0	2.0895×10^{-2}	10.28	7
CoDE	0	0	0	0		0	7.93	10
JADE	0	0	0	0		0	2.01	8
SaDE	0	1.9899×10^{-2}	4.9747×10^{-3}	0.00006		4.9747×10^{-3}	25.74	7

5. **Weierstrass 函数**

$$f(x)=\sum_{i=1}^{n}\sum_{k=0}^{k_{\max}}[a^k\cos(2\pi b^k(x_i+0.5))]-n\sum_{k=0}^{k_{\max}}a^k\cos(\pi b^k x_i)\text{，}\quad -0.5\leqslant x_i\leqslant 0.5\text{，}\quad f(x^*)=0\text{，}$$

$$a=0.5,\ b=3,\ k_{\max}=20$$

Weierstrass 函数图形如图 7-16 所示，利用 DE、CoDE、JADE 和 SaDE 四种差分进化算法对 Weierstrass 函数寻优的迭代收敛图如图 7-17 所示。

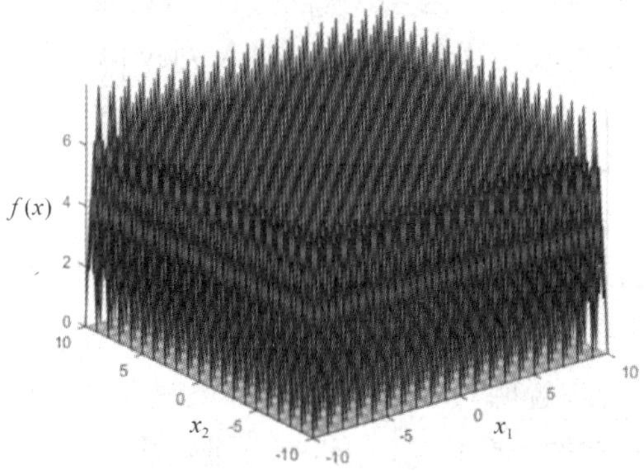

图 7-16　Weierstrass 函数图形

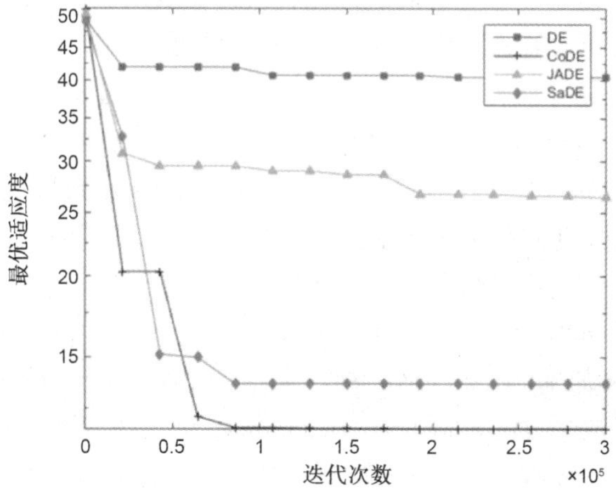

图 7-17　利用四种差分进化算法对 Weierstrass 函数寻优的迭代收敛图

Weierstrass 函数的寻优结果，如表 7-10 所示。

表 7-10　Weierstrass 函数的寻优结果

算法	适应度值				函数真值	偏差	时间（s）	收敛次数
	最优值	最差值	平均值	方差				
DE	39.2275	41.5693	40.3678	0.57222	0	40.3678	23.53	2
CoDE	0	0	0	0		0	44.55	10
JADE	22.7817	27.8194	25.0622	2.74287		25.0622	38.97	4
SaDE	12.6755	19.0296	15.7516	3.50228		15.7516	66.41	4

通过寻优结果可以看出，三种改进差分进化算法与经典差分进化算法相比，在参数寻优精度上均有显著提升。从迭代收敛图中可以看出，参数寻优精度提升很大程度上得益于改进差分进化算法跳出局部最优的能力。对某些特定函数，改进差分进化算法的参数寻优速度和参数寻优稳定性也有一定提升。

对比参数寻优精度，三种改进差分进化算法的精度提升很明显。对 Spherical 函数等较为简单的函数，三种改进差分进化算法都能达到理论最优值；JADE 和 CoDE 面对结构较为复杂或存在多个局部最优点的函数，其参数寻优能力比较好，可以得到全局最优解。即使寻优精度相对较差的 SaDE，在对较为复杂的函数（如 Ackley 函数和 Rastrigin 函数）进行寻优时，与经典差分进化算法相比，参数寻优精度也分别提升了 94.7%和 76.2%，提升的幅度十分明显。

从迭代收敛图中可以看到，经典差分进化算法的转折点较少，说明它容易陷入局部最优而无法跳出，收敛到局部最小值后曲线变平；三种改进差分进化算法有很多的转折点，说明它们即便陷入局部最优，依然能够跳出；对诸如 Spherical 函数等简单函数，改进差分进化算法的迭代曲线为一条平滑斜线，说明对单峰最优函数，改进差分进化算法不会陷入局部最优。早熟收敛是智能算法普遍存在的一个缺陷，改进差分进化算法在弥补该缺陷方面具有重要的意义。

对比各差分进化算法在参数寻优后的方差和收敛次数，可以看出改进差分进化算法寻优结果的方差较小，且成功收敛的次数较多，具有较高的寻优稳定性。从运行时间上看，JADE 和 CoDE 较经典差分进化算法有所缩短，尤其是 JADE 在差分策略中采用了 sig 函数控制差分向量方向后，使得个体能迅速向最优解靠近，极大缩短运行时间。

在 Weierstrass 函数的参数寻优测试中，由于 Weierstrass 函数极值点较多，结构复杂，除 CoDE 外的其他三种差分进化算法寻优偏差都很大，导致参数寻优失败，这体现出 CoDE 良好的寻优能力。经典差分进化算法常用的差分策略有七种，不同的差分策略侧重于算法不同方面的性能提升，在 CoDE 中，DE/current-to-rand/bin 策略强调局部能力，差分项 $x_b - x_i$ 使得种群向有希望产生最优解的区域移动，差分项 $x_1 - x_2$ 则可以提高种群的多样性，平衡了全局与局部的性能，差分策略 DE/rand/1/bin 和 DE/best/2/bin 在全局上提高了多样性和收敛速度，CoDE 采用三种差分策略产生了最优变异个体，极大地发挥了差分进化算法的优势，因此，CoDE 在参数寻优过程中获得了比较好的寻优结果。

7.3.3 MATLAB 仿真程序

```
clc;
clear all;
close all;
tic;
format long;
format compact;
'DE'
    problem=1
    n = 30;
    DEylabel=[];
    switch problem
        case 1
            % lu:变量的上限和下限
            lu = [-100 * ones(1, n); 100 * ones(1, n)];
            %加载该测试函数的数据
            load sphere_func_data
            %中括号里无数据表示空矩阵
            A = []; M = []; a = []; alpha = []; b = [];
        case 2
            lu = [-100 * ones(1, n); 100 * ones(1, n)];
            load schwefel_102_data
            A = []; M = []; a = []; alpha = []; b = [];
        case 3
            lu = [-100 * ones(1, n); 100 * ones(1, n)];
            load high_cond_elliptic_rot_data
            A = []; a = []; alpha = []; b = [];
            if n == 2, load elliptic_M_D2,
            elseif n == 10, load elliptic_M_D10,
            elseif n == 30, load elliptic_M_D30,
            elseif n == 50, load elliptic_M_D50,
            end
        case 4
            lu = [-100 * ones(1, n); 100 * ones(1, n)];
            load schwefel_102_data
            A = []; M = []; a = []; alpha = []; b = [];
        case 5
            lu = [-100 * ones(1,n); 100 * ones(1, n)];
            load schwefel_206_data
            M = []; a = []; alpha = []; b = [];
        case 6
            lu = [-100 * ones(1, n); 100 * ones(1, n)];
```

```
    load rosenbrock_func_data
    A = []; M = []; a = []; alpha = []; b = [];

case 7
    lu = [0 * ones(1, n); 600 * ones(1, n)];
    load griewank_func_data
    A = []; a = []; alpha = []; b = [];
    c = 3;
    if n == 2, load griewank_M_D2,
    elseif n == 10, load griewank_M_D10,
    elseif n == 30, load griewank_M_D30,
    elseif n == 50, load griewank_M_D50,
    end
case 8
    lu = [-32 * ones(1, n); 32 * ones(1, n)];
    load ackley_func_data
    A = []; a = []; alpha = []; b = [];
    if n == 2, load ackley_M_D2,
    elseif n == 10, load ackley_M_D10,
    elseif n == 30, load ackley_M_D30,
    elseif n == 50, load ackley_M_D50,
    end
case 9
    lu = [-5 * ones(1, n); 5 * ones(1, n)];
    load rastrigin_func_data
    A = []; M = []; a = []; alpha = []; b = [];
case 10
    lu = [-5 * ones(1, n); 5 * ones(1, n)];
    load rastrigin_func_data
    A = []; a = []; alpha = []; b = [];
    if n == 2, load rastrigin_M_D2,
    elseif n == 10, load rastrigin_M_D10,
    elseif n == 30, load rastrigin_M_D30,
    elseif n == 50, load rastrigin_M_D50,
    end
case 11
    lu = [-0.5 * ones(1, n); 0.5 * ones(1, n)];
    load weierstrass_data
    A = []; a = []; alpha = []; b = [];
    if n == 2, load weierstrass_M_D2,
    elseif n == 10, load weierstrass_M_D10,
    elseif n == 30, load weierstrass_M_D30,
    elseif n == 50, load weierstrass_M_D50,
```

```
        end
    case 12
        lu = [-pi * ones(1, n); pi * ones(1, n)];
        load schwefel_213_data
        A = []; M = []; o = [];
end

% 记录最优结果
outcome = [];
%种群规模
popsize = 100;
time = 1;
%总运行次数
totalTime = 1;
scope_max = 100;
scope_min = -100;
while time <= totalTime

    rand('seed', sum(100*clock));

    %种群中个体的初始化，30 行 30 列的数+30 行 30 列的数*30 行 30 列的数，repmat：快速生
成一个大的矩阵
    %p = repmat(lu(1, :), popsize, 1) + rand(popsize, n) .* (repmat(lu(2, :)
- lu(1, :), popsize, 1));
    p = rand(popsize,n)*(scope_max-scope_min)+scope_min;
    %评估目标函数值，适应度值为 30 行 30 列的矩阵
    fit = benchmark_func(p, problem, o, A, M, a, alpha, b);

    [x_best,x_indexbest]=min(fit);
    %记录函数求值的次数
    FES = popsize;

    F = 0.9;
    CR = 0.8;
    % uSet:实验向量集
    uSet = zeros(popsize, n);
    variation = zeros(popsize, n);

    DEylabel=[DEylabel;x_best];

    while FES < n * 10000
        %pTemp = p;
        %fitTemp = fit;
```

```
%循环得到 30 个个体的 90 个实验向量放在 Uset 中，每三行一组数据，FES=120
for i = 1 : popsize
    dx=randperm(popsize);
    if dx(1)==i,dx(1)=dx(4);
    elseif dx(2)==i,dx(2)=dx(4);
    elseif dx(3)==i,dx(2)=dx(4);
    end
    variation(i,:)=p(dx(1),:)+F*(p(dx(2),:)-p(dx(3),:));
    %判断变异种群的个体是否在解空间中
    for m=1:n
        if variation(i,m)<scope_min || variation(i,m)>scope_max
            variation(i,m)=rand*(scope_max-scope_min)+scope_min;
        end
    end
    for j=1:n
        cr=rand(1);
        if cr<CR || dx(5)==j
            uSet(i,j)=variation(i,j);
        else
            uSet(i,j)=p(i,j);
        end
    end

    FES = FES + 3;

end

%评估实验向量
fitSet = benchmark_func(uSet, problem, o, A, M, a, alpha, b);

%循环里有两个选择，其一是对实验向量的选择，其二是对实验向量和目标向量的选择
for i = 1 : popsize
    if fit(i) >= fitSet(i)
        p(i, :) = uSet(i,:);
        fit(i) = fitSet(i);
    end
end

[x_best,x_indexbest]=min(fit);
%p = pTemp;
%fit = fitTemp;

if 37200<FES && FES<37800, DEylabel=[DEylabel;x_best];
```

```
        elseif  74700<FES && FES<75300, DEylabel=[DEylabel;x_best];
        elseif  112200<FES && FES<112800, DEylabel=[DEylabel;x_best];
        elseif   149800<FES  &&  FES<150300,  DEylabel=[DEylabel;x_best];%这里
700 换成 800
        elseif  187200<FES && FES<187800, DEylabel=[DEylabel;x_best];
        elseif  224700<FES && FES<225300, DEylabel=[DEylabel;x_best];
        elseif  262200<FES && FES<262900, DEylabel=[DEylabel;x_best];
        elseif  299670<FES && FES<300000, DEylabel=[DEylabel;x_best];
        end

    end

    %此时 outcome 生成一个测试函数的最优值
    outcome = [outcome,min(fit)];

    time = time + 1;

  end
  %打印排序，平均值，标准差
  sort(outcome);
  mean(outcome);
  std(outcome);

  DEylabel=DEylabel'                        %转置矩阵
  DEtemp=length(DEylabel);
  %xlabel=[0,37500,75000,112500,150000,187500,225000,262500,300000];
xlabel=[0:300000/(DEtemp-1):300000];
  aff1=length(xlabel);                      %确认点的数量
  p=semilogy(xlabel,DEylabel,'-rs');
  set(p,'LineWidth',0.1,'MarkerFaceColor','r','MarkerSize',5);
  hold on;
%%%%%%%%%%%%%%%%%%%%%%%%%%%%%%%%%%%%%%%%%%%%%%%%%%%%%%%%%%%%%%%%%%%%%%%%%%
  clear all;
  'convergence_CoDE'

  problem=1
  n = 30;
  CoDEylabel=[];
  switch problem

    case 1
        lu = [-100 * ones(1, n); 100 * ones(1, n)];
        load sphere_func_data
```

```
        A = []; M = []; a = []; alpha = []; b = [];
    case 2
        lu = [-100 * ones(1, n); 100 * ones(1, n)];
        load schwefel_102_data
        A = []; M = []; a = []; alpha = []; b = [];
    case 3
        lu = [-100 * ones(1, n); 100 * ones(1, n)];
        load high_cond_elliptic_rot_data
        A = []; a = []; alpha = []; b = [];
        if n == 2, load elliptic_M_D2,
        elseif n == 10, load elliptic_M_D10,
        elseif n == 30, load elliptic_M_D30,
        elseif n == 50, load elliptic_M_D50,
        end
    case 4
        lu = [-100 * ones(1, n); 100 * ones(1, n)];
        load schwefel_102_data
        A = []; M = []; a = []; alpha = []; b = [];
    case 5
        lu = [-100 * ones(1,n); 100 * ones(1, n)];
        load schwefel_206_data
        M = []; a = []; alpha = []; b = [];
    case 6
        lu = [-100 * ones(1, n); 100 * ones(1, n)];
        load rosenbrock_func_data
        A = []; M = []; a = []; alpha = []; b = [];
    case 7
        lu = [0 * ones(1, n); 600 * ones(1, n)];
        load griewank_func_data
        A = []; a = []; alpha = []; b = [];
        c = 3;
        if n == 2, load griewank_M_D2,
        elseif n == 10, load griewank_M_D10,
        elseif n == 30, load griewank_M_D30,
        elseif n == 50, load griewank_M_D50,
        end
    case 8
        lu = [-32 * ones(1, n); 32 * ones(1, n)];
        load ackley_func_data
        A = []; a = []; alpha = []; b = [];
        if n == 2, load ackley_M_D2,
        elseif n == 10, load ackley_M_D10,
        elseif n == 30, load ackley_M_D30,
```

```
            elseif n == 50, load ackley_M_D50,
            end
        case 9
            lu = [-5 * ones(1, n); 5 * ones(1, n)];
            load rastrigin_func_data
            A = []; M = []; a = []; alpha = []; b = [];
        case 10
            lu = [-5 * ones(1, n); 5 * ones(1, n)];
            load rastrigin_func_data
            A = []; a = []; alpha = []; b = [];
            if n == 2, load rastrigin_M_D2,
            elseif n == 10, load rastrigin_M_D10,
            elseif n == 30, load rastrigin_M_D30,
            elseif n == 50, load rastrigin_M_D50,
            end
        case 11
            lu = [-0.5 * ones(1, n); 0.5 * ones(1, n)];
            load weierstrass_data
            A = []; a = []; alpha = []; b = [];
            if n == 2, load weierstrass_M_D2,
            elseif n == 10, load weierstrass_M_D10,
            elseif n == 30, load weierstrass_M_D30,
            elseif n == 50, load weierstrass_M_D50,
            end
        case 12
            lu = [-pi * ones(1, n); pi * ones(1, n)];
            load schwefel_213_data
            A = []; M = []; o = [];
    end
%记录最佳结果
    outcome = [];

    % 主程序
    popsize = 30;
    time = 1;
    % 总运行次数
    totalTime = 1;
    while time <= totalTime
        rand('seed', sum(100*clock));
        % 初始种群
   p = repmat(lu(1, :), popsize, 1) + rand(popsize, n) .* (repmat(lu(2, :) -
lu(1, :), popsize, 1));
        % 评估目标函数值
```

```
    fit = benchmark_func(p, problem, o, A, M, a, alpha, b);
    [x_best,x_indexbest]=min(fit);

    FES = popsize;
    CoDEylabel=[CoDEylabel;x_best];
    while FES < n * 10000
        pTemp = p;
        fitTemp = fit;
        uSet = zeros(3 * popsize, n);
        for i = 1 : popsize
            F   = [1.0 1.0 0.8];
            CR = [0.1 0.9 0.2];
            paraIndex = floor(rand(1, 3) * length(F)) + 1;
            u = CoDEgenerator(p, lu, i, F, CR, popsize, n, paraIndex);
            uSet(i * 3 - 2 : 3 * i, :) = u;
            FES = FES + 3;
        end
      fitSet = benchmark_func(uSet, problem, o, A, M, a, alpha, b);
          for i = 1 : popsize
            [minVal, minID] = min(fitSet(3 * i - 2 : 3 * i, :));
            bestInd = uSet(3 * (i - 1) + minID, :);
            bestIndFit = fitSet(3 * (i - 1) + minID, :);
            if fit(i) >= bestIndFit
                pTemp(i, :) = bestInd;
                fitTemp(i, :) = bestIndFit;
            end
        end
        [x_best,x_indexbest]=min(fitTemp);
        p = pTemp;
        fit = fitTemp;
        if 37410<FES && FES<37590, CoDEylabel=[CoDEylabel;x_best];
        elseif  74910<FES && FES<75090, CoDEylabel=[CoDEylabel;x_best];
        elseif  112410<FES && FES<112590, CoDEylabel=[CoDEylabel;x_best];
        elseif  149910<FES && FES<150090, CoDEylabel=[CoDEylabel;x_best];
        elseif  187410<FES && FES<187590, CoDEylabel=[CoDEylabel;x_best];
        elseif  224910<FES && FES<225090, CoDEylabel=[CoDEylabel;x_best];
        elseif 262410<FES && FES<262690, CoDEylabel=[CoDEylabel;x_best];
        elseif  299880<FES && FES<300000, CoDEylabel=[CoDEylabel;x_best];
        end
    end
    outcome = [outcome,min(fit)];
    time = time + 1;
end
```

```
    sort(outcome);
    mean(outcome);
    std(outcome);
    CoDEylabel=CoDEylabel'
    CoDEtemp=length(CoDEylabel);
    %xlabel=[0,37500,75000,112500,150000,187500,225000,262500,300000];
    xlabel=[0:300000/(CoDEtemp-1):300000];
    aff2=length(xlabel);
    p=semilogy(xlabel,CoDEylabel,'-k+');
    set(p,'LineWidth',0.8,'MarkerFaceColor','k','MarkerSize',5);
    hold on;

%%%%%%%%%%%%%%%%%%%%%%%%%%%%%%%%%%%%%%%%%%%
    clear all;
    'convergence_JADE'
    problem=1
    n = 30;
    JADEylabel=[];
    popsize = 100;
    switch problem
        case 1
            lu = [-100 * ones(1, n); 100 * ones(1, n)];
            load sphere_func_data
            A = []; M = []; a = []; alpha = []; b = [];
        case 2
            lu = [-100 * ones(1, n); 100 * ones(1, n)];
            load schwefel_102_data
            A = []; M = []; a = []; alpha = []; b = [];
        case 3
            lu = [-100 * ones(1, n); 100 * ones(1, n)];
            load high_cond_elliptic_rot_data
            A = []; a = []; alpha = []; b = [];
            if n == 2, load elliptic_M_D2,
            elseif n == 10, load elliptic_M_D10,
            elseif n == 30, load elliptic_M_D30,
            elseif n == 50, load elliptic_M_D50,
            end
        case 4
            lu = [-100 * ones(1, n); 100 * ones(1, n)];
            load schwefel_102_data
            A = []; M = []; a = []; alpha = []; b = [];
```

```
case 5
    lu = [-100 * ones(1, n); 100 * ones(1, n)];
    load schwefel_206_data
    M = []; a = []; alpha = []; b = [];
case 6
    lu = [-100 * ones(1, n); 100 * ones(1, n)];
    load rosenbrock_func_data
    A = []; M = []; a = []; alpha = []; b = [];
case 7
    lu = [0 * ones(1, n); 600 * ones(1, n)];
    load griewank_func_data
    A = []; a = []; alpha = []; b = [];
    if n == 2, load griewank_M_D2,
    elseif n == 10, load griewank_M_D10,
    elseif n == 30, load griewank_M_D30,
    elseif n == 50, load griewank_M_D50,
    end
case 8
    lu = [-32 * ones(1, n); 32 * ones(1, n)];
    load ackley_func_data
    A = []; a = []; alpha = []; b = [];
    if n == 2, load ackley_M_D2,
    elseif n == 10, load ackley_M_D10,
    elseif n == 30, load ackley_M_D30,
    elseif n == 50, load ackley_M_D50,
    end
case 9
    lu = [-5 * ones(1, n); 5 * ones(1, n)];
    load rastrigin_func_data
    A = []; M = []; a = []; alpha = []; b = [];
case 10
    lu = [-5 * ones(1, n); 5 * ones(1, n)];
    load rastrigin_func_data
    A = []; a = []; alpha = []; b = [];
    if n == 2, load rastrigin_M_D2,
    elseif n == 10, load rastrigin_M_D10,
    elseif n == 30, load rastrigin_M_D30,
    elseif n == 50, load rastrigin_M_D50,
    end
case 11
    lu = [-0.5 * ones(1, n); 0.5 * ones(1, n)];
    load weierstrass_data
    A = []; a = []; alpha = []; b = [];
```

```
            if n == 2, load weierstrass_M_D2,
            elseif n == 10, load weierstrass_M_D10,
            elseif n == 30, load weierstrass_M_D30,
            elseif n == 50, load weierstrass_M_D50,
            end
        case 12
            lu = [-pi * ones(1, n); pi * ones(1, n)];
            load schwefel_213_data
            A = []; M = []; o = [];
    end
    outcome = [];
    time = 1;
    totalTime = 1;
    while time <= totalTime
        rand('seed', sum(100 * clock));
        popold  =  repmat(lu(1,  :),  popsize,  1)  +  rand(popsize,  n)  .*
(repmat(lu(2, :) - lu(1, :), popsize, 1));
        valParents = benchmark_func(popold, problem, o, A, M, a, alpha, b);
        c = 1/10;
        p = 0.05;
        CRm = 0.5;
        Fm = 0.5;
        Afactor = 1;
        archive.NP = Afactor * popsize;
        archive.pop = zeros(0, n);
        archive.funvalues = zeros(0, 1);
        [valBest, indBest] = sort(valParents, 'ascend');
        [x_best,x_indexbest]=min(valParents);
        FES = 0;
        JADEylabel=[JADEylabel;x_best];
        while FES < n*10000 %& min(fit)>error_value(problem)
            pop = popold; % the old population becomes the current population
            if FES > 1 && ~isempty(goodCR) && sum(goodF) > 0
                CRm = (1 - c) * CRm + c * mean(goodCR);
                Fm = (1 - c) * Fm + c * sum(goodF .^ 2) / sum(goodF); % Lehmer
mean
            end
            [F, CR] = JADErandFCR(popsize, CRm, 0.1, Fm, 0.1);
            r0 = [1 : popsize];
            popAll = [pop; archive.pop];
            [r1, r2] = JADEgnR1R2(popsize, size(popAll, 1), r0);
            pNP = max(round(p * popsize), 2); % choose at least two best solutions
            randindex = ceil(rand(1, popsize) * pNP); % select from [1, 2, 3, ...,
```

```
pNP]
        randindex = max(1, randindex); % to avoid the problem that rand = 0
and thus ceil(rand) = 0
        pbest = pop(indBest(randindex), :); % randomly choose one of the top
100p% solutions
        % == == == == == == == 变异 == == == == == == == == ==
        vi = pop + F(:, ones(1, n)) .* (pbest - pop + pop(r1, :) -
popAll(r2, :));
        vi = JADEboundConstraint(vi, pop, lu);
        % == == == == = 交叉== == == == =
        mask = rand(popsize, n) > CR(:, ones(1, n)); % mask is used to
indicate which elements of ui comes from the parent
        rows = (1 : popsize)'; cols = floor(rand(popsize, 1) * n)+1; % choose
one position where the element of ui doesn't come from the parent
        jrand = sub2ind([popsize n], rows, cols); mask(jrand) = false;
        ui = vi; ui(mask) = pop(mask);
        valOffspring = benchmark_func(ui, problem, o, A, M, a, alpha, b);
        FES = FES + popsize;
        % == == == == == == == == == == ==选择== == == == == == == == == ==
        % I == 1: 父代最优; I == 2: 子代最优
        [valParents, I] = min([valParents, valOffspring], [], 2);
        popold = pop;
        archive = JADEupdateArchive(archive, popold(I == 2, :), valParents(I
== 2));
        popold(I == 2, :) = ui(I == 2, :);
        goodCR = CR(I == 2);
        goodF = F(I == 2);
        [valBest,indBest] = sort(valParents, 'ascend');
        [x_best,x_indexbest]=min(valParents);
        if 37400<FES && FES<37580, JADEylabel=[JADEylabel;x_best];
        elseif  74900<FES && FES<75300, JADEylabel=[JADEylabel;x_best];
        elseif  112400<FES && FES<112700, JADEylabel=[JADEylabel;x_best];
        elseif  149900<FES && FES<150200, JADEylabel=[JADEylabel;x_best];
        elseif  187400<FES && FES<187800, JADEylabel=[JADEylabel;x_best];
        elseif  224900<FES && FES<225200, JADEylabel=[JADEylabel;x_best];
        elseif  262400<FES && FES<252700, JADEylabel=[JADEylabel;x_best];
        elseif  299800<FES && FES<300000, JADEylabel=[JADEylabel;x_best];
        end
    end
    outcome = [outcome min(valParents)];
    time = time + 1;
end
```

```
sort(outcome);
mean(outcome);
std(outcome);
JADEylabel=JADEylabel'
JADEtemp=length(JADEylabel);
%xlabel=[0,37500,75000,112500,150000,187500,225000,262500,300000];
xlabel=[0:300000/(JADEtemp-1):300000];
aff1=length(xlabel);
p=semilogy(xlabel,JADEylabel,'-g^');
set(p,'LineWidth',0.8,'MarkerFaceColor','g','MarkerSize',5);
hold on ;

%%%%%%%%%%%%%%%%%%%%%%%%%%%%%%%%%%%%%%%
clear all;
'convergence_SaDE'
problem=1
D = 30;
NP = 50;
SaDEylabel=[];
switch problem
    case 1
        lu = [-100 * ones(1, D); 100 * ones(1, D)];
        load sphere_func_data
        A = []; M = []; a = []; alpha = []; b = [];
    case 2
        lu = [-100 * ones(1, D); 100 * ones(1, D)];
        load schwefel_102_data
        A = []; M = []; a = []; alpha = []; b = [];
    case 3
        lu = [-100 * ones(1, D); 100 * ones(1, D)];
        load high_cond_elliptic_rot_data
        A = []; a = []; alpha = []; b = [];
        if D == 2, load elliptic_M_D2,
        elseif D == 10, load elliptic_M_D10,
        elseif D == 30, load elliptic_M_D30,
        elseif D == 50, load elliptic_M_D50,
        end
    case 4
        lu = [-100 * ones(1, D); 100 * ones(1, D)];
        load schwefel_102_data
        A = []; M = []; a = []; alpha = []; b = [];

    case 5
```

```
        lu = [-100 * ones(1, D); 100 * ones(1, D)];
        load schwefel_206_data
        M = []; a = []; alpha = []; b = [];
    case 6
        lu = [-100 * ones(1, D); 100 * ones(1, D)];
        load rosenbrock_func_data
        A = []; M = []; a = []; alpha = []; b = [];
    case 7
        lu = [0 * ones(1, D); 600 * ones(1, D)];
        load griewank_func_data
        A = []; a = []; alpha = []; b = [];
        if D == 2, load griewank_M_D2,
        elseif D == 10, load griewank_M_D10,
        elseif D == 30, load griewank_M_D30,
        elseif D == 50, load griewank_M_D50,
        end
    case 8
        lu = [-32 * ones(1, D); 32 * ones(1, D)];
        load ackley_func_data
        A = []; a = []; alpha = []; b = [];
        if D == 2, load ackley_M_D2,
        elseif D == 10, load ackley_M_D10,
        elseif D == 30, load ackley_M_D30,
        elseif D == 50, load ackley_M_D50,
        end
    case 9
        lu = [-5 * ones(1, D); 5 * ones(1, D)];
        load rastrigin_func_data
        A = []; M = []; a = []; alpha = []; b = [];
    case 10
        lu = [-5 * ones(1, D); 5 * ones(1, D)];
        load rastrigin_func_data
        A = []; a = []; alpha = []; b = [];
        if D == 2, load rastrigin_M_D2,
        elseif D == 10, load rastrigin_M_D10,
        elseif D == 30, load rastrigin_M_D30,
        elseif D == 50, load rastrigin_M_D50,
        end
    case 11
        lu = [-0.5 * ones(1, D); 0.5 * ones(1, D)];
        load weierstrass_data
        A = []; a = []; alpha = []; b = [];
        if D == 2, load weierstrass_M_D2, ,
```

```
        elseif D == 10, load weierstrass_M_D10,
        elseif D == 30, load weierstrass_M_D30,
        elseif D == 50, load weierstrass_M_D50,
        end
    case 12
        lu = [-pi * ones(1, D); pi * ones(1, D)];
        load schwefel_213_data
        A = []; M = []; o = [];
end
outcome = [];
 time = 1;
numst = 4;
% 总运行次数
totalTime = 1;
while time <= totalTime
    aaaa = cell(1, numst);
    learngen = 50;
    lpcount = [];
    npcount = [];
    %记录成功或失败的次数
    ns = [];
    nf = [];
    %记录成功率
    pfit = ones(1, numst);
    %记录 CR 的中位数
    ccm = 0.5 * ones(1, numst);
    %-----初始化种群和数组---------------------------------
    pop = zeros(NP, D); %initialize pop to gain speed
    XRRmin = repmat(lu(1, :), NP, 1);
    XRRmax = repmat(lu(2, :), NP, 1);
    rand('seed', sum(100 * clock));
    pop = XRRmin + (XRRmax - XRRmin) .* rand(NP, D);
    popold   = zeros(size(pop));   % toggle population
    val    = zeros(1, NP);       % create and reset the "cost array"
    DE_gbest   = zeros(1, D);       % best population member ever
    nfeval = 0;              % number of function evaluations
    val   = benchmark_func(pop, problem, o, A, M, a, alpha, b);
    [DE_gbestval, ibest] = min(val);
    DE_gbest = pop(ibest, :);
    SaDEylabel=[SaDEylabel;DE_gbestval];
    %     ibest  = 1;
    %     val(1)  = benchmark_func(pop(ibest, :), problem, o, A, M, a, alpha, b);
    %     DE_gbestval = val(1);
```

```
%     nfeval  = nfeval + 1;
%     for i = 2:NP
%       val(i) = benchmark_func(pop(i, :), problem, o, A, M, a, alpha, b);
%       nfeval  = nfeval + 1;
%       if (val(i) < DE_gbestval)
%         ibest  = i;
%         DE_gbestval = val(i);
%       end
%     end
%     DE_gbest = pop(ibest, :);


pm1 = zeros(NP, D);               % 初始化种群矩阵 1
pm2 = zeros(NP, D);               % 初始化种群矩阵 2
pm3 = zeros(NP, D);               % 初始化种群矩阵 3
pm4 = zeros(NP, D);               % 初始化种群矩阵 4
pm5 = zeros(NP, D);               % 初始化种群矩阵 5
bm  = zeros(NP, D);               % 初始化 DE_gbestber 矩阵
ui  = zeros(NP, D);
mui = zeros(NP, D);
mpo = zeros(NP, D);
rot = (0 : 1 : NP-1);             % 旋转索引矩阵
rt  = zeros(NP);
a1  = zeros(NP);
a2  = zeros(NP);
a3  = zeros(NP);
a4  = zeros(NP);
a5  = zeros(NP);
ind = zeros(4);
iter = 1;
nfeval = NP;
while nfeval < 10000 * D
    popold = pop;                     % 保留旧种群 save the old population
    ind = randperm(4);                % 索引指针数组
    a1  = randperm(NP);               % 随机排列向量的位置
    rt = rem(rot + ind(1), NP);       % 将索引按 ind(1)位置旋转
    a2  = a1(rt + 1);                 % 旋转矢量位置
    rt = rem(rot + ind(2), NP);
    a3  = a2(rt + 1);
    rt = rem(rot + ind(3), NP);
    a4  = a3(rt + 1);
    rt = rem(rot + ind(4), NP);
    a5  = a4(rt + 1);
```

```
pm1 = popold(a1, :);        % 随机排列种群 1
pm2 = popold(a2, :);        % 随机排列种群 2
pm3 = popold(a3, :);
pm4 = popold(a4, :);
pm5 = popold(a5, :);
bm = repmat(DE_gbest, NP, 1);
if (iter >= learngen)
    for i = 1:numst
        if ~isempty(aaaa{i})
            ccm(i) = median(aaaa{i}(:, 1));
            d_index = find(aaaa{i}(:, 2) == aaaa{i}(1, 2));
            aaaa{i}(d_index, :) = [];
        else
            ccm(i) = rand;
        end
    end
end

for i = 1 : numst
    cc_tmp = [];
    for k = 1 : NP
        tt = normrnd(ccm(i), 0.1);
        while tt > 1 | tt < 0
            tt = normrnd(ccm(i), 0.1);
        end
        cc_tmp = [cc_tmp; tt];
    end
    cc(:, i) = cc_tmp;
end
rr = rand;
spacing = 1/NP;
randnums = sort(mod(rr : spacing : 1 + rr - 0.5 * spacing, 1));
normfit = pfit / sum(pfit);
partsum = 0;
count(1) = 0;
stpool = [];
for i = 1 : length(pfit)
    partsum = partsum + normfit(i);
    count(i + 1) = length(find(randnums < partsum));
    select(i, 1) = count(i + 1) - count(i);
    stpool = [stpool; ones(select(i, 1), 1) * i];
end
stpool = stpool(randperm(NP));
```

```
        for i = 1 : numst
            atemp = zeros(1, NP);
            aaa{i} = atemp;
            index{i} = [];
            if ~isempty(find(stpool == i))
                index{i} = find(stpool == i);
                atemp(index{i}) = 1;
                aaa{i} = atemp;
            end
        end
        aa = zeros(NP, D);
        for i = 1 : numst
            aa(index{i}, :) = rand(length(index{i}), D) < repmat(cc(index{i},
i), 1, D);
        end
        mui = aa;
        dd = ceil(D * rand(NP, 1));
        for kk = 1 : NP
            mui(kk, dd(kk)) = 1;
        end
        mpo = mui < 0.5;
        for i = 1 : numst
            F = [];
            m = length(index{i});
            F = normrnd(0.5, 0.3, m, 1);
            F = repmat(F, 1, D);
            if i == 1
                ui(index{i}, :) = pm3(index{i}, :) + F .* (pm1(index{i}, :) -
pm2(index{i}, :));
                ui(index{i}, :) = popold(index{i}, :) .* mpo(index{i}, :) +
ui(index{i}, :) .* mui(index{i}, :);
            end
            if i == 2
                ui(index{i}, :) = popold(index{i}, :) + F .* (bm(index{i}, :)-
popold(index{i},  :))  +  F  .*  (pm1(index{i},  :)  -  pm2(index{i},  :)  +
pm3(index{i}, :) - pm4(index{i}, :));    % differential variation
                ui(index{i}, :) = popold(index{i}, :) .* mpo(index{i}, :) +
ui(index{i}, :) .* mui(index{i}, :);
            end
            if i == 3
                ui(index{i}, :) = pm5(index{i}, :) + F .* (pm1(index{i}, :) -
pm2(index{i}, :) + pm3(index{i}, :) - pm4(index{i}, :));     % differential
variation
```

```
            ui(index{i}, :) = popold(index{i}, :) .* mpo(index{i}, :) +
ui(index{i}, :) .* mui(index{i}, :);
        end
        if i == 4
            ui(index{i}, :) = popold(index{i}, :) + rand .* (pm5(index
{i}, :)-popold(index{i}, :)) + F .* (pm1(index{i}, :) - pm2(index{i}, :));
        end
    end

    for i = 1 : NP
        outbind = find(ui(i, :) < lu(1, :));
        XRmin = lu(1, :);
        XRmax = lu(2, :);
        if size(outbind, 2) ~= 0
        ui(i, outbind) = XRmin(outbind) + (XRmax(outbind) - XRmin
(outbind)) .* rand(1, size(outbind, 2));
        end
        outbind = find(ui(i, :) > lu(2, :));
        if size(outbind, 2) ~= 0
            ui(i, outbind) = XRmin(outbind) + (XRmax(outbind) - XRmin
(outbind)) .* rand(1, size(outbind, 2));
        end
    end

    lpcount = zeros(1, numst);
    npcount = zeros(1, numst);

    tempval = benchmark_func(ui, problem, o, A, M, a, alpha, b);
    nfeval  = nfeval + NP;

    for i = 1 : NP
        if (tempval(i) <= val(i))
            pop(i, :) = ui(i, :);
            val(i)  = tempval(i);
            tlpcount = zeros(1, numst);
            for j = 1 : numst
                temp = aaa{j};
                tlpcount(j) = temp(i);
                if tlpcount(j) == 1
                    aaaa{j} = [aaaa{j}; cc(i, j) iter];
                end
            end
            lpcount = [lpcount; tlpcount];
```

```
            else
                tnpcount = zeros(1, numst);
                for j = 1:numst
                    temp = aaa{j};
                    tnpcount(j) = temp(i);
                end
                npcount = [npcount; tnpcount];
            end
        end
        ns = [ns; sum(lpcount, 1)];
        nf = [nf; sum(npcount, 1)];
        if iter >= learngen
            for i = 1 : numst
                if (sum(ns(:, i)) + sum(nf(:, i))) == 0
                    pfit(i) = 0.01;
                else
                    pfit(i) = sum(ns(:, i)) / (sum(ns(:, i)) + sum(nf(:, i))) +
0.01;
                end
            end
            if ~isempty(ns), ns(1, :) = []; end
            if ~isempty(nf), nf(1, :) = []; end
        end
        iter = iter + 1;
        [x_best,x_indexbest]=min(val);
        if 37450<nfeval && nfeval<37550, SaDEylabel=[SaDEylabel;x_best];
        elseif  74920<nfeval && nfeval<75050, SaDEylabel=[SaDEylabel;x_best];
        elseif  112450<nfeval && nfeval<112600, SaDEylabel=[SaDEylabel;x_best];
        elseif  149950<nfeval && nfeval<150100, SaDEylabel=[SaDEylabel;x_best];
        elseif  187450<nfeval && nfeval<187600, SaDEylabel=[SaDEylabel;x_best];
        elseif  224950<nfeval && nfeval<225100, SaDEylabel=[SaDEylabel;x_best];
        elseif  262450<nfeval && nfeval<262600, SaDEylabel=[SaDEylabel;x_best];
        elseif  299900<nfeval && nfeval<300000, SaDEylabel=[SaDEylabel;x_best];
        end
    end
    outcome = [outcome min(val)];
    time = time + 1;
end
sort(outcome);
mean(outcome);
std(outcome);
SaDEylabel=SaDEylabel'
SaDEtemp=length(SaDEylabel);
```

```
%xlabel=[0,37500,75000,112500,150000,187500,225000,262500,300000];
xlabel=[0:300000/(SaDEtemp-1):300000];
aff1=length(xlabel);
p=semilogy(xlabel,SaDEylabel,'-md');
set(p,'LineWidth',0.8,'MarkerFaceColor','m','MarkerSize',5);
legend('DE','CoDE','JADE','SaDE');
%ylabel('Mean','Fontsize',12);
%xlabel('FES','Fontsize',12);
hold off;
toc;
```

思　考　题

1．试用差分进化算法解决第 6 章中 PID 参数辨识的问题。

2．在系统辨识中如何应用差分进化算法？

第 8 章　基于麻雀搜索算法的参数辨识及其应用

8.1　麻雀搜索算法的基本原理

麻雀搜索算法（Sparrow Search Algorithm，SSA）是 Jiankai Xue 等人于 2020 年提出的一种模拟麻雀种群觅食、逃避捕食者行为的启发式算法。麻雀搜索算法的基本思想：通过模仿麻雀的觅食和反捕食行为来进行全局参数寻优。麻雀搜索算法分为发现者、加入者和侦察者。具有较高适应度的为发现者，负责为加入者提供觅食区域和方向。加入者在跟随发现者的同时，不断监视发现者并争夺食物，以保证捕食率。当侦察者发现捕食者后发出预警信号，麻雀种群整体做出反捕食行为。麻雀搜索算法会根据参数寻优需求初始化一个种群数量为 N 且存在于 D 维搜索空间的麻雀种群，令 $\boldsymbol{x}_i=[x_{i1},x_{i2},\cdots,x_{id}]^{\mathrm{T}}$，$i=1,2,\cdots,N$，表示第 i 只麻雀在 D 维搜索空间中的位置，种群中每个麻雀的位置都代表目标在搜索空间中的一个可行解。

首先，麻雀种群中适应度高的发现者的位置更新规律为

$$x_{id}^{t+1}=\begin{cases} x_{id}^{t}\cdot \mathrm{e}^{\frac{-i}{\alpha M}} & R_2<\mathrm{ST} \\ x_{id}^{t}+P\cdot \boldsymbol{L} & R_2\geqslant \mathrm{ST} \end{cases} \tag{8-1}$$

式中，x_{id}^{t} 表示第 i 只麻雀在第 t 次迭代时的位置；M 表示最大迭代次数；α 和 P 表示随机数；$\boldsymbol{L}$ 表示元素都为 1 的矩阵；$R_2\in[0,1]$ 表示预警值；$\mathrm{ST}\in[0.5,1]$ 表示安全值。

其次，除了发现者，剩余麻雀皆为加入者，加入者的位置更新规律为

$$x_{id}^{t+1}=\begin{cases} P\cdot \mathrm{e}^{\left(\frac{xw_d^t-x_{id}^t}{i^2}\right)} & i>\dfrac{n}{2} \\ \mathrm{xb}_d^{t+1}+\left|x_{id}^{t}-\mathrm{xb}_d^{t+1}\right|\boldsymbol{A}^{+}\cdot\boldsymbol{L} & i\leqslant\dfrac{n}{2} \end{cases} \tag{8-2}$$

式中，xw_d^t 表示麻雀在第 t 次迭代时的最差位置；xb_d^{t+1} 表示麻雀在第 t+1 次迭代时的最优位置；$\boldsymbol{A}$ 表示 $1\times d$ 矩阵，每个元素随机赋值 1 或−1，并且 $\boldsymbol{A}^{+}=\boldsymbol{A}^{\mathrm{T}}(\boldsymbol{A}\boldsymbol{A}^{\mathrm{T}})^{-1}$。

最后，选定侦察者，其位置更新规律为

$$x_{id}^{t+1}=\begin{cases} \mathrm{xb}_d^{t}+\beta(x_{id}^{t}-\mathrm{xb}_d^{t}) & f_i\neq f_{\mathrm{g}} \\ x_{id}^{t}+K\left(\dfrac{x_{id}^{t}-\mathrm{xw}_d^{t}}{\left|f_i-f_{\mathrm{w}}\right|+\tau}\right) & f_i=f_{\mathrm{g}} \end{cases} \tag{8-3}$$

式中，xb_d^t 表示麻雀在第 t 次迭代时的最优位置；β 是步长控制参数；$K\in[-1,1]$，是表示麻

雀移动方向的随机数；τ 是防止分母为 0 的无限小常数；f_i 是第 i 只麻雀的适应度值，f_{g} 和 f_{w} 分别是当前全局最佳和最差适应度值。

8.2　改进麻雀搜索算法及案例仿真分析

8.2.1　基于精英反向学习策略和混合扰动策略的改进麻雀搜索算法

为避免麻雀搜索算法陷入局部最优，本节采用精英反向学习策略，以及柯西变异扰动与 Tent 混沌扰动相结合的混合扰动策略，对麻雀搜索算法进行改进。

1. **精英反向学习策略**

Tizhoosh 等人通过研究发现，反向解有时比原始解更容易搜索到种群的最优解，从而提出反向学习策略。精英反向学习策略是针对反向学习策略生成的反向解不一定比原始解更容易搜索到全局最优解而提出的一种改进学习策略。

将 x_i 定义为原始解麻雀，则 x_i' 为反向解麻雀，fit 为目标函数。当 $\mathrm{fit}(x_i) \leqslant \mathrm{fit}(x_i')$ 时，称 x_i 为精英麻雀；反之，当 $\mathrm{fit}(x_i) > \mathrm{fit}(x_i')$ 时，则称 x_i' 为精英麻雀。设 x_{iD} 为普通麻雀 x_i 在第 D 维上的值，则其反向解如式（8-4）所示。

$$x_{iD}' = m \cdot (a_{iD} + b_{iD}) - x_{iD} \tag{8-4}$$

式中，m 是区间 $(0,1)$ 上的随机数；a_{iD} 和 b_{iD} 为 x_i' 在第 D 维的最大和最小值，$[a_{iD}, b_{iD}]$ 是群体区间，当反向解不在区间内时，则给定值：

$$\begin{cases} x_{iD}' = a_{iD} & x_{iD}' > a_{iD} \\ x_{iD}' = b_{iD} & x_{iD}' < a_{iD} \end{cases} \tag{8-5}$$

将精英反向学习策略引入麻雀搜索算法对混合核函数参数进行优化，将原始解麻雀与反向解麻雀的适应度值进行对比，对于原始解麻雀目标函数值小于反向解麻雀的，对其反向区域进行搜索，可以扩大种群的搜索范围，避免盲目搜索，也提高了算法的收敛速度。

2. **混合扰动策略**

柯西变异取自连续型概率分布中的柯西分布，主要特点为 0 处峰值较小，峰值到 0 时下降缓慢，使变异范围更均匀。变异策略表达式为

$$\mathrm{cauchy}(x) = \{1 + \tan[\pi(u - 0.5)]\} \cdot x \tag{8-6}$$

式中，x 为原来个体位置；cauchy(x)为经过柯西变异后的个体位置；u 是区间 $(0,1)$ 上的随机数。

Tent 混沌映射存在小周期点和不稳定周期点，为避免落入小周期点和不稳定周期点，在原有的 Tent 映射表达式中引入随机变量 $\mathrm{rand}(0,1) \cdot \dfrac{1}{N}$，改进后的 Tent 混沌映射表达式为

$$z_{i+1}=\begin{cases}2z_i+\text{rand}(0,1)\cdot\dfrac{1}{N} & 0\leqslant z\leqslant\dfrac{1}{2}\\ 2(1-z_i)+\text{rand}(0,1)\cdot\dfrac{1}{N} & \dfrac{1}{2}<z\leqslant 1\end{cases} \tag{8-7}$$

简记为

$$z_{i+1}=(2z_i)\bmod 1+\text{rand}(0,1)\cdot\frac{1}{N} \tag{8-8}$$

式中，N 为序列内粒子个数。

为了提高算法寻优能力，等概率交替执行柯西变异扰动和 Tent 混沌扰动策略，对当前种群的最优解进行扰动更新，混合扰动策略计算公式为

$$x_{\text{best}}=\begin{cases}\{1+\tan[\pi(u-0.5)]\}\cdot x & \lambda<0.5\\ (2z_i)\bmod 1+\text{rand}(0,1)\cdot\dfrac{1}{N} & \lambda\geqslant 0.5\end{cases} \tag{8-9}$$

式中，λ 是区间[0,1]上的随机数。

通过柯西变异扰动和 Tent 混沌扰动策略，可帮助麻雀搜索算法跳出局部最优，提升算法搜索速度。

改进麻雀搜索算法（ISSA）流程图如图 8-1 所示。

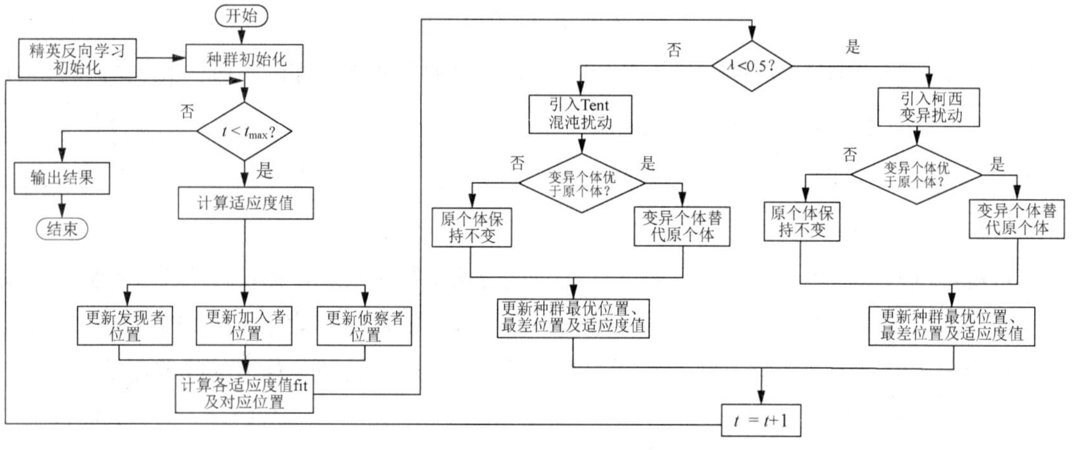

图 8-1　改进麻雀搜索算法流程图

8.2.2　基于改进麻雀搜索算法的参数寻优案例仿真

下面以 PM2.5 预测模型的建立为例，给出改进麻雀搜索算法在实际应用中的参数辨识过程。为提升 PM2.5 预测模型的预测精度，先对原始 PM2.5 数据进行变分模态分解，并对各模态分量分别建立多核相关向量机预测模型，最终将各模态分量组合起来，得到 PM2.5 的最终预测模型，改进麻雀搜索算法用于多核相关向量机预测模型中核函数组合权重的辨识和寻优。

1. PM2.5 数据来源及预测模型评价指标

本节研究数据为北京市 2020 年 1 月 1 日至 2022 年 3 月 31 日空气质量实时监测的 PM2.5 数据，数据采样时间间隔为 1 天，共计 821 个数据，选取 2020 年 1 月 1 日至 2021 年 12 月 31 日的 731 个数据作为训练集样本建立 PM2.5 预测模型，选取 2022 年 1 月 1 日至 2022 年 3 月 31 日的 90 个数据作为测试集进行 PM2.5 预测模型泛化能力预测。821 个 PM2.5 原始数据分布图如图 8-2 所示。

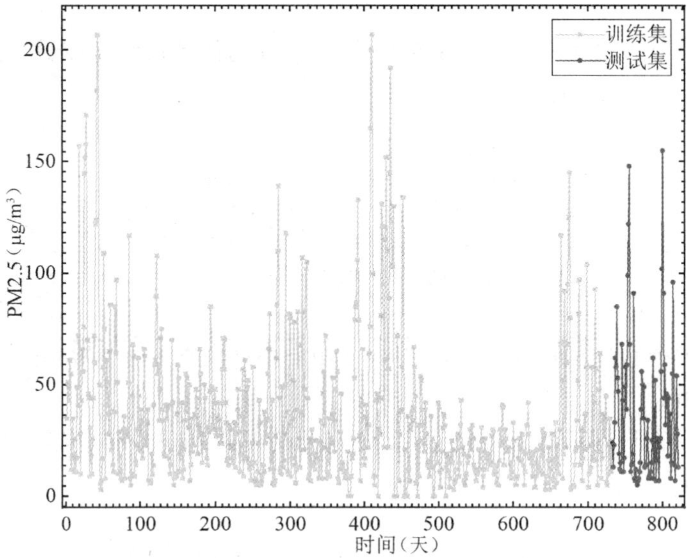

图 8-2 PM2.5 原始数据分布图

为评价 PM2.5 预测模型的预测精度，采用平均绝对误差 MAE、均方根误差 RMSE、平均绝对百分误差 MAPE 和皮尔逊相关系数 R 等评价指标对模型测试集的预测误差进行评价和分析，以验证 PM2.5 预测模型的预测效果。各评价指标的计算公式如下：

$$\mathrm{MAE}=\frac{1}{N}\sum_{i=1}^{N}\left(|\,x_i-\hat{x}_i\,|\right)$$

$$\mathrm{RMSE}=\sqrt{\frac{1}{N}\sum_{i=1}^{N}\left(|\,x_i-\hat{x}_i\,|\right)^2}$$

$$\mathrm{MAPE}=\frac{1}{N}\sum_{i=1}^{N}\left(|\,x_i-\hat{x}_i\,|\right)\times 100\%$$

$$R_{x_i\hat{x}_i}=\frac{\operatorname{cov}\left(x_i,\hat{x}_i\right)}{\sigma_{x_i}\sigma_{\hat{x}_i}}$$

式中，N 是测试集所有数据的个数；x_i 表示 PM2.5 实测值；$\hat{x}_i$ 表示 PM2.5 预测值；$\operatorname{cov}\left(x_i,\hat{x}_i\right)$ 是 $x_i,\hat{x}_i$ 的协方差；σ_{x_i} 和 $\sigma_{\hat{x}_i}$ 分别是 x_i 和 $\hat{x}_i$ 的标准差。

平均绝对误差反映误差平均幅值，平均绝对误差的值越小，说明预测模型的精度越高；均方根误差突出误差极大值的影响；平均绝对百分误差是平均绝对误差的变形，反映预测值较实测值的平均偏离程度，平均绝对百分误差的值越小，说明预测模型的精度越高；当 R 越接近 1 时，预测值越接近实测值，预测效果越好，预测模型性能越优。

2. PM2.5 **序列的变分模态分解**（VMD）

为挖掘 PM2.5 序列的潜在变化规律，建立预测精度更高的 PM2.5 预测模型，将 PM2.5 原始序列 $\boldsymbol{y}(t)$ 看作 K 个中心频率不同、带宽有限、呈现一定波动规律的分模态 $\boldsymbol{u}_k(t)$，即 $\sum_{k=1}^{K}\boldsymbol{u}_k(t)=\boldsymbol{y}(t)$。为有效分解出 PM2.5 原始序列的各分模态 $\boldsymbol{u}_k(t)$，对分模态 $\boldsymbol{u}_k(t)$ 进行希尔伯特变换，然后乘以中心频率 $\mathrm{e}^{-\mathrm{j}\omega_k t}$，以每个分模态 $\boldsymbol{u}_k(t)$ 的估计带宽之和最小为优化目标函数，建立如下最优约束变分模型：

$$
\begin{aligned}
&\min_{\{u_k\},\{\omega_k\}}\left\{\sum_{k=1}^{K}\left\|\frac{\partial}{\partial t}\left[\delta(t)+\frac{\mathrm{j}}{\pi t}\right]*\boldsymbol{u}_k(t)\mathrm{e}^{-\mathrm{j}\omega_k t}\right\|_2^2\right\} \\
&\text{s.t.}\quad \sum_{k=1}^{K}\boldsymbol{u}_k(t)=\boldsymbol{y}(t)
\end{aligned}
\tag{8-10}
$$

式中，$\delta(t)$ 为狄利克雷函数；$\sqrt{-1}=\mathrm{j}$。通过求解该最优约束变分模型，即可实现对 PM2.5 原始序列的模态分解。

为求解带约束条件的最优变分模型，引入约束参数 β 和拉格朗日乘子 $\lambda(t)$，将式（8-10）转换成非约束模型

$$
\begin{aligned}
L(\{\boldsymbol{u}_k\},\{\omega_k\},\boldsymbol{\lambda}(t))=&\beta\sum_{k=1}^{K}\left\|\frac{\partial}{\partial t}\left[\delta(t)+\frac{\mathrm{j}}{\pi t}\right]*\boldsymbol{u}_k(t)\mathrm{e}^{-\mathrm{j}\omega_k t}\right\|_2^2 \\
&+\left\|\boldsymbol{y}(t)-\sum_{k=1}^{K}\boldsymbol{u}_k(t)\right\|_2^2+\left\langle\boldsymbol{\lambda}(t),\boldsymbol{y}(t)-\sum_{k=1}^{K}\boldsymbol{u}_k(t)\right\rangle
\end{aligned}
\tag{8-11}
$$

式中，$\langle\bullet,\bullet\rangle$ 表示内积运算。

采用迭代方法对非约束模型进行求解，其迭代求解算法流程如下。

第一步：初始化 $\{\boldsymbol{u}_k^1\},\{\omega_k^1\},\boldsymbol{\lambda}^1$，并令 $n=0$。

第二步：令 $n=n+1$，开始循环。

第三步：$k=1,2,\cdots,K$，$\omega>0$，更新分模态、中心频率和拉格朗日乘子：

$$
\hat{\boldsymbol{u}}_k^{n+1}(\omega)=\frac{\hat{\boldsymbol{y}}(\omega)-\sum_{i\neq k}\hat{\boldsymbol{u}}_i^n(\omega)+\dfrac{\hat{\boldsymbol{\lambda}}^n(\omega)}{2}}{1+2\beta(\omega-\omega_k^n)^2}
\tag{8-12}
$$

$$
\omega_k^{n+1}=\frac{\int_0^{+\infty}\omega\left\|\hat{\boldsymbol{u}}_k^n(\omega)\right\|^2\mathrm{d}\omega}{\int_0^{+\infty}\left\|\hat{\boldsymbol{u}}_k^n(\omega)\right\|^2\mathrm{d}\omega}
\tag{8-13}
$$

$$
\hat{\boldsymbol{\lambda}}^{n+1}(\omega)=\hat{\boldsymbol{\lambda}}^n(\omega)+\gamma\left[\hat{\boldsymbol{y}}(\omega)-\sum_k\hat{\boldsymbol{u}}_k^{n+1}(\omega)\right]
\tag{8-14}
$$

式中，n 为迭代次数；$\hat{\boldsymbol{u}}_k^n(\omega)$ 为 PM2.5 序列第 k 个分模态对应的维纳滤波；$\hat{\boldsymbol{y}}(\omega)$ 为 PM2.5 原

始序列 $\boldsymbol{y}(t)$ 的频域形式；$\hat{\boldsymbol{\lambda}}(\omega)$ 为拉格朗日乘子 $\boldsymbol{\lambda}(t)$ 的频域形式；γ 为噪声容限；ω_k^{n+1} 为第 k 个分模态的频率中心。

第四步：给定收敛停止阈值 $\varepsilon>0$，判断收敛条件 $\frac{\sum_{k=1}^{K}\|\hat{\boldsymbol{u}}_k^{n+1}(t)-\hat{\boldsymbol{u}}_k^{n}(t)\|^2}{\|\hat{\boldsymbol{u}}_k^{n}(t)\|^2}<\varepsilon$ 是否满足，若不满足，则返回第二步；若满足，则停止迭代，分解过程结束，对更新后的 $\hat{\boldsymbol{u}}_k^{n}(\omega)$ 进行反傅里叶变换，得到第 k 个分模态 $\boldsymbol{u}_k(t)$ 。

通过以上步骤，即可实现对 PM2.5 原始序列的分解。分模态数量 K 对 PM2.5 原始序列的分解影响较大，一般计算分模态 $\boldsymbol{u}_k(t)$ 和残差 $e(t)=\boldsymbol{y}(t)-\sum_{k=1}^{K}\boldsymbol{u}_k(t)$ 与原始序列 $y(t)$ 的皮尔逊相关系数

$$R_k=\frac{\sum_{t=1}^{n}[y(t)-\overline{y(t)}][u_k(t)-\overline{u_k(t)}]}{\sqrt{\sum_{t=1}^{n}[y(t)-\overline{y(t)}]^2}\sqrt{\sum_{t=1}^{n}[u_k(t)-\overline{u_k(t)}]^2}} \tag{8-15}$$

$$R_e=\frac{\sum_{t=1}^{n}[y(t)-\overline{y(t)}][e(t)-\overline{e(t)}]}{\sqrt{\sum_{t=1}^{n}[y(t)-\overline{y(t)}]^2}\sqrt{\sum_{t=1}^{n}[e(t)-\overline{e(t)}]^2}} \tag{8-16}$$

式中，$t=1,2,\cdots,n$ 表示对 $y(t)$ 和 $u_k(t)$ 等间隔采样后得到 n 个数据；$\overline{y(t)}$ 和 $\overline{u_k(t)}$ 表示 n 个数据的均值。记 $K=2$ 时的 R_e 为 R_{e2}，当残差与原始序列 $y(t)$ 的皮尔逊相关系数 $R_e\leqslant\min\{R_k\}$ 且 $R_e\leqslant 0.1R_{e2}$ 时，K 为最优的模态数量。

实际采集的 PM2.5 数据具有复杂的波动性和不平稳性，为了深入分析其内在特征，采用变分模态分解方法对原始的 PM2.5 数据进行模态分解，获得不同频域的相对平稳的本征模态分量。通过对皮尔逊相关系数的计算，最终确定 PM2.5 数据的模态分解数量为 6，变分模态分解的参数设置如表 8-1 所示。

表 8-1　变分模态分解的参数设置

模型	参数	数值
变分模态分解	模态数量 K	6
	惩罚因子 α	2000
	直流分量 DC	0
	收敛准则容忍度	1×10^{-6}
	被分解一维时域信号	0.002
	双重上升的时间步长	0
	初始化参数	0

PM2.5 原始数据集、训练集、测试集变分模态分解后的内涵模态分量（IMF）和残差如图 8-3～图 8-5 所示。可见，经过变分模态分解的各模态分量具有平稳性。

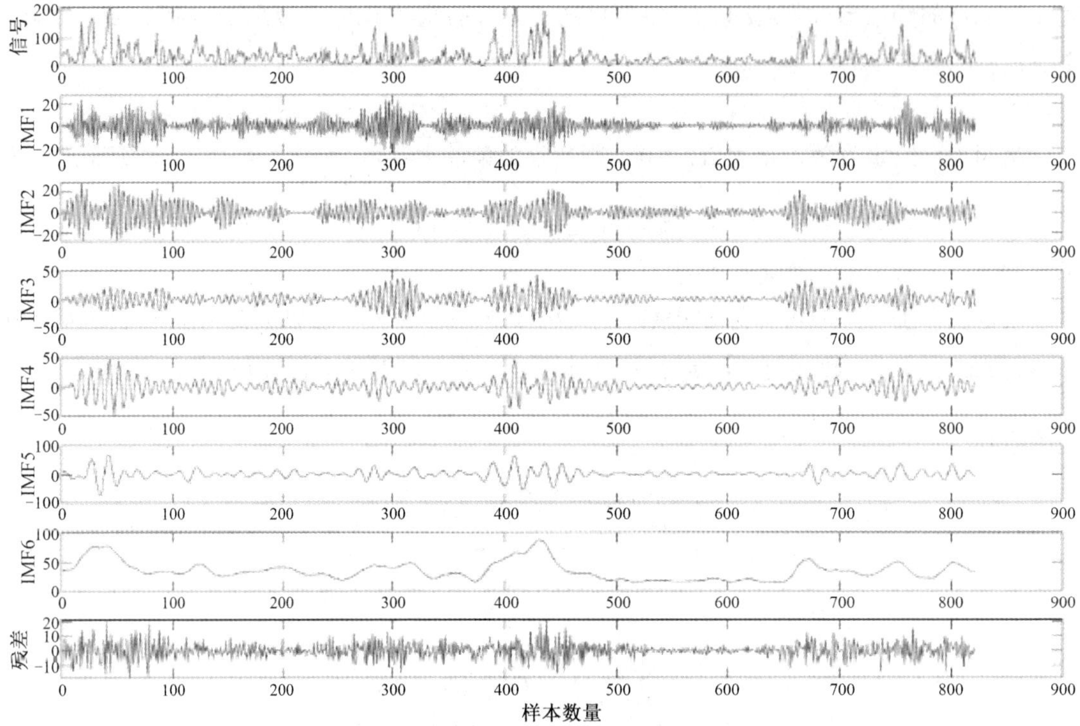

图 8-3　原始数据集变分模态分解后的 IMF 和残差

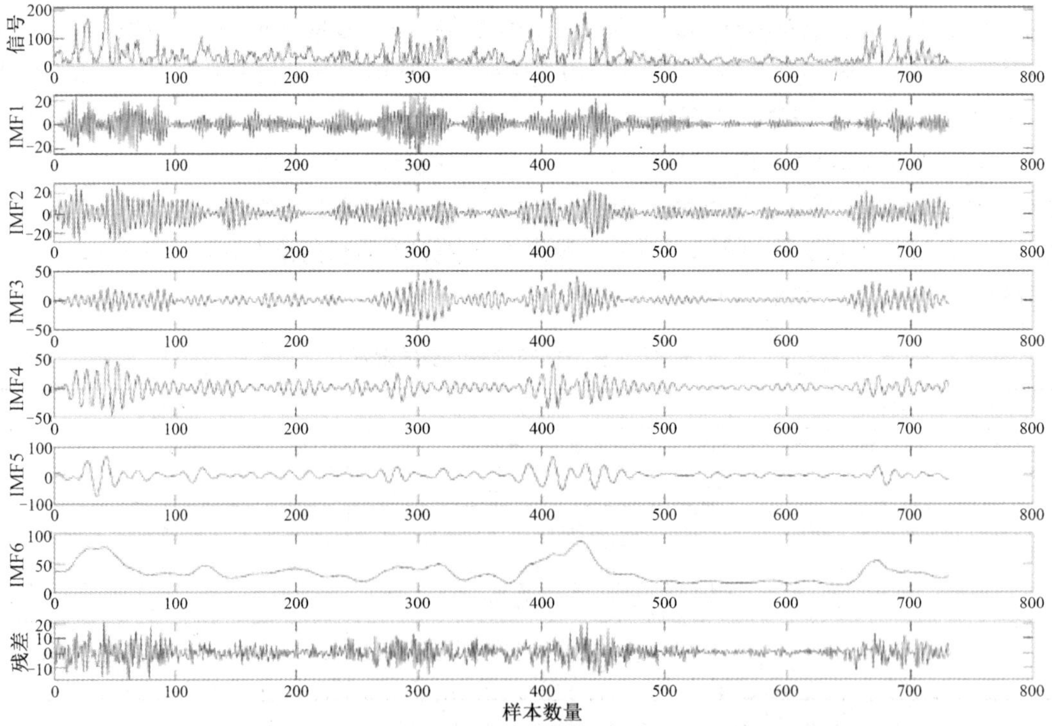

图 8-4　训练集变分模态分解后的 IMF 和残差

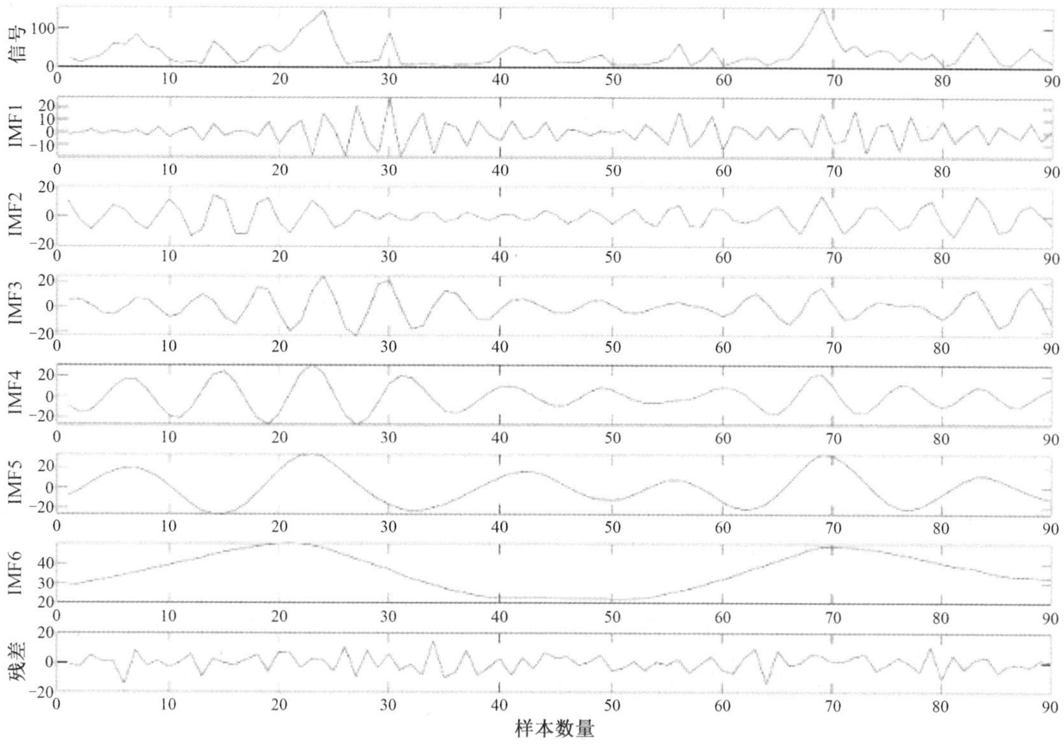

图 8-5　测试集变分模态分解后的 IMF 和残差

3. 多核相关向量机预测模型的建立

基于统计学习理论的支持向量机预测模型具有较好的泛化能力和非线性建模特性，广泛应用于各类预测模型的建立，但实际应用中发现支持向量机存在过拟合现象，对训练样本缺乏稀疏性，导致学习过程中的计算量较大。为此，有学者在贝叶斯理论框架下，提出了一种新的具有稀疏特性的相关向量机（Relevance Vector Machine，RVM）模型。相关向量机的稀疏特性可体现数据集中最核心的特征，不仅克服了支持向量机中核函数必须满足 Mercer 条件的缺点，还有效减少了核函数的计算量，使得相关向量机预测模型在测试集上的计算速度更快，泛化误差更小。

1）构建相关向量机预测模型的原理

经变分模态分解后的各分模态是均值为 0 的平稳随机序列，基于此，采用相关向量机对各分模态 $\boldsymbol{u}_k(t)$ 分别建立相关向量机预测模型，并将各模态分量的相关向量机预测模型之和作为最终的 PM2.5 预测模型。下面给出第 k 个分模态 $\boldsymbol{u}_k(t)$ 的相关向量机预测模型的构建原理和构建过程。

选择第 k（$k=1,2,\cdots,K$）个分模态 $\boldsymbol{u}_k(t)$ 的 d 个延迟数据 $[u_k(t-d),\cdots,u_k(t-1)]$ 作为相关向量机预测模型的输入数据 $\boldsymbol{x}_n \in \mathbf{R}^d$，当前时刻数据 $u_k(t)$ 作为输出数据 $t_n \in \mathbf{R}$，构成样本数据对 $\{\boldsymbol{x}_n, t_n\}$。采集 N 个数据构成学习样本集，令 $\boldsymbol{x}=(\boldsymbol{x}_1,\boldsymbol{x}_2,\cdots,\boldsymbol{x}_N)^{\mathrm{T}}, \boldsymbol{t}=(t_1,t_2,\cdots,t_N)^{\mathrm{T}}$，则输入与输出满足如下关系：

$$t_n = f(\boldsymbol{x}_n, \boldsymbol{w}) + \varepsilon_n = \sum_{i=1}^{N} \omega_i \varphi_i(\boldsymbol{x}_n) + \omega_0 + \varepsilon_n \tag{8-17}$$

式中，$\boldsymbol{w} = (w_0, w_1, \cdots, w_N)^{\mathrm{T}}$ 为权重向量；ε_n 为服从 $N(0,\sigma^2)$ 分布的高斯白噪声，且对于任意的 i,j，随机变量ε_i 与ε_j 相互独立；非线性基函数$\varphi_i(\boldsymbol{x}) = K(\boldsymbol{x}, \boldsymbol{x}_i)$ 为核函数。根据样本数据集，有

$$\begin{cases} t_1 = w_0 + w_1\varphi_1(\boldsymbol{x}_1) + w_2\varphi_2(\boldsymbol{x}_1) + \cdots + w_N\varphi_N(\boldsymbol{x}_1) + \varepsilon_1 \\ t_2 = w_0 + w_1\varphi_1(\boldsymbol{x}_2) + w_2\varphi_2(\boldsymbol{x}_2) + \cdots + w_N\varphi_N(\boldsymbol{x}_2) + \varepsilon_2 \\ \quad\vdots \\ t_N = w_0 + w_1\varphi_1(\boldsymbol{x}_N) + w_2\varphi_2(\boldsymbol{x}_N) + \cdots + w_N\varphi_N(\boldsymbol{x}_N) + \varepsilon_N \end{cases} \tag{8-18}$$

改写成矩阵形式为

$$\boldsymbol{t} = \boldsymbol{\Phi}\boldsymbol{w} + \boldsymbol{\varepsilon} \tag{8-19}$$

式中

$$\boldsymbol{t} = \begin{bmatrix} t_1 \\ t_2 \\ \vdots \\ t_N \end{bmatrix}, \quad \boldsymbol{\Phi} = \begin{bmatrix} 1 & \varphi_1(\boldsymbol{x}_1) & \varphi_2(\boldsymbol{x}_1) & \cdots & \varphi_N(\boldsymbol{x}_1) \\ 1 & \varphi_1(\boldsymbol{x}_2) & \varphi_2(\boldsymbol{x}_2) & \cdots & \varphi_N(\boldsymbol{x}_2) \\ \vdots & \vdots & \vdots & & \vdots \\ 1 & \varphi_1(\boldsymbol{x}_N) & \varphi_2(\boldsymbol{x}_N) & \cdots & \varphi_N(\boldsymbol{x}_N) \end{bmatrix}, \quad \boldsymbol{\varepsilon} = \begin{bmatrix} \varepsilon_1 \\ \varepsilon_2 \\ \vdots \\ \varepsilon_N \end{bmatrix}$$

在确定相关向量机的权重向量 $\boldsymbol{w}$ 后，可得到输出数据 t_n 的逼近函数 $\hat{f}(\boldsymbol{x}_n, \boldsymbol{w})$：

$$\hat{t}_n = \hat{f}(\boldsymbol{x}_n, \boldsymbol{w}) = \sum_{i=1}^{N} w_i \varphi_i(\boldsymbol{x}_n) + w_0 \tag{8-20}$$

由贝叶斯推断及 ε_n 服从 $N(0,\sigma^2)$ 分布可知，t_n 的分布函数为 $p(t_n \mid \boldsymbol{x}) = N(t_n \mid f(\boldsymbol{x}), \delta^2)$，其中 $t_n \mid f(\boldsymbol{x})$ 为均值，δ^2 为方差。如果 t_n 服从独立分布，则 N 个训练样本 $\{(x_n, t_n) \mid n = 1, 2, \cdots, N\}$ 的联合概率为

$$P(\boldsymbol{t} \mid \boldsymbol{w}, \delta^2) = \frac{1}{(2\pi\delta^2)^{-N/2}} \mathrm{e}^{-\frac{(\boldsymbol{t}-\boldsymbol{\Phi}\boldsymbol{w})^{\mathrm{T}}(\boldsymbol{t}-\boldsymbol{\Phi}\boldsymbol{w})}{2\delta^2}} \tag{8-21}$$

在稀疏贝叶斯理论下，引入超参数 $\boldsymbol{\alpha} = (\alpha_0, \alpha_1, \cdots, \alpha_N)^{\mathrm{T}}$，并令 w_i 服从正态分布 $N(0, \alpha_i^{-1})$，其中 α_i 控制着先验分布对权重向量 $\boldsymbol{w}$ 中各分量 w_i 的影响程度，使模型具有稀疏特性。考虑到 w_i 之间的相互独立性，权重向量 $\boldsymbol{w}$ 的先验概率为

$$P(\boldsymbol{w} \mid \alpha) = \prod_{i=0}^{N} N(0, \alpha_i^{-1}) = \prod_{i=0}^{N} \sqrt{\frac{\alpha_i}{2\pi}} \mathrm{e}^{-\frac{\alpha_i}{2} w_i^2} \tag{8-22}$$

根据贝叶斯公式，可得到权重向量 $\boldsymbol{w}$ 的后验概率为

$$p(\boldsymbol{w}, \boldsymbol{\alpha}, \delta^2 \mid \boldsymbol{t}) = \frac{p(\boldsymbol{t} \mid \boldsymbol{w}, \boldsymbol{\alpha}, \delta^2)\, p(\boldsymbol{w}, \boldsymbol{\alpha}, \delta^2)}{p(\boldsymbol{t})} \tag{8-23}$$

由于 $p(\boldsymbol{t}) = \int p(\boldsymbol{t} \mid \boldsymbol{w}, \boldsymbol{\alpha}, \delta^2)\, p(\boldsymbol{w}, \boldsymbol{\alpha}, \delta^2) \mathrm{d}w \mathrm{d}\alpha \mathrm{d}\delta^2$，无法直接计算 $p(\boldsymbol{w}, \boldsymbol{\alpha}, \delta^2 \mid \boldsymbol{t})$ 的值，但可计算其逼近值。分解 $p(\boldsymbol{w}, \boldsymbol{\alpha}, \delta^2 \mid \boldsymbol{t})$ 为

$$p(\boldsymbol{w}, \boldsymbol{\alpha}, \delta^2 \mid \boldsymbol{t}) = p(\boldsymbol{w} \mid \boldsymbol{t}, \boldsymbol{\alpha}, \delta^2)\, p(\boldsymbol{\alpha}, \delta^2 \mid \boldsymbol{t}) \tag{8-24}$$

式中

$$
\begin{aligned}
p(\boldsymbol{w}\mid \boldsymbol{t},\boldsymbol{\alpha},\delta^2) &= \frac{p(\boldsymbol{t}\mid \boldsymbol{w},\delta^2)p(\boldsymbol{w}\mid\boldsymbol{\alpha})}{p(\boldsymbol{t}\mid\boldsymbol{\alpha},\delta^2)} \\
&= \frac{1}{(2\pi)^{-\frac{N+1}{2}}\sqrt{\|\boldsymbol{\Sigma}\|}}\mathrm{e}^{-\frac{1}{2}(\boldsymbol{w}-\boldsymbol{\mu})^{\mathrm{T}}\boldsymbol{\Sigma}^{-1}(\boldsymbol{w}-\boldsymbol{\mu})}
\end{aligned} \tag{8-25}
$$

权重向量 $\boldsymbol{w}$ 后验分布的协方差矩阵 $\boldsymbol{\Sigma}$ 和均值 $\boldsymbol{\mu}$ 分别为

$$
\begin{cases}
\boldsymbol{\Sigma} = (\delta^{-2}\boldsymbol{\Phi}^{\mathrm{T}}\boldsymbol{\Phi} + \boldsymbol{\Lambda})^{-1} \\
\boldsymbol{\mu} = \delta^{-2}\boldsymbol{\Sigma}\boldsymbol{\Phi}^{\mathrm{T}}\boldsymbol{t}
\end{cases} \tag{8-26}
$$

式中，$\boldsymbol{\Lambda} = \mathrm{diag}(\alpha_0,\alpha_1,\cdots,\alpha_N)$。此时将相关向量的学习转化为最大化 $p(\boldsymbol{\alpha},\delta^2\mid\boldsymbol{t})$，对其求解可得到最优解 $\boldsymbol{\alpha}_{\mathrm{op}},\delta^2_{\mathrm{op}}$，将其代入式（8-26），即可得到权重向量 $\boldsymbol{w}$ 的估计值 $\hat{\boldsymbol{w}} = \boldsymbol{\mu}$。

由于 $p(\boldsymbol{\alpha},\delta^2\mid\boldsymbol{t})$ 与 $p(\boldsymbol{t}\mid\boldsymbol{\alpha},\delta^2)p(\boldsymbol{\alpha})p(\delta^2)$ 成正比，求 $p(\boldsymbol{\alpha},\delta^2\mid\boldsymbol{t})$ 的极大值实际上是求 $p(\boldsymbol{t}\mid\boldsymbol{\alpha},\delta^2)$ 的极大值，又

$$
\begin{aligned}
p(\boldsymbol{t}\mid\boldsymbol{\alpha},\delta^2) &= \int p(\boldsymbol{t}\mid\boldsymbol{w},\delta^2)p(\boldsymbol{w}\mid\boldsymbol{\alpha})\mathrm{d}\boldsymbol{w} \\
&= \frac{1}{\sqrt{\|\boldsymbol{C}\|}(2\pi)^{-N/2}}\mathrm{e}^{-\frac{1}{2}\boldsymbol{t}^{\mathrm{T}}\boldsymbol{C}^{-1}\boldsymbol{t}}
\end{aligned} \tag{8-27}
$$

式中，$\boldsymbol{C} = \delta^2\boldsymbol{I} + \boldsymbol{\Phi}\boldsymbol{\Lambda}^{-1}\boldsymbol{\Phi}^{\mathrm{T}}$。对式（8-27）两边取对数，分别关于参数 $\boldsymbol{\alpha},\delta^2$ 求偏导，并令偏导数为 0，得

$$
\begin{cases}
\alpha_i^{\mathrm{new}} = \dfrac{\gamma_i}{\mu_i^2} \\
(\delta^2)^{\mathrm{new}} = \dfrac{\|\boldsymbol{t} - \boldsymbol{\Phi}\boldsymbol{\mu}\|}{N - \|\boldsymbol{\Sigma}\| \times \gamma_i}
\end{cases} \tag{8-28}
$$

式中，γ_i=$1-\alpha_i\Sigma_{ii}$，Σ_{ii} 为矩阵 $\boldsymbol{\Sigma}$ 对角线上第 i 个元素。每个 γ_i 对应一个权值 ω_i，当 α_i 很小时，$\gamma_i \approx 1$；当 α_i 很大时，$\Sigma_{ii} \approx \alpha_i^{-1},\gamma_i \approx 0$。在迭代求解 $\boldsymbol{\alpha},\delta^2$ 时，大部分参数 α_i 趋于无穷大，即相应的权值 w_i 趋于 0，其核函数和训练样本被剔除，剩下的非零 w_i 对应的样本称为相关向量，这就是相关向量机具有稀疏特性的原因。

对于新的测试样本 $(x_*,\boldsymbol{t}_*)$，根据求出的 $\boldsymbol{\alpha}_{\mathrm{op}},\delta^2_{\mathrm{op}}$，有

$$
\begin{aligned}
p(\boldsymbol{t}_*\mid\boldsymbol{t},\boldsymbol{\alpha}_{\mathrm{op}},\delta^2_{\mathrm{op}}) &= \int p(\boldsymbol{t}_*\mid\boldsymbol{w},\delta^2_{\mathrm{op}})p(\boldsymbol{w}\mid\boldsymbol{t},\boldsymbol{\alpha}_{\mathrm{op}},\delta^2_{\mathrm{op}})\mathrm{d}\boldsymbol{w} \\
&= N(\boldsymbol{t}_*\mid f,\delta^2_{\mathrm{op}})
\end{aligned} \tag{8-29}
$$

根据权重向量 $\boldsymbol{w}$ 后验分布得到的新的测试样本中输出 $\boldsymbol{t}_*$ 的预测值为

$$
\hat{\boldsymbol{t}}_* = \hat{f}(\boldsymbol{x}_*,\boldsymbol{w}) = \sum_{i=1}^{N}\mu_i\varphi_i(\boldsymbol{x}_*) + \mu_0 \tag{8-30}
$$

2）多核相关向量机预测模型

核函数是影响相关向量机预测模型预测效果的一个关键因素，相关向量机常用的核函数如下。

线性核函数：$K_1(\boldsymbol{x},\boldsymbol{x}_i) = \boldsymbol{x}^{\mathrm{T}}\boldsymbol{x}_i$。

高斯核函数：$K_2(\boldsymbol{x},\boldsymbol{x}_i)=\mathrm{e}^{-\frac{\|\boldsymbol{x}-\boldsymbol{x}_i\|^2}{2\eta^2}}$，其中$\eta>0,\eta\in\mathbf{R}$。

多项式核函数：$K_3(\boldsymbol{x},\boldsymbol{x}_i)=(r\boldsymbol{x}^{\mathrm{T}}\boldsymbol{x}_i+1)^p$，其中$r>0,r\in\mathbf{R},p\in\mathbf{N}$。

Sigmoid 核函数：$K_4(\boldsymbol{x},\boldsymbol{x}_i)=\tanh(r\boldsymbol{x}^{\mathrm{T}}\boldsymbol{x}_i+v)$，其中$r>0,r\in\mathbf{R},v\in\mathbf{R}$。

Laplace 核函数：$K_5(\boldsymbol{x},\boldsymbol{x}_i)=\mathrm{e}^{-\frac{\|\boldsymbol{x}-\boldsymbol{x}_i\|}{h}}$，其中$h>0,h\in\mathbf{R}$。

实际工程应用中发现，基于单一核函数的相关向量机会因为选择不同的核函数产生不同的预测或分类结果，这说明对核函数的选择影响着相关向量机的预测精度，主要原因是高斯核函数是局部核函数，线性核函数、多项式核函数、Sigmoid 核函数、Laplace 核函数为全局核函数，且 Sigmoid 核函数、Laplace 核函数可规避极小值。每种核函数具有各自的优势，为充分利用各种核函数的优势，构建如下**混合核函数**：

$$K(\boldsymbol{x},\boldsymbol{x}_i)=a_1K_1(\boldsymbol{x},\boldsymbol{x}_i)+a_2K_2(\boldsymbol{x},\boldsymbol{x}_i)+a_3K_3(\boldsymbol{x},\boldsymbol{x}_i)+a_4K_4(\boldsymbol{x},\boldsymbol{x}_i)+a_5K_5(\boldsymbol{x},\boldsymbol{x}_i) \tag{8-31}$$

式中，核函数组合权重a_i满足$0\leqslant a_i\leqslant 1$。基于混合核函数的**多核相关向量机（HRVM）**预测模型的构建步骤如下。

第一步：设置参数$\boldsymbol{\alpha},\delta^2$的初值，核函数组合权重$a_i$的值，以及迭代次数$M$。

第二步：根据式（8-26）计算向量$\boldsymbol{w}$后验分布的协方差矩阵和均值。

第三步：根据式（8-28）更新参数$\boldsymbol{\alpha},\delta^2$的值。

第四步：重复第二步、第三步直至达到迭代次数M，得到$\boldsymbol{\alpha},\delta^2$的最优值$\boldsymbol{\alpha}_{\mathrm{op}},\delta_{\mathrm{op}}^2$。

第五步：根据式（8-26）计算取最优值$\boldsymbol{\alpha}_{\mathrm{op}},\delta_{\mathrm{op}}^2$时向量$\boldsymbol{w}$后验分布的均值$\boldsymbol{\mu}$。

第六步：对于新的输入x_*，根据式（8-30）计算输出的预测值$\hat{t}_*$。

在多核相关向量机预测模型的建立过程中，核函数组合权重a_i的取值制约着相关向量机预测模型的预测精度，下面将利用改进麻雀搜索算法来实现对核函数组合权重a_i的寻优。

4. PM2.5 预测模型构建与仿真

下面分别建立 PM2.5 的相关向量机（RVM）预测模型、基于改进麻雀搜索算法的多核相关向量机（ISSA-HRVM）预测模型、基于模态分解和麻雀搜索算法的多核相关向量机（VMD-SSA-HRVM）预测模型、基于模态分解和改进麻雀搜索算法的多核相关向量机（VMD-ISSA-HRVM）预测模型，并对比分析各预测模型的预测精度，验证各种 PM2.5 预测模型在短期预测中的准确性。改进麻雀搜索算法的参数设置如表 8-2 所示。

表 8-2　改进麻雀搜索算法的参数设置

模型	参数	数值
改进麻雀搜索算法	种群数量	20
	迭代次数	50
	安全阈值	0.8

利用 731 个训练集样本建立 PM2.5 预测模型，并基于所建立的预测模型对训练集进行模拟，得到 4 种预测模型的训练集预测结果，如图 8-6～图 8-9 所示，各预测模型的模拟误差对比如图 8-10 所示，麻雀搜索算法与改进麻雀搜索算法的迭代收敛曲线如图 8-11 所示。4 种预测模型的精度评价指标对比如表 8-3 所示。对比各预测模型的训练集预测结果可得到如下结论：

（1）多核相关向量机比单核相关向量机的模拟精度更高。直接利用单核相关向量机建立 PM2.5 预测模型，其模拟精度较差，最大误差超过 140μg/m^3，平均绝对误差为 15.5945，均方根误差为 22.5683，相关系数 R 为 0.7338。采用多核取代相关向量机中的单核，并利用改进麻雀搜索算法确定核函数的最优组合权重，所建立的 ISSA-HRVM 预测模型有效提升了相关向量机预测模型的精度，其平均绝对误差比 RVM 预测模型降低了 50%，均方根误差降低了 53%，相关系数 R 提升了 31%。

（2）基于模态分解的相关向量机预测模型比未模态分解的相关向量机预测模型的预测精度更高。多核相关向量机的 PM2.5 预测精度虽然比单核相关向量机的高，但依然存在较大的预测误差。在采用变分模态分解法对原始 PM2.5 数据进行模态分解，并对各模态分量分别建立多核相关向量机，采用未改进的麻雀搜索算法确定多个核函数组合权重后，得到了 VMD-SSA-HRVM 预测模型，其在训练集上的预测精度要远远高于 RVM 预测模型和 ISSA-HRVM 预测模型的预测精度，从训练集预测结果可以看出，VMD-SSA-HRVM 预测模型的 PM2.5 预测值几乎和真实值重合，平均绝对误差为 4.4313×10^{-4}。VMD-SSA-HRVM 预测模型的相关系数 R 达到了 1，说明先对原始数据进行模态分解，再采用多核相关向量机进行建模，能显著提升 PM2.5 预测模型的预测精度。

（3）改进麻雀搜索算法比未改进的麻雀搜索算法的搜索精度更高，搜索性能更优，且能有效避免搜索过程陷于局部最优。由改进前后麻雀搜索算法的迭代收敛曲线可以看出，初始化使得算法的起始自适应度更小，后期的效果更明显；加入扰动可以很好地防止算法陷入局部最优，从图 8-11 可以清楚地看到算法 3 次跳出局部最优，向更好的方向优化。基于改进麻雀搜索算法建立的 VMD-ISSA-HRVM 预测模型与基于未改进的麻雀搜索算法的 VMD-SSA-HRVM 预测模型相比，对 PM2.5 的预测精度更高，VMD-ISSA-HRVM 预测模型的平均绝对误差比 VMD-SSA-HRVM 预测模型降低了 60%，均方根误差也降低了 60%。

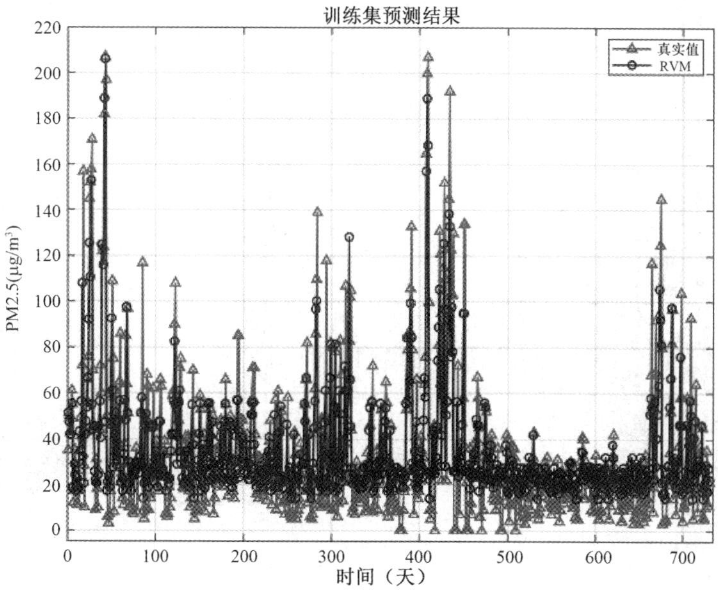

图 8-6　RVM 预测模型的训练集预测结果

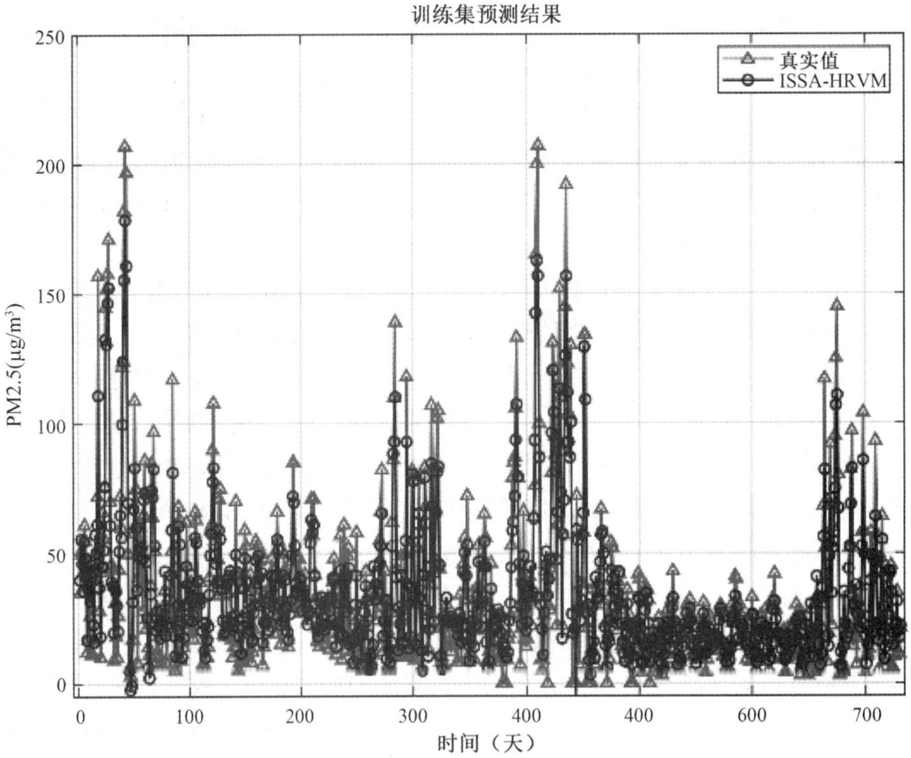

图 8-7　ISSA-HRVM 预测模型的训练集预测结果

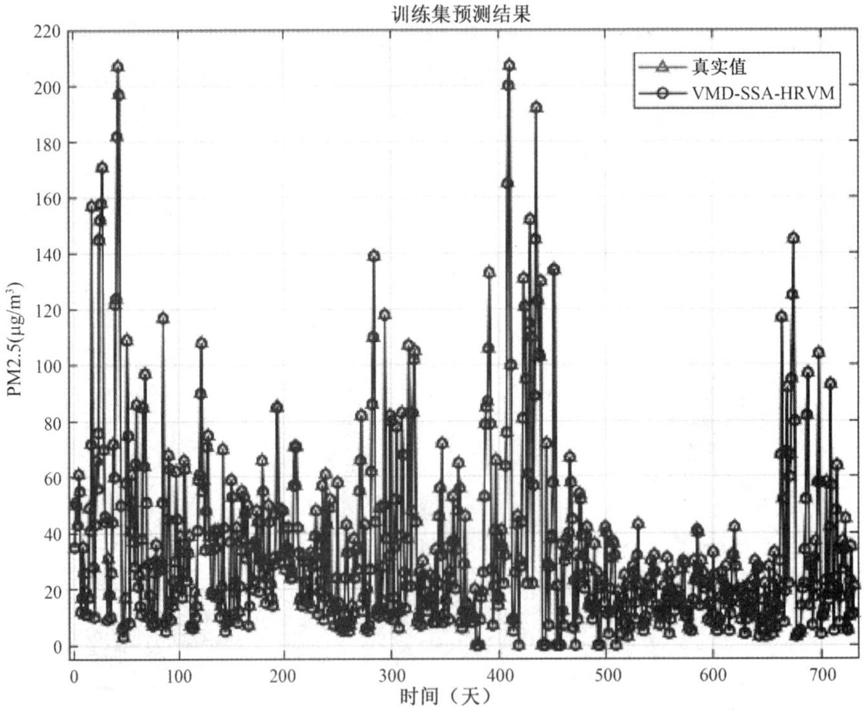

图 8-8　VMD-SSA-HRVM 预测模型的训练集预测结果

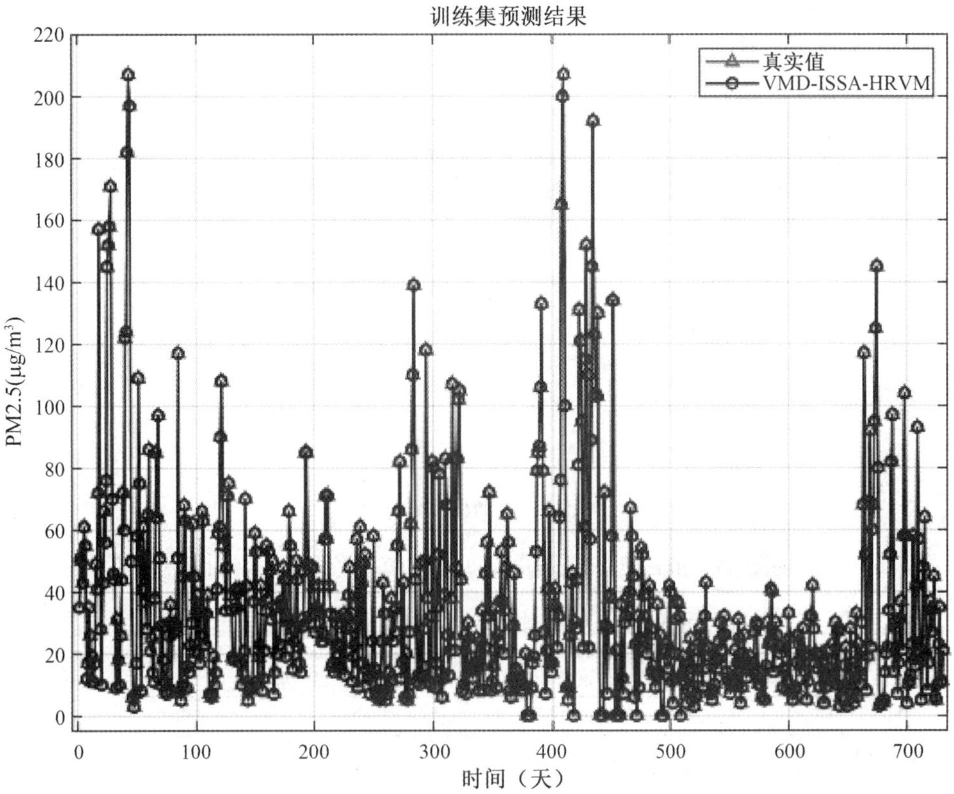

图 8-9　VMD-ISSA-HRVM 预测模型的训练集预测结果

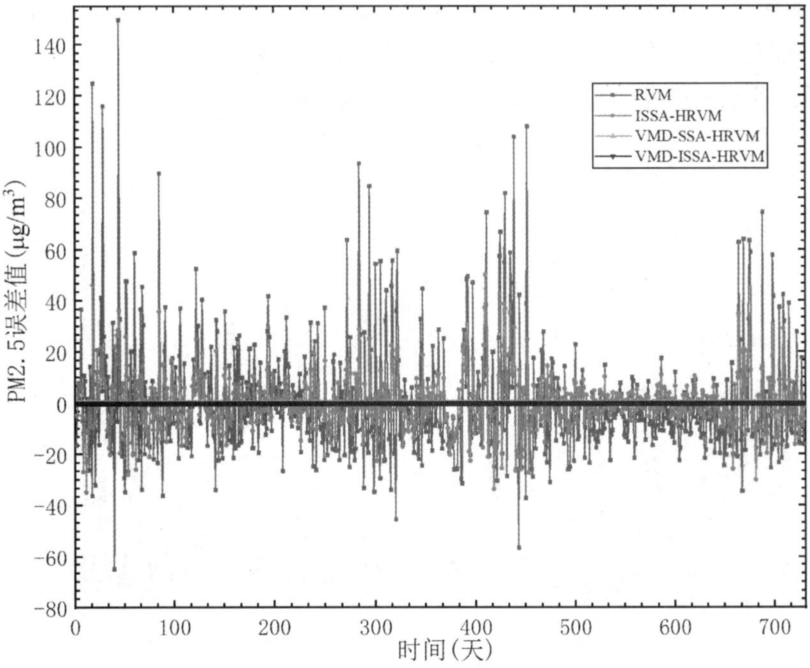

图 8-10　各预测模型的模拟误差对比

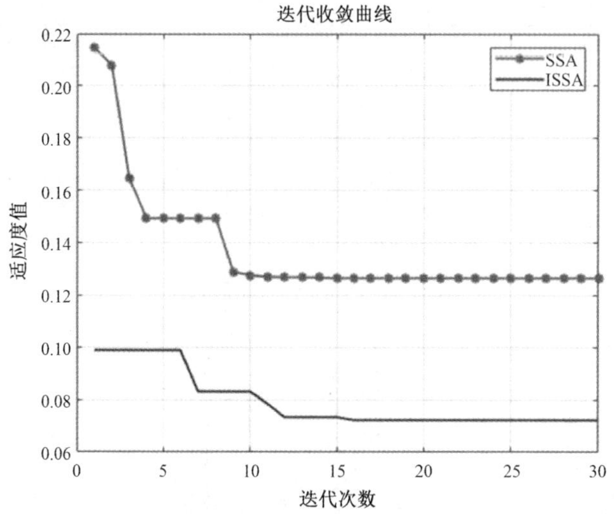

图 8-11　麻雀搜索算法与改进麻雀搜索算法的迭代收敛曲线

表 8-3　4 种预测模型的精度评价指标对比

预测模型	平均绝对误差 MAE	均方根误差 RMSE	相关系数 R
RVM	15.5945	22.5683	0.7338
ISSA-HRVM	7.7391	10.6357	0.9626
VMD-SSA-HRVM	4.4313×10^{-4}	6.1856×10^{-4}	1
VMD-ISSA-HRVM	1.7444×10^{-4}	2.4656×10^{-4}	1

为分析所建立的 4 种预测模型的泛化预测能力，利用测试集进行数值模拟，得到 4 种预测模型的测试集预测结果如图 8-12～图 8-15 所示，各预测模型的测试集预测误差对比如图 8-16 所示，各预测模型的精度评价指标对比如表 8-4 所示。

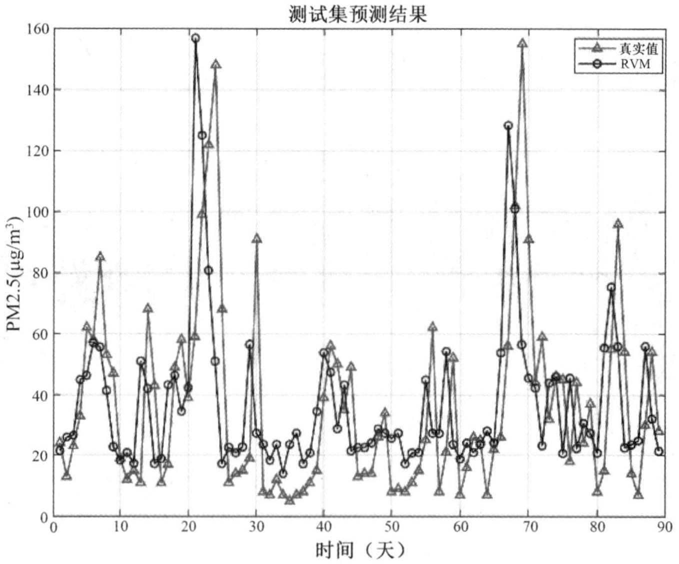

图 8-12　RVM 预测模型的测试集预测结果

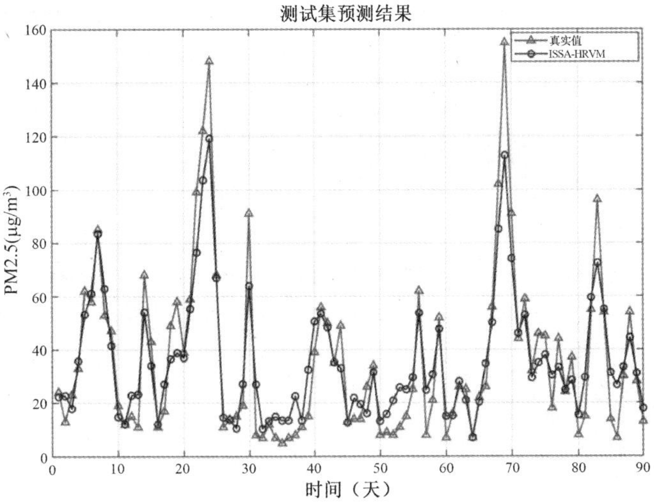

图 8-13　ISSA-HRVM 预测模型的测试集预测结果

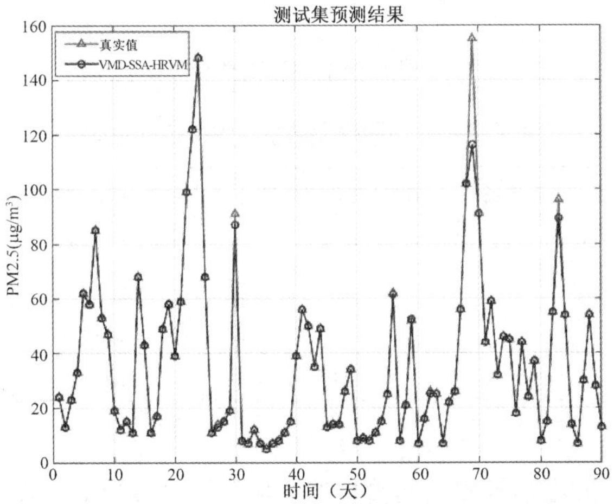

图 8-14　VMD-SSA-HRVM 预测模型的测试集预测结果

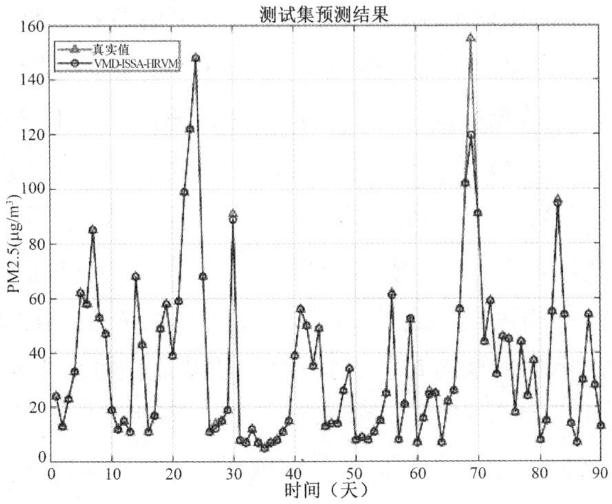

图 8-15　VMD-ISSA-HRVM 预测模型的测试集预测结果

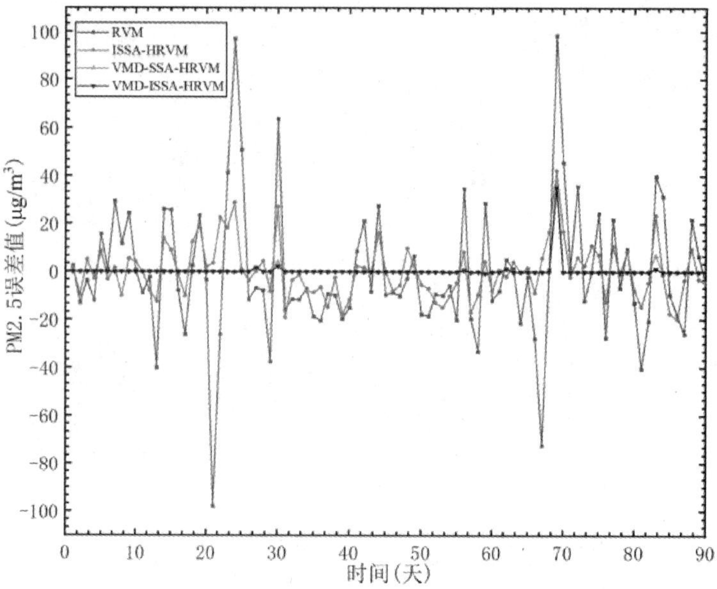

图 8-16　各预测模型的测试集预测误差对比

表 8-4　各预测模型的精度评价指标对比

模型	平均绝对误差 MAE	均方根误差 RMSE	平均绝对百分误差 MAPE	相关系数 *R*
RVM	20.425	28.6210	0.8468	0.4985
ISSA-HRVM	8.5294	11.2947	0.4310	0.9589
VMD-SSA-HRVM	0.5866	4.1751	0.0056	0.9922
VMD-ISSA-HRVM	0.4902	3.7478	0.0057	0.9936

预测结果显示：

（1）多核相关向量机比单核相关向量机的泛化预测精度更高。RVM 预测模型的最大预测误差达到 100μg/m^3，而 ISSA-HRVM 预测模型的最大预测误差为 40μg/m^3，降低了 60%。从精度评价指标来看，ISSA-HRVM 预测模型比 RVM 预测模型的平均绝对误差降低了 58.2%，均方根误差降低了 60.5%，平均绝对百分误差降低了 49.1%，相关系数 R 提升了 92.4%。

（2）基于模态分解的多核相关向量机预测模型能显著提升 PM2.5 的泛化预测精度。从评价指标来看，VMD-SSA-HRVM 预测模型的平均绝对误差比 RVM 预测模型降低了 97.12%，比 ISSA-HRVM 预测模型降低了 93.1%；均方根误差分别比 RVM 预测模型降低了 85.4%，比 ISSA-HRVM 预测模型降低了 63.0%；平均绝对百分误差分别比 RVM 预测模型降低了 99.3%，比 ISSA-HRVM 预测模型降低了 98.7%；相关系数 R 分别比 RVM 预测模型提升了 99.0%，比 ISSA-HRVM 预测模型提升了 3%。这说明从泛化角度来看，对 PM2.5 原始数据进行变分模态分解后建立的相关向量机预测模型，其预测精度显著提升。

（3）基于改进麻雀搜索算法的多核相关向量机预测模型，其预测精度比基于传统麻雀搜索算法的多核相关向量机预测模型更高。从精度评价指标来看，VMD-ISSA-HRVM 预测模型比 VMD-SSA-HRVM 预测模型的平均绝对误差降低了 16.4%，均方根误差降低了 10.2%，平均绝对百分误差上升了 1.7%，相关系数 R 提升了 0.1%。通过图 8-16 可以看出，对于原始数据比较平滑的部分，VMD-ISSA-HRVM 预测模型和 VMD-SSA-HRVM 预测模型的拟合精度几乎相同，仅在异常数值处，VMD-ISSA-HRVM 预测模型的预测精度要比 VMD-SSA-HRVM 预测模型高，从而提升了 VMD-ISSA-HRVM 预测模型的整体预测精度。

第 9 章　基于极限学习机的系统在线辨识

机器学习方法能有效提升逼近非线性函数的拟合精度，经过多年的发展，学者提出了一系列的机器学习方法。早期的机器学习方法有人工神经网络（BP）、支持向量机（SVM），但在实际工程应用中发现，人工神经网络计算复杂，支持向量机拟合速度很慢，而学者基于神经网络提出了极限学习机（Extreme Learning Machine，ELM），其通过对输入层到隐含层的连接权重和节点阈值随机赋值，只辨识隐含层与输出层的连接外权，大大简化了传统神经网络复杂的迭代过程，在保证高精度拟合的基础上降低了运算量。在实际工程应用中，被控对象受外部环境和系统自身运动的影响，存在内部参数摄动和外部环境干扰，因此在控制被控对象时，必须考虑不确定性因素对系统的影响。本章将基于极限学习机的精确逼近优势，利用极限学习机在线辨识被控系统中的不确定部分，以补偿被控对象中不确定部分对系统的影响，提升控制器的鲁棒性。

9.1　极限学习机建模原理

由输入层、隐含层和输出层组成的单隐含层前馈神经网络（Single Hidden-Layer Feedforward Neural Network，SLFN）是目前应用广泛的神经网络之一，该网络简单实用，且对复杂的非线性函数具有良好的逼近能力，适当选择参数和神经元个数，则单隐含层前馈神经网络能够逼近任意函数。

单隐含层前馈神经网络的结构图如图 9-1 所示。

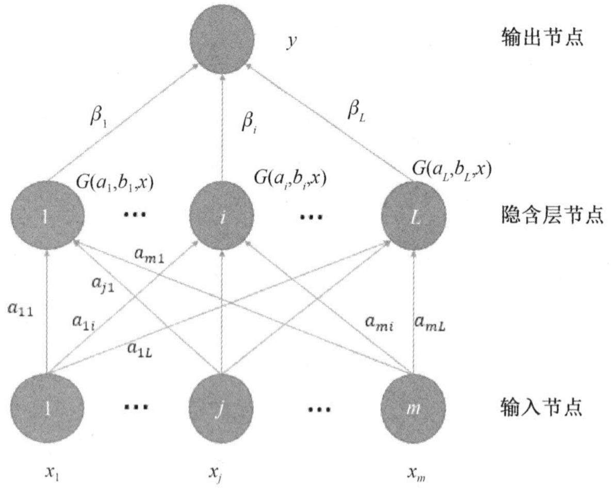

图 9-1　单隐含层前馈神经网络的结构图

对 N 个任意确定样本 $(\boldsymbol{x}_i,\boldsymbol{y}_i)$，其中 $\boldsymbol{x}_i=[x_{i1},x_{i2},\cdots,x_{in}]^{\mathrm{T}}\in\mathbf{R}^n$，$\boldsymbol{y}_i=[y_{i1},y_{i2},\cdots,y_{im}]^{\mathrm{T}}\in\mathbf{R}^m$，标准的单隐含层前馈神经网络学习算法有 $\tilde{N}$ 个隐含层节点，选取适当的激活函数 $g(\boldsymbol{x})$，则单隐含层前馈神经网络的数学模型可以描述为

$$\sum_{i=1}^{\tilde{N}}\boldsymbol{w}_i g_i(\boldsymbol{a}_i\cdot\boldsymbol{x}_j+b_i)=\boldsymbol{y}_j \tag{9-1}$$

式中，$\boldsymbol{a}_i=[a_{i1},a_{i2},\cdots,a_{in}]^{\mathrm{T}}\in\mathbf{R}^n$ 是第 i 个隐含层节点和 n 个输入节点的连接权重向量；b_i 为节点阈值，$\boldsymbol{w}_i=[w_{i1},w_{i2},\cdots,w_{im}]^{\mathrm{T}}\in\mathbf{R}^m$ 是第 i 个隐含层节点和 m 个输出节点的连接权重向量；$\boldsymbol{a}_i\cdot\boldsymbol{x}_j$ 表示向量 $\boldsymbol{a}_i$ 和向量 $\boldsymbol{x}_j$ 的内积。

对 N 个样本的不断学习使得函数输出为 $\boldsymbol{y}_j$，即存在 $\boldsymbol{a}_i,\boldsymbol{w}_i$ 使得以下等式成立：

$$\begin{aligned}
&g_1(\boldsymbol{a}_1\cdot\boldsymbol{x}_1+b_1)\boldsymbol{w}_1+g_2(\boldsymbol{a}_2\cdot\boldsymbol{x}_1+b_2)\boldsymbol{w}_2+\cdots+g_{\tilde{N}}(\boldsymbol{a}_{\tilde{N}}\cdot\boldsymbol{x}_1+b_{\tilde{N}})\boldsymbol{w}_{\tilde{N}}=\boldsymbol{y}_1\\
&g_1(\boldsymbol{a}_1\cdot\boldsymbol{x}_2+b_1)\boldsymbol{w}_1+g_2(\boldsymbol{a}_2\cdot\boldsymbol{x}_2+b_2)\boldsymbol{w}_2+\cdots+g_{\tilde{N}}(\boldsymbol{a}_{\tilde{N}}\cdot\boldsymbol{x}_2+b_{\tilde{N}})\boldsymbol{w}_{\tilde{N}}=\boldsymbol{y}_2\\
&\qquad\vdots\\
&g_1(\boldsymbol{a}_1\cdot\boldsymbol{x}_N+b_1)\boldsymbol{w}_1+g_2(\boldsymbol{a}_2\cdot\boldsymbol{x}_N+b_2)\boldsymbol{w}_2+\cdots+g_{\tilde{N}}(\boldsymbol{a}_{\tilde{N}}\cdot\boldsymbol{x}_N+b_{\tilde{N}})\boldsymbol{w}_{\tilde{N}}=\boldsymbol{y}_N
\end{aligned} \tag{9-2}$$

采用矩阵的形式表述，得到线性矩阵方程：

$$\boldsymbol{H}\boldsymbol{w}=\boldsymbol{y} \tag{9-3}$$

式中

$$\boldsymbol{H}=\begin{bmatrix}
g_1(\boldsymbol{a}_1\cdot\boldsymbol{x}_1+b_1) & g_2(\boldsymbol{a}_2\cdot\boldsymbol{x}_1+b_2) & \cdots & g_{\tilde{N}}(\boldsymbol{a}_{\tilde{N}}\cdot\boldsymbol{x}_1+b_{\tilde{N}})\\
g_1(\boldsymbol{a}_1\cdot\boldsymbol{x}_2+b_1) & g_2(\boldsymbol{a}_2\cdot\boldsymbol{x}_2+b_2) & \cdots & g_{\tilde{N}}(\boldsymbol{a}_{\tilde{N}}\cdot\boldsymbol{x}_2+b_{\tilde{N}})\\
\vdots & \vdots & & \vdots\\
g_1(\boldsymbol{a}_1\cdot\boldsymbol{x}_N+b_1) & g_2(\boldsymbol{a}_2\cdot\boldsymbol{x}_N+b_2) & \cdots & g_{\tilde{N}}(\boldsymbol{a}_{\tilde{N}}\cdot\boldsymbol{x}_N+b_{\tilde{N}})
\end{bmatrix}_{N\times\tilde{N}},\quad
\boldsymbol{w}=\begin{bmatrix}\boldsymbol{w}_1^{\mathrm{T}}\\ \boldsymbol{w}_2^{\mathrm{T}}\\ \vdots\\ \boldsymbol{w}_{\tilde{N}}^{\mathrm{T}}\end{bmatrix}_{\tilde{N}\times m},\quad
\boldsymbol{y}=\begin{bmatrix}\boldsymbol{y}_1^{\mathrm{T}}\\ \boldsymbol{y}_2^{\mathrm{T}}\\ \vdots\\ \boldsymbol{y}_N^{\mathrm{T}}\end{bmatrix}_{N\times m}$$

单隐含层前馈神经网络通过不断的学习训练，找到理想的向量 $\hat{\boldsymbol{a}}_i,\hat{b}_i$ 及最优权重向量 $\boldsymbol{w}^*$，使得以下最优化函数有解：

$$\|\boldsymbol{H}(\hat{\boldsymbol{a}}_1,\hat{\boldsymbol{a}}_2,\cdots,\hat{\boldsymbol{a}}_{\tilde{N}})\boldsymbol{w}^*-\boldsymbol{y}\|=\min_{\boldsymbol{a}_i,b_i,\boldsymbol{w}_i}\|\boldsymbol{H}(\boldsymbol{a}_1,\boldsymbol{a}_2,\cdots,\boldsymbol{a}_{\tilde{N}})\boldsymbol{w}-\boldsymbol{y}\| \tag{9-4}$$

传统的神经网络学习中，需要通过相关算法计算参数 $\hat{a}_i,\hat{b}_i$，计算复杂度高。在极限学习机中，连接权重向量 $\boldsymbol{a}_i$ 和节点阈值 b_i 是随机产生的，$\boldsymbol{w}_i$ 为待识别的外权向量，则输出矩阵 $\boldsymbol{H}$ 为已知矩阵，其计算复杂度会大幅降低。极限学习机通过不断的学习训练，可找到最优权重向量 $\boldsymbol{w}^*$，使得以下最优化函数有解：

$$\|\boldsymbol{H}\boldsymbol{w}^*-\boldsymbol{y}\|=\min_{\boldsymbol{w}_i}\|\boldsymbol{H}\boldsymbol{w}-\boldsymbol{y}\| \tag{9-5}$$

基于最小二乘法，可得到极限学习机外权的批次计算公式。也可基于递归最小二乘法，得到极限学习机外权的在线辨识算法，对应可得到极限学习机的在线逼近模型。

当获得新的输入 $\boldsymbol{x}$ 后，基于最优权重向量 $\boldsymbol{w}^*$ 的极限学习机的输出 $\boldsymbol{F}$ 为

$$\boldsymbol{F}=\sum_{i=1}^{\tilde{N}}\boldsymbol{w}_i^* g_i(\boldsymbol{a}_i\cdot\boldsymbol{x}+b_i)=\boldsymbol{w}^*\boldsymbol{h}(\boldsymbol{x}) \tag{9-6}$$

式中，$\boldsymbol{h}(\boldsymbol{x})=[g_1(\boldsymbol{a}_1\cdot\boldsymbol{x}+b_1),g_2(\boldsymbol{a}_2\cdot\boldsymbol{x}+b_2),\cdots,g_{\tilde{N}}(\boldsymbol{a}_{\tilde{N}}\cdot\boldsymbol{x}+b_{\tilde{N}})]^{\mathrm{T}}$。实际工程应用中因输出 $\boldsymbol{y}_j$ 难以测量，极限学习机的最优权重向量 $\boldsymbol{w}^*$ 无法直接获取，故极限学习机无法获得精确的输出 $\boldsymbol{F}$，

只能得到输出 $\boldsymbol{F}$ 的估计值：

$$\hat{\boldsymbol{F}}=\sum_{i=1}^{\tilde{N}}\hat{\boldsymbol{w}}_i\,g_i(\boldsymbol{a}_i\cdot\boldsymbol{x}+b_i)=\hat{\boldsymbol{w}}\boldsymbol{h}(\boldsymbol{x}) \tag{9-7}$$

式中，$\hat{\boldsymbol{w}}_i$ 为最优权重向量 $\boldsymbol{w}_i^*$ 的估计值。

9.2 利用极限学习机辨识姿态动力学系统未建模部分

9.2.1 控制问题描述

基于单位四元数 $\{q_0,\boldsymbol{q}\}=\{q_0,q_1,q_2,q_3\}$ 的航天器姿态运动学方程为

$$\begin{cases}\dot{\boldsymbol{q}}=\dfrac{1}{2}\boldsymbol{q}^{\times}\boldsymbol{\omega}+\dfrac{1}{2}q_0\boldsymbol{\omega}\\ \dot{q}_0=-\dfrac{1}{2}\boldsymbol{\omega}^{\mathrm{T}}\boldsymbol{q}\end{cases} \tag{9-8}$$

式中，四元数 $q=\{q_0,\boldsymbol{q}\}$ 满足 $\boldsymbol{q}^{\mathrm{T}}\boldsymbol{q}+q_0^2=1$；$\boldsymbol{\omega}\in\mathbf{R}^3$ 为旋转角速度矢量在体坐标系 F 下的表示，为满足航天器平衡性、导航带宽及角速度陀螺仪的量程等物理限制需求，并降低角速度的超调量，在控制过程中要求航天器角速度 $\boldsymbol{\omega}$ 满足 $\|\boldsymbol{\omega}\|_\infty\leqslant\omega_{\max}$（$\|\bullet\|_\infty$ 表示 L_∞ 空间范数，下同）。

考虑外部干扰的姿态动力学方程为

$$\boldsymbol{J}\dot{\boldsymbol{\omega}}=-\boldsymbol{\omega}^{\times}(\boldsymbol{J}\boldsymbol{\omega})+\boldsymbol{u}+\boldsymbol{d} \tag{9-9}$$

式中，$\boldsymbol{J}=\boldsymbol{J}^{\mathrm{T}}\in\mathbf{R}^{3\times3}$ 为转动惯量阵，设 $\boldsymbol{J}_0$ 为名义转动惯量，$\Delta\boldsymbol{J}$ 为转动惯量摄动量，则 $\boldsymbol{J}=\boldsymbol{J}_0+\Delta\boldsymbol{J}$；$\boldsymbol{d}\in\mathbf{R}^3$，为干扰力矩矢量；$\boldsymbol{u}\in\mathbf{R}^3$，为控制力矩；$\boldsymbol{\omega}^{\times}$ 为 $\boldsymbol{\omega}=[\omega_1,\omega_2,\omega_3]^{\mathrm{T}}$ 的反对称矩阵：

$$\boldsymbol{\omega}^{\times}=\begin{bmatrix}0&-\omega_3&\omega_2\\ \omega_3&0&-\omega_1\\ -\omega_2&\omega_1&0\end{bmatrix} \tag{9-10}$$

航天器的姿态控制问题描述如下：在干扰 $\boldsymbol{d}$ 未知、角速度 $\|\boldsymbol{\omega}\|_\infty\leqslant\omega_{\max}$ 和转动惯量 $\boldsymbol{J}$ 存在未知摄动条件下，为姿态控制系统[式（9-8）、式（9-9）]设计控制器 $\boldsymbol{u}$，使闭环系统渐近稳定，即当 $t\to\infty$ 时：

$$\boldsymbol{q}(t)\to0,\quad\boldsymbol{\omega}(t)\to0 \tag{9-11}$$

在设计控制器前，先给出如下引理。

引理 1：如果存在正定 Lyapunov 函数及参数 $\lambda_1>0$，$\lambda_2>0$ 和 $0<\alpha<1$ 满足：

$$\dot{V}(x)+\lambda_1V(x)+\lambda_2V^{\alpha}(x)\leqslant0 \tag{9-12}$$

则系统状态能够在有限时间内到达原点，且到达时间为

$$T_{\mathrm{r}}\leqslant\frac{1}{\lambda_1(1-\alpha)}\ln\frac{\lambda_1V^{1-\alpha}(x_0)+\lambda_2}{\lambda_2} \tag{9-13}$$

引理 2（Barbalat 引理）：设 $x:[0,\infty)\to\mathbf{R}$ 平方可积，即 $\int_0^{+\infty}x^2(t)\mathrm{d}t\leqslant\infty$，如果对 $t\in[0,+\infty)$，有 $\dot{x}(t)$ 存在且有界，则 $\lim\limits_{t\to\infty}x(t)=0$。

引理 3：对 $y\in\mathbf{R}$，$\alpha\in\mathbf{R}$，有

$$\begin{cases}\dfrac{\mathrm{d}|y|^{\alpha+1}}{\mathrm{d}t}=(\alpha+1)\mathrm{sig}^{\alpha}(y)\dot{y}\\[2ex]\dfrac{\mathrm{d}\,\mathrm{sig}^{\alpha+1}(y)}{\mathrm{d}t}=(\alpha+1)|y|^{\alpha}\dot{y}\end{cases}$$

式中，$\mathrm{sig}^{\alpha}(y)=|y|^{\alpha}\mathrm{sgn}(y)$，sgn 为符号函数。

9.2.2　基于极限学习机的控制器设计及稳定性分析

本节将航天器姿态动力学系统[式（9-8）、式（9-9）]分解为两个独立的子系统——内环和外环。将子系统[式（9-8）]中的 $\boldsymbol{\omega}$ 看作输入，设计虚拟控制器 $\boldsymbol{\omega}_{\mathrm{v}}$，使子系统[式（9-8）]跟踪上期望姿态 $\boldsymbol{q}_{\mathrm{d}}$。再将 $\boldsymbol{\omega}_{\mathrm{v}}$ 看作子系统[式（9-9）]的期望轨迹，设计控制器 $\boldsymbol{u}$，使子系统[式（9-9）]在有限时间内精确跟踪上 $\boldsymbol{\omega}_{\mathrm{v}}$，形成有限时间自适应双环跟踪控制策略，其控制结构图如图 9-2 所示。

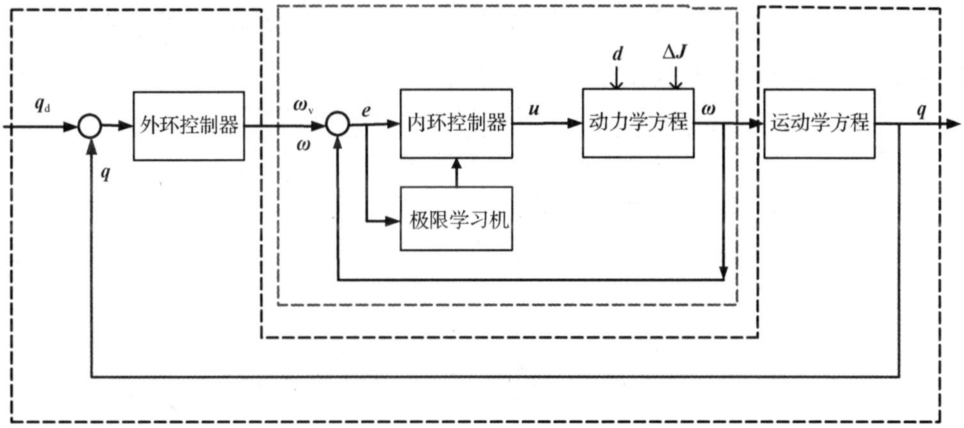

图 9-2　有限时间自适应双环跟踪控制结构图

为满足航天器角速度有界的物理约束，提升控制收敛速度，为系统[式（9-8）]设计虚拟角速度：

$$\boldsymbol{\omega}_{\mathrm{v}}=-\omega_{\mathrm{T}}\tanh(k_1\boldsymbol{q}) \tag{9-14}$$

式中，ω_{T} 为 $\boldsymbol{\omega}_{\mathrm{v}}$ 的最大允许值，$\omega_{\mathrm{T}}>0$；常数 $k_1>0$。

设 Lyapunov 函数 $V_1(q)=(q_0-1)^2+\boldsymbol{q}^{\mathrm{T}}\boldsymbol{q}$，则

$$\dot{V}_1(q)=2(q_0-1)\dot{q}_0+2\boldsymbol{q}^{\mathrm{T}}\dot{\boldsymbol{q}}=\boldsymbol{q}^{\mathrm{T}}\boldsymbol{\omega} \tag{9-15}$$

将式（9-15）中的 $\boldsymbol{\omega}$ 用 $\boldsymbol{\omega}_{\mathrm{v}}$ 代替，得

$$\dot{V}_1(q)=\boldsymbol{q}^{\mathrm{T}}\boldsymbol{\omega}_{\mathrm{v}}=-\omega_{\mathrm{T}}\boldsymbol{q}^{\mathrm{T}}\tanh(k_1\boldsymbol{q})\leqslant 0 \tag{9-16}$$

根据 Lyapunov 稳定性理论容易推出，当 $t\to\infty$ 时，$q_0\to 1$，$\boldsymbol{q}\to\mathbf{0}$。

下面设计控制器 $\boldsymbol{u}$ 使 $\boldsymbol{\omega}$ 在有限时间内跟踪上 $\boldsymbol{\omega}_{\mathrm{v}}$。定义实际角速度 $\boldsymbol{\omega}$ 与虚拟角速度 $\boldsymbol{\omega}_{\mathrm{v}}$ 的跟踪误差：

$$\boldsymbol{e}=\boldsymbol{\omega}-\boldsymbol{\omega}_{\mathrm{v}} \tag{9-17}$$

定义非奇异终端滑模面为

$$\boldsymbol{\sigma}=k_2\int_0^t \boldsymbol{e}\mathrm{d}\tau+k_3\mathrm{sig}^{\beta}\left(\int_0^t \boldsymbol{e}\mathrm{d}\tau\right)+\boldsymbol{e} \tag{9-18}$$

式中，$\beta\in(0,1)$；$\mathrm{sig}^{\beta}\left(\int_0^t e_i\mathrm{d}\tau\right)=\left|\int_0^t e_i\mathrm{d}\tau\right|^{\beta}\mathrm{sgn}\left(\int_0^t e_i\mathrm{d}\tau\right)$；$k_2,k_3>0$。

定理 1：考虑动力学系统[式（9-9）]，则由式（9-7）、式（9-8）确定的非奇异终端滑模面满足$\boldsymbol{\sigma}=0$时，系统能够在有限时间内收敛于$\boldsymbol{e}\equiv 0$。

证明：当滑模面$\boldsymbol{\sigma}=0$时，有

$$\boldsymbol{e}=-k_2\int_0^t \boldsymbol{e}\mathrm{d}\tau-k_3\mathrm{sig}^{\beta}\left(\int_0^t \boldsymbol{e}\mathrm{d}\tau\right) \tag{9-19}$$

取 Lyapunov 函数 $V_2=0.5\left(\int_0^t \boldsymbol{e}\mathrm{d}\tau\right)^{\mathrm{T}}\left(\int_0^t \boldsymbol{e}\mathrm{d}\tau\right)$，则

$$\begin{aligned}\dot{V}_2&=\left(\int_0^t \boldsymbol{e}\mathrm{d}\tau\right)^{\mathrm{T}}\boldsymbol{e}=\left(\int_0^t \boldsymbol{e}\mathrm{d}\tau\right)^{\mathrm{T}}\left[-k_2\left(\int_0^t \boldsymbol{e}\mathrm{d}\tau\right)^{\mathrm{T}}-k_3\mathrm{sig}^{\beta}\left(\int_0^t \boldsymbol{e}\mathrm{d}\tau\right)\right]\\&=-2k_2V-2^{\frac{\beta+1}{2}}k_3V^{\frac{\beta+1}{2}}\leqslant 0\end{aligned} \tag{9-20}$$

根据引理 3，在滑模面$\boldsymbol{\sigma}$上，若$\int_0^t \boldsymbol{e}\mathrm{d}\tau$能够在有限时间内收敛到 0，则可以得到误差$\boldsymbol{e}$也能在有限时间内收敛到 0，且收敛时间

$$T\leqslant\frac{1}{k_2(1-\beta)}\ln\frac{2k_2V_2^{0.5(1-\beta)}(x_0)+k_3 2^{0.5(1+\beta)}}{k_3 2^{0.5(1+\beta)}} \tag{9-21}$$

通过上面的分析可知，只要到达滑模面$\boldsymbol{\sigma}=0$，跟踪误差$\boldsymbol{e}$就能在有限时间内收敛到 0。下面基于非奇异终端滑模面[式（9-18）]设计姿态控制器。

构造函数$V_3=\dfrac{1}{2}\boldsymbol{\sigma}^{\mathrm{T}}\boldsymbol{J}\boldsymbol{\sigma}$，对$V_3$关于时间求导：

$$\dot{V}_3=\boldsymbol{\sigma}^{\mathrm{T}}\boldsymbol{J}\dot{\boldsymbol{\sigma}}=\boldsymbol{\sigma}^{\mathrm{T}}\left[k_2\boldsymbol{J}\boldsymbol{e}+k_3\boldsymbol{J}\beta\left|\int_0^t \mathrm{e}\mathrm{d}\tau\right|^{\beta-1}\boldsymbol{e}-\boldsymbol{\omega}^{\times}(\boldsymbol{J}\boldsymbol{\omega})+\boldsymbol{u}+\boldsymbol{d}-\boldsymbol{J}\dot{\boldsymbol{\omega}}_{\mathrm{v}}\right] \tag{9-22}$$

$k_2\boldsymbol{J}\boldsymbol{e}+k_3\boldsymbol{J}\beta\left|\int_0^t \mathrm{e}\mathrm{d}\tau\right|^{\beta-1}\boldsymbol{e}-\boldsymbol{\omega}^{\times}(\boldsymbol{J}\boldsymbol{\omega})-\boldsymbol{J}\dot{\boldsymbol{\omega}}_{\mathrm{v}}$中含有未知参数$\boldsymbol{J}$，因此，可采用极限学习机对该式进行最优逼近。令

$$k_2\boldsymbol{J}\boldsymbol{e}+k_3\boldsymbol{J}\beta\left|\int_0^t \mathrm{e}\mathrm{d}\tau\right|^{\beta-1}\boldsymbol{e}-\boldsymbol{\omega}^{\times}(\boldsymbol{J}\boldsymbol{\omega})-\boldsymbol{J}\dot{\boldsymbol{\omega}}_{\mathrm{v}}=\boldsymbol{W}^{*}\boldsymbol{h}(\boldsymbol{e},\boldsymbol{\omega},\boldsymbol{\omega}_{\mathrm{v}})+\boldsymbol{v} \tag{9-23}$$

式中，$\boldsymbol{e},\boldsymbol{\omega},\boldsymbol{\omega}_{\mathrm{v}}$为神经网络中的输入向量；$\boldsymbol{w}^{\mathrm{T}}=[w_1,w_2,\cdots,w_n]$为隐含层节点输出权重向量，$\boldsymbol{w}^{*}$为最优逼近条件下的最优权重向量；$\boldsymbol{h}(\boldsymbol{e},\boldsymbol{\omega},\boldsymbol{\omega}_{\mathrm{v}})$为神经网络隐含层 n 个节点函数的输出构成的向量；$\boldsymbol{v}^{\mathrm{T}}=[v_1,v_2,v_3]$为极限学习机最优逼近的误差。

在采用极限学习机对包含转动惯量$\boldsymbol{J}$的式子进行逼近时，并不能直接获取最优权重向量$\boldsymbol{w}^{*}$，一般采用其估值$\hat{\boldsymbol{w}}$代替，有

$$k_2\boldsymbol{J}\boldsymbol{e}+k_3\boldsymbol{J}\beta\left|\int_0^t \mathrm{e}\mathrm{d}\tau\right|^{\beta-1}\boldsymbol{e}-\boldsymbol{\omega}^{\times}(\boldsymbol{J}\boldsymbol{\omega})-\boldsymbol{J}\dot{\boldsymbol{\omega}}_{\mathrm{v}}=\boldsymbol{w}^{*}\boldsymbol{h}+\boldsymbol{v}=\hat{\boldsymbol{w}}\boldsymbol{h}+\tilde{\boldsymbol{w}}\boldsymbol{h}+\boldsymbol{v} \tag{9-24}$$

式中，$\tilde{\boldsymbol{w}}$为权重估计误差，即$\tilde{\boldsymbol{w}}=\boldsymbol{w}^{*}-\hat{\boldsymbol{w}}$。记复合干扰$\boldsymbol{\eta}$为外部干扰和逼近误差$\boldsymbol{v}$的和，即$\boldsymbol{\eta}=\boldsymbol{d}+\boldsymbol{v}$。$\eta_i$的上界为$\bar{\eta}_i$，因上界$\bar{\eta}_i$未知，故设$\bar{\eta}_i$的估计值为$\hat{\eta}_i$，则估计误差为$\tilde{\boldsymbol{\eta}}=\bar{\boldsymbol{\eta}}-\hat{\boldsymbol{\eta}}$。设计函数：$V_4=V_3+\dfrac{1}{2}\mathrm{tr}(\tilde{\boldsymbol{w}}^{\mathrm{T}}\boldsymbol{P}\tilde{\boldsymbol{w}})+\dfrac{1}{2}\tilde{\boldsymbol{\eta}}^{\mathrm{T}}\boldsymbol{Q}\tilde{\boldsymbol{\eta}}$，则

$$\begin{aligned}\dot{V}_4 &= \dot{V}_3 - \mathrm{tr}(\tilde{\boldsymbol{w}}^{\mathrm{T}}\boldsymbol{P}\dot{\hat{\boldsymbol{w}}}) - \tilde{\boldsymbol{\eta}}^{\mathrm{T}}\boldsymbol{Q}\dot{\hat{\eta}} \\ &= \boldsymbol{\sigma}^{\mathrm{T}}[\hat{\boldsymbol{w}}\boldsymbol{h}+\tilde{\boldsymbol{w}}\boldsymbol{h}+\boldsymbol{v}+\boldsymbol{u}+\boldsymbol{d}] - \mathrm{tr}(\tilde{\boldsymbol{w}}^{\mathrm{T}}\boldsymbol{P}\dot{\hat{\boldsymbol{w}}}) - \tilde{\boldsymbol{\eta}}^{\mathrm{T}}\boldsymbol{Q}\dot{\hat{\boldsymbol{\eta}}} \\ &= \boldsymbol{\sigma}^{\mathrm{T}}[\hat{\boldsymbol{w}}\boldsymbol{h}+\tilde{\boldsymbol{w}}\boldsymbol{h}+\boldsymbol{u}+\boldsymbol{\eta}] - \mathrm{tr}(\tilde{\boldsymbol{w}}^{\mathrm{T}}\boldsymbol{P}\dot{\hat{\boldsymbol{w}}}) - \tilde{\boldsymbol{\eta}}^{\mathrm{T}}\boldsymbol{Q}\dot{\hat{\boldsymbol{\eta}}} \\ &= \boldsymbol{\sigma}^{\mathrm{T}}[\hat{\boldsymbol{w}}\boldsymbol{h}+\boldsymbol{u}+\boldsymbol{\eta}] + \boldsymbol{\sigma}^{\mathrm{T}}\tilde{\boldsymbol{w}}\boldsymbol{h} - \mathrm{tr}(\tilde{\boldsymbol{w}}^{\mathrm{T}}\boldsymbol{P}\dot{\hat{\boldsymbol{w}}}) - \tilde{\boldsymbol{\eta}}^{\mathrm{T}}\boldsymbol{Q}\dot{\hat{\boldsymbol{\eta}}} \\ &= \boldsymbol{\sigma}^{\mathrm{T}}[\hat{\boldsymbol{w}}\boldsymbol{h}+\boldsymbol{u}+\boldsymbol{\eta}] + \mathrm{tr}(\tilde{\boldsymbol{w}}^{\mathrm{T}}(\boldsymbol{\sigma}\boldsymbol{h}^{\mathrm{T}} - \boldsymbol{P}\dot{\hat{\boldsymbol{w}}})) - \tilde{\boldsymbol{\eta}}^{\mathrm{T}}\boldsymbol{Q}\dot{\hat{\boldsymbol{\eta}}}\end{aligned} \tag{9-25}$$

设计非奇异终端滑模双环跟踪自适应姿态控制器和自适应律如下：

$$\boldsymbol{u} = -\hat{\boldsymbol{w}}\boldsymbol{h} - \hat{\boldsymbol{\eta}}\mathrm{sig}(\boldsymbol{\sigma}) - k_4\boldsymbol{\sigma} \tag{9-26}$$

$$\dot{\hat{\boldsymbol{w}}} = \boldsymbol{P}^{-1}\boldsymbol{\sigma}\boldsymbol{h}^{\mathrm{T}} \tag{9-27}$$

$$\dot{\hat{\boldsymbol{\eta}}} = \boldsymbol{Q}^{-1}|\boldsymbol{\sigma}| \tag{9-28}$$

式中，$\hat{\boldsymbol{\eta}}\mathrm{sig}(\boldsymbol{\sigma})=[\hat{\eta}_1\mathrm{sig}(\boldsymbol{\sigma}_1),\hat{\eta}_2\mathrm{sig}(\boldsymbol{\sigma}_2),\hat{\eta}_3\mathrm{sig}(\boldsymbol{\sigma}_3)]^{\mathrm{T}}$；$k_4>0$。将式（9-26）、式（9-27）、式（9-28）代入式（9-25）中，得到$\dot{V}_4=-k_2\boldsymbol{\sigma}^{\mathrm{T}}\boldsymbol{\sigma}\leqslant 0$，说明控制器[式（9-26）]能保证系统[式（9-9）]渐近收敛到$\boldsymbol{\sigma}=0$。

定理 2：针对存在外部干扰的航天器动力学系统[式（9-9）]，姿态控制器[式（9-26）]和自适应律[式（9-27）、式（9-28）]能保证系统[式（9-9）]渐近收敛到滑模面$\boldsymbol{\sigma}=0$。

上面的分析仅仅能说明每个一阶系统的收敛性和稳定性，并不能说明整个二阶系统的稳定性，下面给出二阶系统的稳定性证明。

定理 3：航天器姿态动力学系统[式（9-8）、式（9-9）]在姿态控制器[式（9-26）]和自适应律[式（9-27）、式（9-28）]作用下全局渐近稳定，且当$t\to\infty$时，$\boldsymbol{q}(t)\to 0$，$\boldsymbol{\omega}(t)\to 0$。

证明：根据$\dot{V}_2\leqslant 0$有$\int_0^{+\infty}\|\int_0^t \boldsymbol{e}\mathrm{d}\tau\|^2\,\mathrm{d}t\leqslant V_2(0)$，即$\int_0^t \boldsymbol{e}\mathrm{d}\tau$平方可积，则误差$\boldsymbol{e}$也平方可积，即存在常数$c>0$，使$\int_0^{+\infty}\|\boldsymbol{e}\|^2\,\mathrm{d}\tau\leqslant c$。又

$$\begin{aligned}\dot{V}_1(q) &= \boldsymbol{q}^{\mathrm{T}}\boldsymbol{\omega} = \boldsymbol{q}^{\mathrm{T}}\boldsymbol{\omega}_{\mathrm{v}} + \boldsymbol{q}^{\mathrm{T}}\boldsymbol{e} \\ &\leqslant -\omega_{\mathrm{T}}\mu\|\boldsymbol{q}\|^2 + \boldsymbol{q}^{\mathrm{T}}\boldsymbol{e} \\ &\leqslant -\omega_{\mathrm{T}}\mu\|\boldsymbol{q}\|^2 + \frac{\chi}{2}\|\boldsymbol{q}\|^2 + \frac{1}{2\chi}\|\boldsymbol{e}\|^2 \\ &= -(\omega_{\mathrm{T}}\mu - \frac{\chi}{2})\|\boldsymbol{q}\|^2 + \frac{1}{2\chi}\|\boldsymbol{e}\|^2\end{aligned} \tag{9-29}$$

式中，常数$\mu\leqslant 0.1$。选择足够小的χ使$\beta=\omega_{\mathrm{T}}\mu-\dfrac{\chi}{2}>0$，则

$$\dot{V}_1(q)\leqslant -\beta\|\boldsymbol{q}\|^2 + \frac{1}{2\chi}\|\boldsymbol{e}\|^2 \tag{9-30}$$

对式（9-30）在$[0,+\infty]$上进行积分，并将式$V_1(q)=(q_0-1)^2+\boldsymbol{q}^{\mathrm{T}}\boldsymbol{q}=2-2q_0(t)$代入，得

$$\begin{aligned}\int_0^{+\infty}\beta\|\boldsymbol{q}\|^2\,\mathrm{d}t &\leqslant V_1(0)-V_1(\infty)+\frac{1}{2\chi}\int_0^{t_1}\|\boldsymbol{e}\|^2\,\mathrm{d}t \\ &= 2-2q_0(0)-[2-2q_0(\infty)]+\frac{1}{2\chi}\int_0^{t_1}\|\boldsymbol{e}\|^2\,\mathrm{d}t \\ &= 2[q_0(\infty)-q_0(0)]+\frac{1}{2\chi}\int_0^{t_1}\|\boldsymbol{e}\|^2\,\mathrm{d}t\end{aligned} \tag{9-31}$$

因为$|q_0(t)|\leqslant 1$，所以$|2[q_0(\infty)-q_0(0)]|\leqslant 2$，又$\int_0^{+\infty}\|\boldsymbol{e}\|^2\mathrm{d}t$有界，得到$\boldsymbol{q}$平方可积。由$\boldsymbol{q}$，$q_0$和$\boldsymbol{\omega}$有界可得$\dot{\boldsymbol{q}}$有界。根据引理 2 可得$\lim\limits_{t\to\infty}\boldsymbol{q}=0$。根据$\boldsymbol{e}=\boldsymbol{\omega}-\boldsymbol{R}\boldsymbol{\omega}_{\mathrm{v}}$及$t\to\infty$时$\boldsymbol{q}\to\boldsymbol{0}$，$\boldsymbol{e}\to\boldsymbol{0}$，可以得到$\boldsymbol{\omega}\to 0$。证毕。

注： 当采用反演控制设计控制器时，需要构建 Lyapunov 函数$V_5=V_1+V_4$，则反演控制器为

$$\boldsymbol{u}=-\boldsymbol{H}\hat{\boldsymbol{W}}-\hat{\boldsymbol{\eta}}\mathrm{sig}(\boldsymbol{\sigma})-k_4\boldsymbol{\sigma}-\boldsymbol{\sigma}(\boldsymbol{\sigma}\boldsymbol{\sigma}^{\mathrm{T}})^{-1}(\boldsymbol{q}^{\mathrm{T}}\boldsymbol{e}) \tag{9-32}$$

式（9-32）比式（9-26）多了一项$\boldsymbol{\sigma}(\boldsymbol{\sigma}\boldsymbol{\sigma}^{\mathrm{T}})^{-1}(\boldsymbol{q}^{\mathrm{T}}\boldsymbol{e})$。通过该项可知，在滑模面上，控制力矩将达到无穷大，这表明采用反演控制时，容易导致控制器出现奇异。

9.2.3 航天器姿态控制仿真分析

航天器在轨抓捕非合作目标时，其转动惯量会从初始转动惯量$\boldsymbol{J}_0$开始产生非线性摄动。航天器在轨抓捕非合作目标过程中，机械臂伸展会导致转动惯量$\boldsymbol{J}_0$逐渐增加，在T_0时刻抓捕目标后，新的组合体会导致航天器转动惯量产生较大瞬间增量，并随着机械臂回收逐渐减小，在T_1时刻稳定在一个恒值上。摄动量$\Delta\boldsymbol{J}$的变化特性可表示为

$$\Delta\boldsymbol{J}=\begin{cases}\lambda_1(t)\boldsymbol{J}_0 & 0\leqslant t\leqslant T_0\\ [\lambda_1(T_0)+\lambda_2-\lambda_3(t)]\boldsymbol{J}_0 & T_0\leqslant t\leqslant T_1\\ [\lambda_1(T_0)+\lambda_2-\lambda_3(T_1)]\boldsymbol{J}_0 & t\geqslant T_1\end{cases} \tag{9-33}$$

式中，$\lambda_1(t)$为机械臂伸展过程中转动惯量的增长速度；λ_2为抓捕非合作目标后转动惯量的突增比例，实际抓捕过程中，该参数未知但有界；$\lambda_3(t)$为机械臂回收过程中转动惯量的递减速度；T_0,T_1分别为抓捕目标时间和完成机械臂回收时间。

外部干扰$\boldsymbol{d}$（单位：N · m，$\omega_\Delta=0.1$）为

$$\boldsymbol{d}=0.02\begin{bmatrix}3\cos(10\omega_\Delta t)+4\sin(3\omega_\Delta t)-10\\ -1.5\sin(2\omega_\Delta t)+3\cos(5\omega_\Delta t)+15\\ 3\sin(10\omega_\Delta t)-8\cos(4\omega_\Delta t)+10\end{bmatrix}+3\mathrm{rectpuls}(t-T_0,0.1)$$

式中，$3\mathrm{rectpuls}(t-T_0,0.1)$表示航天器在抓捕非合作目标瞬间，受到非合作目标的反带动，会产生一个持续 0.1s 的瞬间方波强干扰。

采用极限学习机辨识系统不确定性部分时，选择激活函数为$g_i(x)=\dfrac{2}{1+\mathrm{e}^{-a_i x}}-1$，隐含层节点个数为 6，仿真时间为 80s，仿真参数如表 9-1 所示，仿真结果如图 9-3～图 9-6 所示。

表 9-1 航天器仿真参数

初始条件	$\boldsymbol{q}(0)=\{0.9,\ -0.3,0.26,0.18\}$，$T_0=20\mathrm{s}$，$T_1=35\mathrm{s}$ $\boldsymbol{\omega}(0)=\begin{bmatrix}0.01\\0.01\\0.01\end{bmatrix}$，$\boldsymbol{J}_0=\begin{bmatrix}200&12&15\\12&170&9\\15&9&150\end{bmatrix}$ $\lambda_1=0.1t$，$\lambda_2=1$，$\lambda_3=0.025t$
约束	$\omega_{\max}=0.05\ \mathrm{rad/s}$
控制参数	$k_1=5.8$，$k_2=0.1$，$k_3=0.1$，$k_4=450$，$\omega_{\mathrm{T}}=0.03\ \mathrm{rad/s}$，$\beta=0.8$，$\boldsymbol{P}=25.5\boldsymbol{I}$，$\boldsymbol{Q}=15.5\boldsymbol{I}$，$\hat{\xi}(0)=0$，$\hat{\boldsymbol{d}}(0)=0$

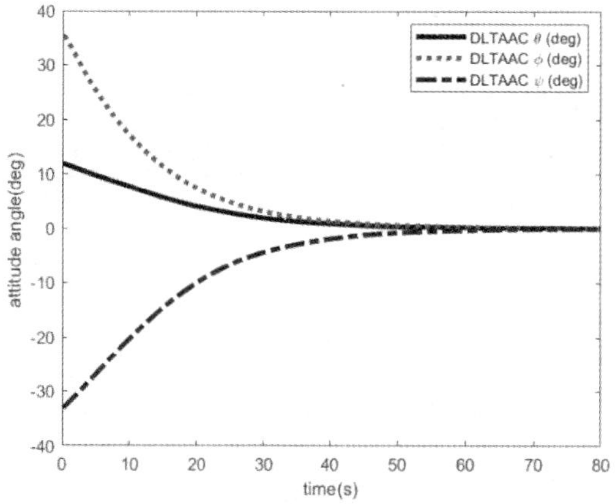

图 9-3　航天器姿态角变化曲线

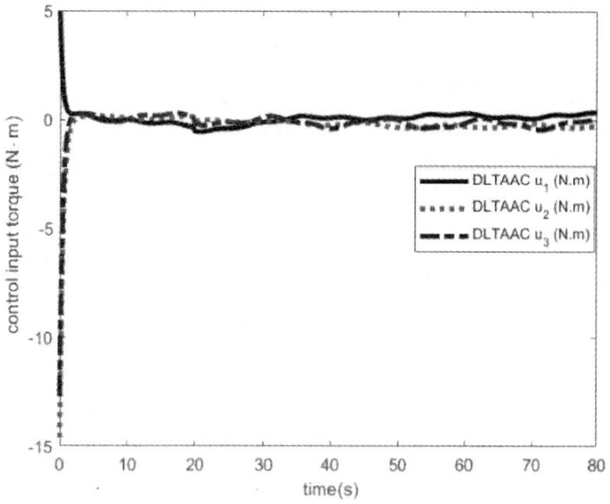

图 9-4　控制力矩变化曲线

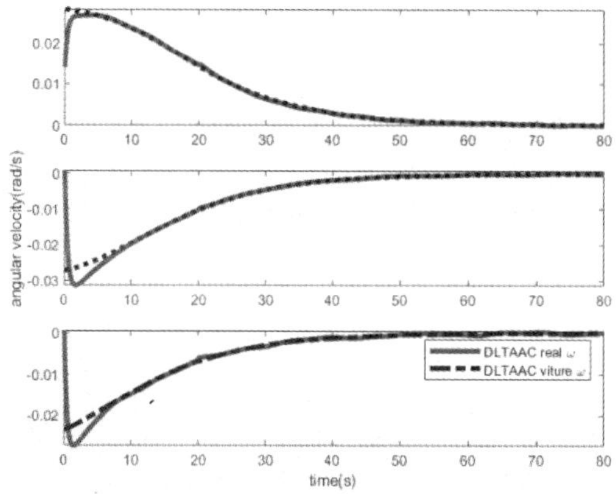

图 9-5　实际角速度与预设虚拟角速度的变化曲线

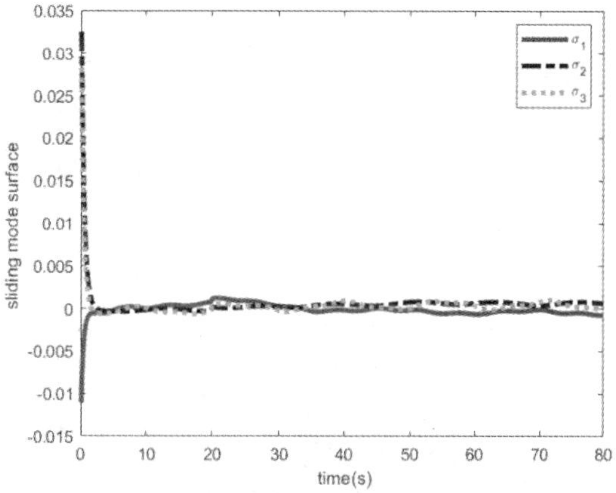

图 9-6　滑模面的变化曲线

图 9-3 显示，在非奇异终端滑模双环跟踪姿态控制器控制下，航天器的姿态角呈指数收敛到 0。在第 20s 抓捕非合作目标的瞬间，被控系统出现 0.1s 的方波瞬态强干扰，但姿态收敛轨迹没有发生任何改变，说明该控制器能使航天器的姿态快速稳定，具有较强的鲁棒性和抗强干扰能力。

图 9-5 显示，航天器的实际角速度 $\boldsymbol{\omega}$ 几乎呈指数收敛到预设虚拟角速度 $\boldsymbol{\omega}_{\mathrm{v}}$，并按照 $\boldsymbol{\omega}_{\mathrm{v}}$ 的轨迹变化最终收敛到 0。整个控制过程中，航天器的角速度各分量均满足约束 $\|\boldsymbol{\omega}\|_{\infty} \leqslant 0.05\mathrm{rad/s}$。航天器实际角速度 $\boldsymbol{\omega}$ 的变化在最初几秒没有跟上预设虚拟角速度变化的主要原因是滑模面 $\boldsymbol{\sigma}$ 的数值较大，通过对图 9-6 的分析可知，当滑模面 $\boldsymbol{\sigma} \leqslant 0.005$ 时，航天器的实际角速度 $\boldsymbol{\omega}$ 很快收敛到 $\boldsymbol{\omega}_{\mathrm{v}}$，且随后的实际角速度满足 $\|\boldsymbol{\omega}\|_{\infty} \leqslant \omega_{\mathrm{T}} = 0.03\ \mathrm{rad/s}$。图 9-5 和图 9-6 说明，在实际工程应用中，并不需要 $\boldsymbol{\sigma} = 0$ 恒成立，只要适当选择控制参数，使滑模面 $\boldsymbol{\sigma}$ 的取值位于 0 的任意小邻域内，也能保证航天器的实际角速度 $\boldsymbol{\omega}$ 对 $\boldsymbol{\omega}_{\mathrm{v}}$ 的精确跟踪，随着 $\boldsymbol{\omega}_{\mathrm{v}}$ 的变化而变化。

仿真程序如下：

```
clear all
clc
close all
pack
%  该程序是基于观测器的双环跟踪控制
ATTUD_INIT=[0.9  -0.3  0.26 0.18]'; %初始姿态四元数
omig_init=ones(3,1).*0.01;            %初始角速度
ie_init=[0.1 0.1 0.1  ]'.*0.1;       % e 积分初值
J_init=zeros(18,1);                   %ELM外权估计值初值
d_init=zeros(3,1);                    %干扰估计值
x0=[ATTUD_INIT ; omig_init;ie_init; J_init;d_init]; %所有初始值
T=80                                  %仿真时间
%==================================================
global S  u sita  wd
 XX =[];  UU =[];  edata=[];  omig_d=[];
  tao = 0.1;                          % 原来程序
    for n = 1:1:T/tao
        n
        range = [n-1,n]*tao ;
        y0    =  x0;
       options=odeset('reltol',1e-8,'abstol',1e-8);
       [tin,y]=ode45(@DTAC_controller,range,y0);
        x0=y(end,:);
        X(n) = tin(end);
        Y(n,:) = y(end,:);
        U(n,:) =u;
        omig_d(n,:)= wd;
        Sliding(n,:)= S;
    end
Sliding
%==================================================
t=X;
U_input= U;
x=Y;
dlmwrite('ex.txt', x)
[pitch, roll, yaw]=quat2angle(x(:,1:4));   %选取四元数，转换成姿态角
pitch=pitch.*180./pi;                      % 转换成角度
roll=roll.*180./pi;
yaw=yaw.*180./pi;
R=[pitch,roll,yaw];
xx1={'DLTAAC q0 ','DLTAAC q1','DLTAAC q2 ','DLTAAC q3 '}
xx2={'DLTAAC \theta (deg)','DLTAAC \phi (deg)','DLTAAC \psi (deg)'}
```

```
xx3={'DLTAAC real \omega_1 (rad/s)','DLTAAC real \omega_2 (rad/s)','DLTAAC
real\omega_3 (rad/s)'}
xx3s={'DLTAAC viture \omega_1 (rad/s)','DLTAAC viture \omega_2 (rad/s)',
'DLTAAC viture \omega_3 (rad/s)'}
xx4={'DLTAAC u_1 (N.m)','DLTAAC u_2 (N.m)','DLTAAC u_3 (N.m)'}
xx5={'DLTAAC real J_{11} ','DLTAAC real J_{22} ','DLTAACreal J_{33} ','DLTAAC
real J_{12} ','DLTAAC real J_{13} ','DLTAAC real J_{23} '}
xx5s={'DLTAAC estimation of J_{11} ','DLTAAC estimation of J_{22} ','DLTAAC
estimation of J_{33} ','DLTAAC estimation of J_{12} ','DLTAAC estimation of
J_{13} ','DCDC estimation of J_{23} '}

FIGG_index=1;
figure(FIGG_index)       % 作四元数的图
for i = 1:4
   subplot(4,1,i)
   plot(t,x(:,i),'r--','linewidth',3);
   xlabel('time(s)');
   ylabel(xx1(i));
end

FIGG_index=FIGG_index+1;
figure(FIGG_index)
plot(t,R(:,1),'k-','linewidth',3);
hold on
plot(t,R(:,2),'r:','linewidth',3);
hold on
plot(t,R(:,3),'b -.','linewidth',3);
xlabel('time(s)');
ylabel('attitude angle(deg) ');
legend(xx2)

tt1=0:T/length(U_input(:,1)):T;
FIGG_index=FIGG_index+1;
figure(FIGG_index)
plot(tt1(1:end-1),U_input(:,1),'k-','linewidth',3);
hold on
plot(tt1(1:end-1),U_input(:,2),'r:','linewidth',3);
hold on
plot(tt1(1:end-1),U_input(:,3),'b-.','linewidth',3);
xlabel('time(s)');
ylabel('control input torque (N.m)');
legend([xx4])
```

```
FIGG_index=FIGG_index+1;
figure(FIGG_index)
subplot(3,1,1)
plot(t,x(:,5),'r-','linewidth',3);
hold on
plot(t,omig_d(:,1),'b:','linewidth',3);
subplot(3,1,2)
plot(t,x(:,6),'r-','linewidth',3);
hold on
plot(t,omig_d(:,2),'b:','linewidth',3);
ylabel('angular velocity(rad/s) ');
subplot(3,1,3)
plot(t,x(:,7),'r-','linewidth',3);
hold on
plot(t,omig_d(:,3),'b-.','linewidth',3);
xlabel('time(s)');
legend('DLTAAC real \omega','DLTAAC viture \omega')

FIGG_index=FIGG_index+1;
figure(FIGG_index) %
plot(t,Sliding(:,1),'r-','linewidth',3)
hold on
plot(t,Sliding(:,2),'b-.','linewidth',3)
hold on
plot(t,Sliding(:,3),'g:','linewidth',3)
xlabel('time(s)');
ylabel('sliding mode surface ');
legend('\sigma_1','\sigma_2','\sigma_3')

%DTAC_controller函数
  function  dx=DTAC_controller(t,x)
  global u sita wd S
  T0 = 20;
  dx=zeros(length(x),1);
  %%%%%%%%%%%%%%%%%%%%%%%%%%%%%%%%%%%%
  J0=[20  1.2  1.5 ; 1.2  17   0.9; 1.5  0.9  15 ].*10;%转动惯量
   J01=J0;
  if t<T0
     dJ0=J01.*0.1.*t;
  else if t<T0+15
     dJ0=J01.*0.1.*T0+1*J01-J01.*0.025.*t;
     else
```

```
        dJ0=J01.*0.1.*T0+1*J01-J01.*0.025.*(T0+15);
      end
   end
   J=  J0+dJ0;%真实分段转动惯量
    %%%%%%%%%%%%外部干扰%%%%%%%%%%%
    omid=0.1;
    d=0.02*[3*cos(10*omid*t)+4*sin(3*omid*t)-10
          -1.5*sin(2*omid*t)+3*cos(5*omid*t)+15
         3*sin(10*omid*t)-8*cos(4*omid*t)+10]+ 3*rectpuls(t-T0,0.1).*[1;1;1] ;
   %%%%%%%%%%%%%%%%控制参数%%%%%%%
   omiga_T=0.03; %虚拟角速度最大变化范围
   omiga_max=0.05;
   %%%%%%%%增益参数
    k1=5.8; k2=0.1; k3=0.1; k4=450; erfa=0.8;P=diag([1,1,1].*25.5);
   Q=diag([1,1,1].*15.5);
   %%%%%%%%%%%%%%%%%%%%%%%%%%%%%%%%%%%
   wd=-omiga_T*tanh(k1*x(2:4));  %虚拟角速度
   e=x(5:7)-wd;    %实际角速度对虚拟角速度的跟踪误差
   d_wd=-
0.5*k1*omiga_T*diag((sech(k1*x(2:4))).^2)*(x(1)*eye(3)+CroMatrix(x(2:4)))*x(5
:7);
S=k2*x(8:10)+k3*sig_er(x(8:10),erfa)+e ;    %滑模面
pp=[0.1190 0.7513 0.5472 0.8143 0.6160 0.9172 0.0759 0.5688 0.3112
0.4984 0.2551 0.1386 0.2435 0.4733 0.2858 0.0540 0.4694 0.5285
0.9597 0.5060 0.1493 0.9293 0.3517 0.7572 0.5308 0.0119 0.1656
0.3404 0.6991 0.2575 0.3500 0.8308 0.7537 0.7792 0.3371 0.6020
0.5853 0.8909 0.8407 0.1966 0.5853 0.3804 0.9340 0.1622 0.2630
0.2238 0.9593 0.2543 0.2511 0.5497 0.5678 0.1299 0.7943 0.6541 ];
temp11=[e;x(5:7);wd];
   Y=[  2/(1+exp(-pp(1,:)*temp11))      2/(1+exp(-pp(2,:)*temp11))     2/(1+exp(-
pp(3,:)*temp11))        2/(1+exp(pp(4,:)*temp11))        2/(1+exp(-pp(5,:)*temp11))
2/(1+exp(-pp(6,:)*temp11)) ]'-1;
   WW=[ x(11) x(12) x(13) x(14) x(15) x(16)
        x(17) x(18) x(19) x(20) x(21) x(22)
        x(23) x(24) x(25) x(26) x(27) x(28) ];
   F=WW*Y;
   u =-F-x(29:31).*sign(S)-k4*S;                 %双环控制器
   SH= P\(S*Y') ;
   LZSH=[SH(1,:),SH(2,:),SH(3,:)]';
   EEE=[-x(2:4)'
      x(1)*eye(3)+CroMatrix(x(2:4))];
   dx(1:4)=1/2.*EEE*x(5:7);   %四元数微分方程
   dx(5:7)=J\(-CroMatrix(x(5:7))* (J*x(5:7)) +u+d );%动力学微分方程
```

```
dx(8:10)=e;
dx(11:28)=LZSH;
dx(29:31)=Q\abs(S);
```

9.3 基于改进极限学习机的非线性系统预设时间滑模自适应控制

建筑机器人执行混凝土抹平或砌墙等建筑工序时，携带不同功能终端的建筑机器人机械臂必须按照期望轨迹运动，以保证混凝土抹平的平整度或墙砖的齐整度，否则，将为施工方带来巨大的经济损失，甚至出现楼房倒塌现象。受环境和机械磨损等的影响，建筑机器人在每次重新定位时，无法精确定位在期望轨迹的初始位置，导致建筑机器人不能完全按照期望轨迹运动，严重制约着建筑机器人的产业化发展，因此，研究任意初始值下系统输出完全跟踪期望轨迹的控制策略，具有重要的工程应用意义。

系统初始值 $x(0)$ 与期望轨迹初始值 $x_{\mathrm{d}}(0)$ 相等时，基于相关控制算法，可保证系统输出在整个时间域（$t\in[0,+\infty)$）内按照期望轨迹运动；当系统初始值为任意值，即 $x(0)\neq x_{\mathrm{d}}(0)$ 时，则只能保证系统输出在局部时间域（$t\in[\varDelta,\infty)$）内按照期望轨迹运动。本节内容根据实际工程应用需求，提出了扩充期望轨迹策略，给出扩充轨迹及其参数设置方法；提出了预设时间收敛滑模面和预设时间收敛判据，理论分析了处于滑模面内的轨迹跟踪误差可在预设时间内收敛到平衡点，收敛时间上界不受控制器参数设置影响；构建了一种呈指数收敛的极限学习机外权自适应辨识算法，并利用极限学习机在线辨识系统的不确定项，结合预设时间收敛滑模面，为非线性系统设计了预设时间收敛滑模自适应控制器，通过 Lyapunov 稳定理论证明了闭环系统的预设时间稳定性；最后通过建筑机器人轨迹跟踪控制的数值仿真，验证了所提出控制策略的有效性。

9.3.1 控制问题描述

考虑如下二阶非线性系统

$$\begin{cases}\dot{\boldsymbol{x}}_1(t)=\boldsymbol{x}_2(t)\\ \dot{\boldsymbol{x}}_2(t)=\boldsymbol{f}[\boldsymbol{\theta},\boldsymbol{x}(t),t]+\boldsymbol{B}(t)\boldsymbol{u}(t)+\boldsymbol{d}(t)\\ \boldsymbol{y}(t)=\boldsymbol{C}(t)\boldsymbol{x}_1(t)\end{cases} \tag{9-34}$$

式中，$\boldsymbol{x}(t)=[\boldsymbol{x}_1(t),\boldsymbol{x}_2(t)]^{\mathrm{T}}$ 为状态变量；$\boldsymbol{\theta}$ 为内部参数变量；$\boldsymbol{y}(t)\in\mathbf{R}^m$ 为输出变量；$\boldsymbol{u}(t)$ 为控制输入变量；$\boldsymbol{d}(t)$ 为外部干扰变量；$\boldsymbol{B}(t),\boldsymbol{C}(t)$ 为适当维数的有界函数矩阵，$\dot{\boldsymbol{C}}(t),\ddot{\boldsymbol{C}}(t)$ 存在且有界；函数 $\boldsymbol{f}[\boldsymbol{\theta},\boldsymbol{x}(t),t]$ 关于状态变量 $\boldsymbol{x}(t)$ 满足 Lipsichitz 条件，即存在 $M_1>0$，有

$$\|\boldsymbol{f}(\boldsymbol{\theta},\boldsymbol{x},t)-\boldsymbol{f}(\boldsymbol{\theta},\boldsymbol{x}_{\mathrm{d}},t)\|\leqslant M_1\|\boldsymbol{x}-\boldsymbol{x}_{\mathrm{d}}\| \tag{9-35}$$

控制目标： 给定二阶非线性系统[式（9-34）]的期望轨迹为 $\boldsymbol{y}_{\mathrm{d}}(t)$，要求设计控制器 $\boldsymbol{u}(t)$，使系统[式（9-34）]的输出 $\boldsymbol{y}(t)$ 精确跟踪期望轨迹 $\boldsymbol{y}_{\mathrm{d}}(t)$。

9.3.2　期望轨迹扩充策略

当非线性系统[式（9-34）]的初始值 $\boldsymbol{y}(0)$ 不能严格定位于期望轨迹初始值 $\boldsymbol{y}_{\mathrm{d}}(0)$ 时，只能保证 $\boldsymbol{y}(t)$ 在局部范围（$t\in[\Delta,\infty)$）内跟踪期望轨迹 $\boldsymbol{y}_{\mathrm{d}}(t)$，不能实现全局（$t\in[0,\infty)$）精确跟踪期望轨迹 $\boldsymbol{y}_{\mathrm{d}}(t)$。为解决实际工程应用中要求 $\boldsymbol{y}(t)$ 完全精确跟踪期望轨迹 $\boldsymbol{y}_{\mathrm{d}}(t)$ 的问题，本节提出一种扩充非线性系统期望轨迹控制策略。首先预设时间 T_{s}，其次根据预设时间 T_{s} 将非线性系统的期望轨迹扩充为

$$\overline{\boldsymbol{y}}_{\mathrm{d}}(t)=\begin{cases}A_{\mathrm{ET}}t^2+B_{\mathrm{ET}}t+C_{\mathrm{ET}} & 0\leqslant t<T_{\mathrm{s}}\\ \boldsymbol{y}_{\mathrm{d}}(t-T_{\mathrm{s}}) & T_s\leqslant t\leqslant T\end{cases}\tag{9-36}$$

式中，$\boldsymbol{y}_{\mathrm{d}}(t-T_{\mathrm{s}})$ 表示对原期望轨迹 $\boldsymbol{y}_{\mathrm{d}}(t)$ 延迟 T_{s}；$A_{\mathrm{ET}},B_{\mathrm{ET}},C_{\mathrm{ET}}$ 为待设计参数。期望轨迹扩充方案如图 9-7 所示。

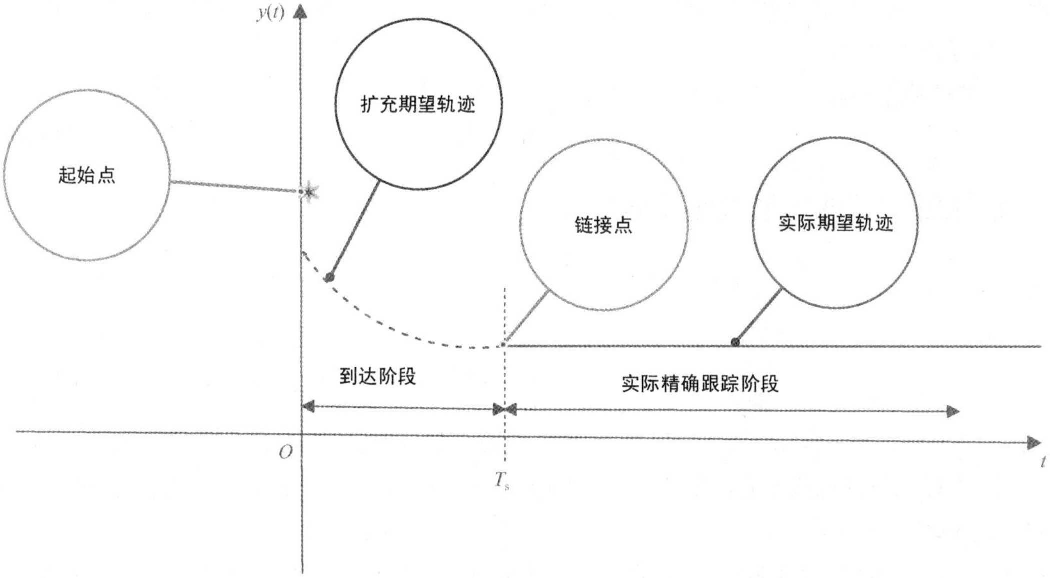

图 9-7　期望轨迹扩充方案

为保证扩充期望轨迹的连续性和可导性，并加快轨迹跟踪速度，期望轨迹 $\overline{\boldsymbol{y}}_{\mathrm{d}}$ 应满足

$$\begin{cases}\overline{\boldsymbol{y}}_{\mathrm{d}}(0)=\boldsymbol{y}(0)\\ \lim\limits_{t\to T_{\mathrm{s}}}\overline{\boldsymbol{y}}_{\mathrm{d}}(t)=\overline{\boldsymbol{y}}_{\mathrm{d}}(T_{\mathrm{s}})=\boldsymbol{y}_{\mathrm{d}}(0)\\ \lim\limits_{t\to T_{\mathrm{s}}}\dot{\overline{\boldsymbol{y}}}_{\mathrm{d}}(t)=\dot{\overline{\boldsymbol{y}}}_{\mathrm{d}}(T_{\mathrm{s}})=\dot{\boldsymbol{y}}_{\mathrm{d}}(0)\end{cases}\tag{9-37}$$

根据条件[式（9-37）]，可得到以下方程组：

$$\begin{cases}C_{\mathrm{ET}}=\boldsymbol{y}(0)\\ A_{\mathrm{ET}}T_{\mathrm{s}}^2+B_{\mathrm{ET}}T_{\mathrm{s}}+C_{\mathrm{ET}}=\boldsymbol{y}_{\mathrm{d}}(0)\\ 2A_{\mathrm{ET}}T_{\mathrm{s}}+B_{\mathrm{ET}}=\dot{\boldsymbol{y}}_{\mathrm{d}}(0)\end{cases}\tag{9-38}$$

则扩充期望轨迹中各参数的计算公式组为

$$\begin{cases} A_{\mathrm{ET}} = \dfrac{\dot{\boldsymbol{y}}_{\mathrm{d}}(0)T_{\mathrm{s}} - \boldsymbol{y}_{\mathrm{d}}(0) + \boldsymbol{y}(0)}{T_{\mathrm{s}}^2} \\ B_{\mathrm{ET}} = \dfrac{2\boldsymbol{y}_{\mathrm{d}}(0) - \dot{\boldsymbol{y}}_{\mathrm{d}}(0)T_{\mathrm{s}} - 2\boldsymbol{y}(0)}{T_{\mathrm{s}}} \\ C_{\mathrm{ET}} = \boldsymbol{y}(0) \end{cases} \tag{9-39}$$

由式（9-36）可知，扩充期望轨迹分为两部分：第一部分为到达阶段，当非线性系统的初始值为任意值时，非线性系统的输出 $\boldsymbol{y}(t)$ 在该阶段收敛到扩充期望轨迹 $\bar{\boldsymbol{y}}_{\mathrm{d}}(t)$；第二部分为精确轨迹跟踪阶段，即实际工程应用要求的非线性系统输出 $\boldsymbol{y}(t)$ 精确跟踪期望轨迹 $\boldsymbol{y}_{\mathrm{d}}(t)$ 的阶段。

任意初始值下非线性系统的实际输出 $\boldsymbol{y}(t)$ 能否在预设时间 T_{s} 内精确跟踪期望轨迹 $\bar{\boldsymbol{y}}_{\mathrm{d}}(t)$ 是控制策略实现的关键问题，因此，设计预设时间收敛控制算法，使 $\boldsymbol{y}(t)$ 在预设时间 T_{s} 内跟踪上 $\bar{\boldsymbol{y}}_{\mathrm{d}}(t)$ 至关重要。

记系统输出与扩充期望轨迹的轨迹跟踪误差为

$$\boldsymbol{e}(t) = \boldsymbol{y}(t) - \bar{\boldsymbol{y}}_{\mathrm{d}}(t) \tag{9-40}$$

9.3.3 预设时间收敛滑模面及其性质

为充分利用滑模控制器的强鲁棒性优势，保证轨迹跟踪误差 $\boldsymbol{e}(t)$ 能在预设时间 T_{s} 内收敛到平衡点，设计如下预设时间收敛的滑模面：

$$\boldsymbol{S}(\boldsymbol{e}) = \dot{\boldsymbol{e}}(t) + \frac{\pi}{2pT_{\mathrm{s}}\sqrt{ab}}[a\boldsymbol{e}^{1-p}(t) + b\boldsymbol{e}^{1+p}(t)] \tag{9-41}$$

式中，参数满足 $0<p<1$，$a>0$，$b>0$，T_{s} 为预设时间。对滑模面[式（9-41）]有如下定理。

定理 4：对于任意给定的预设时间 $T_{\mathrm{s}}>0$，参数 $0<p<1$，$a>0$，$b>0$，当滑模面[式（9-41）]满足 $\boldsymbol{S}(\boldsymbol{e})=0$ 时，有：

（1）若跟踪误差 $\boldsymbol{e}(t)$ 的初始值 $\boldsymbol{e}(0)\neq 0$，则 $\boldsymbol{e}(t)$ 将在预设时间 T_{s} 内收敛到 0，且收敛时间 $t_{\mathrm{s}} = \dfrac{2T_{\mathrm{s}}}{\pi}\arctan\left(\sqrt{\dfrac{b}{a}}\boldsymbol{e}^{p}(0)\right) < T_{\mathrm{s}}$。

（2）若跟踪误差 $\boldsymbol{e}(t)$ 的初始值 $\boldsymbol{e}(0)=0$，则 $\boldsymbol{e}(t)$ 收敛到 0 的时间 $t_{\mathrm{s}}=0$，即当 $\boldsymbol{S}(\boldsymbol{e}(0))=0$ 时，轨迹跟踪误差 $\boldsymbol{e}(t)\equiv 0$。

证明：当 $\boldsymbol{S}(\boldsymbol{e})=0$ 时，有 $\dot{\boldsymbol{e}} + \dfrac{\pi}{2pT_{\mathrm{s}}\sqrt{ab}}(a\boldsymbol{e}^{1-p} + b\boldsymbol{e}^{1+p}) = 0$，即

$$\frac{\mathrm{d}\boldsymbol{e}}{\mathrm{d}t} = -\frac{\pi}{2pT_{\mathrm{s}}\sqrt{ab}}a\boldsymbol{e}^{1-p}\left(1 + \frac{b}{a}\boldsymbol{e}^{2p}\right) \tag{9-42}$$

对式（9-42）变换后得到：

$$\frac{p\boldsymbol{e}^{p-1}\mathrm{d}\boldsymbol{e}}{1+\left(\sqrt{\dfrac{b}{a}}\boldsymbol{e}^{p}\right)^2} = -\frac{\pi\sqrt{a}}{2T_{\mathrm{s}}\sqrt{b}}\mathrm{d}t \tag{9-43}$$

为便于积分，对式（9-43）凑微分后，有

$$\frac{\mathrm{d}\left(\sqrt{\frac{b}{a}}\boldsymbol{e}^{p}\right)}{1+\left(\sqrt{\frac{b}{a}}\boldsymbol{e}^{p}\right)^{2}}=-\sqrt{\frac{b}{a}}\frac{\pi}{2T_{\mathrm{s}}}\sqrt{\frac{a}{b}}\mathrm{d}t=-\frac{\pi}{2T_{\mathrm{s}}}\mathrm{d}t \tag{9-44}$$

假设跟踪误差 $\boldsymbol{e}(t)$ 在 t_{s} 时刻收敛到 0，即 $\boldsymbol{e}(t_{\mathrm{s}})=0$，对式（9-44）两边同时在 $(0,t_{\mathrm{s}}]$ 上积分，并根据 $\lim\limits_{t\to\infty}\arctan(t)=\frac{\pi}{2}$，有

$$\int_{0}^{t_{\mathrm{s}}}\frac{\mathrm{d}\left(\sqrt{\frac{b}{a}}\boldsymbol{e}^{p}\right)}{1+\left(\sqrt{\frac{b}{a}}\boldsymbol{e}^{p}\right)^{2}}=\int_{0}^{t_{\mathrm{s}}}-\frac{\pi}{2T_{\mathrm{s}}}\mathrm{d}t$$

$$\Rightarrow \arctan\left(\sqrt{\frac{b}{a}}\boldsymbol{e}^{p}\right)\Bigg|_{0}^{t_{\mathrm{s}}}=-\frac{\pi t}{2T_{\mathrm{s}}}\Bigg|_{0}^{t_{\mathrm{s}}} \tag{9-45}$$

$$\Rightarrow \arctan\left(\sqrt{\frac{b}{a}}\boldsymbol{e}^{p}(t_{\mathrm{s}})\right)-\arctan\left(\sqrt{\frac{b}{a}}\boldsymbol{e}^{p}(0)\right)=-\frac{\pi}{2T_{\mathrm{s}}}t_{\mathrm{s}}$$

$$\Rightarrow t_{\mathrm{s}}=\frac{2T_{\mathrm{s}}}{\pi}\arctan\left(\sqrt{\frac{b}{a}}\boldsymbol{e}^{p}(0)\right)\leqslant\frac{2T_{\mathrm{s}}}{\pi}\frac{\pi}{2}=T_{\mathrm{s}}$$

当 $\boldsymbol{e}(0)=0$ 时，$t_{\mathrm{s}}=\frac{2T_{\mathrm{s}}}{\pi}\arctan\left(\sqrt{\frac{b}{a}}\boldsymbol{e}^{p}(0)\right)=0$，表示 $\boldsymbol{e}(t)\equiv 0$，说明滑模面 $\boldsymbol{S}(\boldsymbol{e}(0))=0$ 时，跟踪误差 $\boldsymbol{e}(t)$ 也等于 0。证毕。

定理 5：针对系统 $\dot{x}(t)=f(x(t),t),x(0)=x_0$，对于任意给定的预设时间 $T_{\mathrm{s}}>0$，参数 $0<p<1$，$a>0$，$b>0$，若存在径向无界且正定的 Lyapunov 函数 $V(t)$ 满足：

$$\dot{V}(t)\leqslant-\frac{\pi}{2pT_{\mathrm{s}}\sqrt{ab}}[aV^{1-p}(t)+bV^{1+p}(t)] \tag{9-46}$$

则有：

（1）若 $V(0)\neq 0$，则系统在全局预设时间内是稳定的，且收敛到平衡点的时间 $t_{\mathrm{s}}=\frac{2T_{\mathrm{s}}}{\pi}\arctan\left(\sqrt{\frac{b}{a}}V^{p}(0)\right)<T_{\mathrm{s}}$。

（2）若 $V(0)=0$，则 $V(t)\equiv 0$，表明系统状态一直处于平衡点。

证明：根据 $\dot{V}(t)\leqslant-\frac{\pi}{2pT_{\mathrm{s}}\sqrt{ab}}[aV^{1-p}(t)+bV^{1+p}(t)]$，则可令

$$\dot{V}(t)=-\frac{\pi}{2pT_{\mathrm{s}}\sqrt{ab}}[aV^{1-p}(t)+bV^{1+p}(t)]-\varDelta$$

式中，$\varDelta>0$。

$$
\begin{aligned}
\frac{\mathrm{d}V}{\mathrm{d}t} &= -\frac{\pi}{2pT_{\mathrm{s}}\sqrt{ab}}aV^{1-p}\left(1+\frac{b}{a}V^{2p}\right)-\Delta \\
&= -\frac{\pi}{2pT_{\mathrm{s}}\sqrt{ab}}aV^{1-p}\left(1+\frac{b}{a}V^{2p}+\frac{2pT_{\mathrm{s}}\sqrt{ab}}{\pi aV^{1-p}}\Delta\right)
\end{aligned}
\tag{9-47}
$$

对式（9-47）变换后得到：

$$
\frac{\pi\sqrt{a}}{2T_{\mathrm{s}}\sqrt{b}}\mathrm{d}t = -\frac{pV^{p-1}\mathrm{d}V}{1+\left(\sqrt{\frac{b}{a}}V^{p}\right)^2+\frac{2pT_{\mathrm{s}}\sqrt{ab}}{\pi aV^{1-p}}\Delta} = -\frac{\mathrm{d}V^{p}}{1+\left(\sqrt{\frac{b}{a}}V^{p}\right)^2+\frac{2pT_{\mathrm{s}}\sqrt{ab}}{\pi aV^{1-p}}\Delta}
\tag{9-48}
$$

为便于积分，对式（9-48）凑微分后有

$$
\sqrt{\frac{b}{a}}\frac{\pi}{2T_{\mathrm{s}}}\sqrt{\frac{a}{b}}\mathrm{d}t = \frac{\pi}{2T_{\mathrm{s}}}\mathrm{d}t = -\frac{\mathrm{d}\left(\sqrt{\frac{b}{a}}V^{p}\right)}{1+\left(\sqrt{\frac{b}{a}}V^{p}\right)^2+\frac{2pT_{\mathrm{s}}\sqrt{ab}}{\pi aV^{1-p}}\Delta}
\tag{9-49}
$$

假设在 t_{s} 时刻有 $V(t_{\mathrm{s}})=0$，对式（9-49）两边同时在 $(0,t_{\mathrm{s}}]$ 上积分。因为 $V\geqslant 0$，$\Delta\geqslant 0$，所以 $\frac{2pT_{\mathrm{s}}\sqrt{ab}}{\pi aV^{1-p}}\Delta\geqslant 0$，有

$$
\begin{aligned}
\int_0^{t_{\mathrm{s}}}\frac{\pi}{2T_{\mathrm{s}}}\mathrm{d}t &= -\int_{V(0)}^{V(t_{\mathrm{s}})}\frac{\mathrm{d}\left(\sqrt{\frac{b}{a}}V^{p}\right)}{1+\left(\sqrt{\frac{b}{a}}V^{p}\right)^2+\frac{2pT_{\mathrm{s}}\sqrt{ab}}{\pi aV^{1-p}}\Delta} \\
&= \int_0^{V(0)}\frac{\mathrm{d}\left(\sqrt{\frac{b}{a}}V^{p}\right)}{1+\left(\sqrt{\frac{b}{a}}V^{p}\right)^2+\frac{2pT_{\mathrm{s}}\sqrt{ab}}{\pi aV^{1-p}}\Delta} \leqslant \int_0^{V(0)}\frac{\mathrm{d}\left(\sqrt{\frac{b}{a}}V^{p}\right)}{1+\left(\sqrt{\frac{b}{a}}V^{p}\right)^2} \\
&\Rightarrow \left.\frac{\pi t}{2T_{\mathrm{s}}}\right|_0^{t_{\mathrm{s}}} \leqslant \left.\arctan\left(\sqrt{\frac{b}{a}}V^{p}\right)\right|_0^{V(0)} \\
&\Rightarrow t_{\mathrm{s}} \leqslant \frac{2T_{\mathrm{s}}}{\pi}\arctan\left(\sqrt{\frac{b}{a}}V^{p}(0)\right) \leqslant \frac{2T_{\mathrm{s}}}{\pi}\frac{\pi}{2} = T_{\mathrm{s}}
\end{aligned}
\tag{9-50}
$$

当 $V(0)=0$ 时，$t_{\mathrm{s}}=\frac{2T_{\mathrm{s}}}{\pi}\arctan\left(\sqrt{\frac{b}{a}}V^{p}(0)\right)=0$，表示 $V(t)\equiv 0$，说明系统状态一直处于平衡点。

9.3.4 预设时间收敛的滑模控制器设计

对滑模面[式（9-51）]求导得

$$\dot{\boldsymbol{S}}=\ddot{\boldsymbol{e}}+\frac{\pi}{2pT_{\mathrm{s}}\sqrt{ab}}[a(1-p)\boldsymbol{e}^{-p}+b(1+p)\boldsymbol{e}^{p}]\dot{\boldsymbol{e}}$$

首先，取 Lyapunov 函数为 $V_1=\frac{1}{2}\boldsymbol{S}^{\mathrm{T}}\boldsymbol{S}$ ，对其关于 t 求导得

$$\begin{aligned}
\dot{V}_1&=\boldsymbol{S}^{\mathrm{T}}\dot{\boldsymbol{S}}\\
&=\boldsymbol{S}^{\mathrm{T}}\left(\ddot{e}+\frac{\pi}{2pT_{\mathrm{s}}\sqrt{ab}}(a(1-p)\boldsymbol{e}^{-p}+b(1+p)\boldsymbol{e}^{p})\dot{\boldsymbol{e}}\right)\\
&=\boldsymbol{S}^{\mathrm{T}}\left(\ddot{\boldsymbol{y}}-\dddot{\boldsymbol{y}}_{\mathrm{d}}+\frac{\pi}{2pT_{\mathrm{s}}\sqrt{ab}}(a(1-p)\boldsymbol{e}^{-p}+b(1+p)\boldsymbol{e}^{p})\dot{\boldsymbol{e}}\right)\\
&=\boldsymbol{S}^{\mathrm{T}}\left(\ddot{\boldsymbol{C}}\boldsymbol{x}_1+2\dot{\boldsymbol{C}}\boldsymbol{x}_2+\boldsymbol{C}\ddot{\boldsymbol{x}}_2-\dddot{\boldsymbol{y}}_{\mathrm{d}}(t)+\frac{\pi}{2pT_{\mathrm{s}}\sqrt{ab}}(a(1-p)\boldsymbol{e}^{-p}+b(1+p)\boldsymbol{e}^{p})\dot{\boldsymbol{e}}\right)\\
&=\boldsymbol{S}^{\mathrm{T}}\left(\ddot{\boldsymbol{C}}\boldsymbol{x}_1+2\dot{\boldsymbol{C}}\boldsymbol{x}_2+\boldsymbol{C}(\boldsymbol{f}+\boldsymbol{B}\boldsymbol{u}+\boldsymbol{d})-\dddot{\boldsymbol{y}}_{\mathrm{d}}(t)+\frac{\pi}{2pT_{\mathrm{s}}\sqrt{ab}}(a(1-p)\boldsymbol{e}^{-p}+b(1+p)\boldsymbol{e}^{p})\dot{\boldsymbol{e}}\right)\\
&=\boldsymbol{S}^{\mathrm{T}}\left(\ddot{\boldsymbol{C}}\boldsymbol{x}_1+2\dot{\boldsymbol{C}}\boldsymbol{x}_2+\boldsymbol{C}\boldsymbol{f}+\boldsymbol{C}\boldsymbol{B}\boldsymbol{u}+\boldsymbol{C}\boldsymbol{d}-\dddot{\boldsymbol{y}}_{\mathrm{d}}(t)+\frac{\pi}{2pT_{\mathrm{s}}\sqrt{ab}}(a(1-p)\boldsymbol{e}^{-p}+b(1+p)\boldsymbol{e}^{p})\dot{\boldsymbol{e}}\right)\\
&=\boldsymbol{S}^{\mathrm{T}}\left(\boldsymbol{F}+\boldsymbol{C}\boldsymbol{B}\boldsymbol{u}-\dddot{\boldsymbol{y}}_{\mathrm{d}}(t)\right)
\end{aligned}\tag{9-51}$$

式中，$\boldsymbol{F}=\ddot{\boldsymbol{C}}\boldsymbol{x}_1+2\dot{\boldsymbol{C}}\boldsymbol{x}_2+\boldsymbol{C}\boldsymbol{f}+\frac{\pi}{2pT_{\mathrm{s}}\sqrt{ab}}(a(1-p)\boldsymbol{e}^{-p}+b(1+p)\boldsymbol{e}^{p})\dot{\boldsymbol{e}}+\boldsymbol{C}\boldsymbol{d}$ 。显然，包含不确定信息的系统参数 $\boldsymbol{\theta}$ 和外部干扰 $\boldsymbol{d}$ 均在 $\boldsymbol{F}$ 中，因此，$\boldsymbol{F}$ 为不确定项，可以利用极限学习机对其进行逼近。

为系统[式（9-34）]设计自适应控制器：

$$\boldsymbol{u}=-\frac{\pi}{2pT_{\mathrm{s}}\sqrt{ab}}(\boldsymbol{C}\boldsymbol{B})^{-1}(a\boldsymbol{S}^{1-p}+b\boldsymbol{S}^{1+p})+(\boldsymbol{C}\boldsymbol{B})^{-1}(\dddot{\boldsymbol{y}}_{\mathrm{d}}(t)-\hat{\boldsymbol{F}})\tag{9-52}$$

则有 $\boldsymbol{C}\boldsymbol{B}\boldsymbol{u}-\dddot{\boldsymbol{y}}_{\mathrm{d}}(t)=-\frac{\pi}{2pT_{\mathrm{s}}\sqrt{ab}}(a\boldsymbol{S}^{1-p}+b\boldsymbol{S}^{1+p})-\hat{\boldsymbol{F}}$ ，将其代入 $\dot{V}_1$，有

$$\begin{aligned}
\dot{V}_1&=\boldsymbol{S}^{\mathrm{T}}\left(\boldsymbol{F}+\boldsymbol{C}\boldsymbol{B}\boldsymbol{u}-\dddot{\boldsymbol{y}}_{\mathrm{d}}(t)\right)\\
&=\boldsymbol{S}^{\mathrm{T}}(\boldsymbol{F}-\frac{\pi}{2pT_{\mathrm{s}}\sqrt{ab}}(a\boldsymbol{S}^{1-p}+b\boldsymbol{S}^{1+p})-\hat{\boldsymbol{F}})\\
&=-\frac{\pi}{2pT_{\mathrm{s}}\sqrt{ab}}(a\boldsymbol{S}^{\mathrm{T}}\boldsymbol{S}^{1-p}+b\boldsymbol{S}^{\mathrm{T}}\boldsymbol{S}^{1+p})+\boldsymbol{S}^{\mathrm{T}}\tilde{\boldsymbol{F}}\\
&=-\frac{\pi}{2pT_{\mathrm{s}}\sqrt{ab}}(a2^{1-0.5p}V_1^{1-0.5p}+b2^{1+0.5p}V_1^{1+0.5p})+\boldsymbol{S}^{\mathrm{T}}\tilde{\boldsymbol{F}}\\
&=-\frac{\pi}{2\bar{p}T_{\mathrm{s}}\sqrt{\bar{a}\bar{b}}}(\bar{a}V_1^{1-\bar{p}}+\bar{b}V_1^{1+\bar{p}})+\boldsymbol{S}^{\mathrm{T}}\tilde{\boldsymbol{F}}
\end{aligned}$$

式中，$\bar{a}=a2^{1-0.5p}$ ；$\bar{b}=b2^{1+0.5p}$ ；$\bar{p}=0.5p$ ；$\tilde{\boldsymbol{F}}=\boldsymbol{F}-\hat{\boldsymbol{F}}$ 。可见，当极限学习机能精确估计不

确定项 $\boldsymbol{F}$，即 $\tilde{\boldsymbol{F}}=0$ 时，$\dot{V}_1=-\dfrac{\pi}{2\bar{p}T_s\sqrt{\bar{a}\bar{b}}}(\bar{a}V_1^{1-\bar{p}}+\bar{b}V_1^{1+\bar{p}})$，根据定理 5，系统[式（9-34）]在全局预设时间内是稳定的，且滑模面 $\boldsymbol{S}$ 将在预设时间内收敛到 0，收敛时间为

$$t_s=\frac{2T_s}{\pi}\arctan\left(\sqrt{\frac{b}{a}}V_1^p(0)\right)<T_s$$

下面利用极限学习机逼近不确定项 $\boldsymbol{F}$。

当输入 $\boldsymbol{z}=(\boldsymbol{x}_1,\boldsymbol{x}_2,\boldsymbol{e})^{\mathrm{T}}$，用最优权重向量 $\boldsymbol{w}^*$ 的极限学习机逼近不确定项 $\boldsymbol{F}$，有

$$\boldsymbol{F}=\sum_{i=1}^{\tilde{N}}\boldsymbol{w}_i^* g_i(\boldsymbol{a}_i\boldsymbol{z}+b_i)=\boldsymbol{w}^*\boldsymbol{h}(\boldsymbol{z}) \tag{9-53}$$

式中，$\boldsymbol{h}(\boldsymbol{z})=[g_1(\boldsymbol{a}_1\boldsymbol{z}+b_1),g_2(\boldsymbol{a}_2\boldsymbol{z}+b_2),\cdots,g_{\tilde{N}}(\boldsymbol{a}_{\tilde{N}}\boldsymbol{z}+b_{\tilde{N}})]^{\mathrm{T}}$。实际工程应用中因输出 $\boldsymbol{F}$ 难以测量，极限学习机的最优权重向量 $\boldsymbol{w}^*$ 无法直接获取，极限学习机不能精确逼近 $\boldsymbol{F}$，只能得到 $\boldsymbol{F}$ 的估计值

$$\hat{\boldsymbol{F}}=\sum_{i=1}^{\tilde{N}}\hat{\boldsymbol{w}}_i g_i(\boldsymbol{a}_i\boldsymbol{z}+b_i)=\hat{\boldsymbol{w}}\boldsymbol{h}(\boldsymbol{z}) \tag{9-54}$$

式中，$\hat{\boldsymbol{w}}_i$ 为最优值 $\boldsymbol{w}_i^*$ 的估计值。记 $\tilde{\boldsymbol{w}}=\boldsymbol{w}^*-\hat{\boldsymbol{w}}$，构建 Lyapunov 函数 $V_2=V_1+\dfrac{1}{2\gamma}\mathrm{tr}(\tilde{\boldsymbol{w}}^{\mathrm{T}}\tilde{\boldsymbol{w}})$，则

$$\begin{aligned}\dot{V}_2&=\dot{V}_1-\frac{1}{\gamma}\mathrm{tr}(\tilde{\boldsymbol{w}}^{\mathrm{T}}\dot{\hat{\boldsymbol{w}}})\\&=-\frac{\pi}{2\bar{p}T_s\sqrt{\bar{a}\bar{b}}}(\bar{a}V_1^{1-\bar{p}}+\bar{b}V_1^{1+\bar{p}})+\boldsymbol{S}^{\mathrm{T}}\tilde{\boldsymbol{F}}-\frac{1}{\gamma}\mathrm{tr}(\tilde{\boldsymbol{w}}^{\mathrm{T}}\dot{\hat{\boldsymbol{w}}})\\&=-\frac{\pi}{2\bar{p}T_s\sqrt{\bar{a}\bar{b}}}(\bar{a}V_1^{1-\bar{p}}+\bar{b}V_1^{1+\bar{p}})+\boldsymbol{S}^{\mathrm{T}}\tilde{\boldsymbol{w}}\boldsymbol{h}(\boldsymbol{z})-\frac{1}{\gamma}\mathrm{tr}(\tilde{\boldsymbol{w}}^{\mathrm{T}}\dot{\hat{\boldsymbol{w}}})\\&=-\frac{\pi}{2\bar{p}T_s\sqrt{\bar{a}\bar{b}}}(\bar{a}V_1^{1-\bar{p}}+\bar{b}V_1^{1+\bar{p}})+\frac{1}{\gamma}\mathrm{tr}\left[\tilde{\boldsymbol{w}}^{\mathrm{T}}(\gamma\boldsymbol{S}\boldsymbol{h}^{\mathrm{T}}-\dot{\hat{\boldsymbol{w}}})\right]\end{aligned}$$

当 $\gamma\boldsymbol{S}\boldsymbol{h}^{\mathrm{T}}-\dot{\hat{\boldsymbol{w}}}=\dfrac{\gamma\pi}{2^{2+\bar{p}}\bar{p}T_s\sqrt{\bar{a}\bar{b}}}\|\boldsymbol{S}\|^{2+p}\hat{\boldsymbol{w}}$，即

$$\dot{\hat{\boldsymbol{w}}}=-\frac{\gamma\pi}{2^{2+\bar{p}}\bar{p}T_s\sqrt{\bar{a}\bar{b}}}\|\boldsymbol{S}\|^{2+p}\hat{\boldsymbol{w}}+\gamma\boldsymbol{S}\boldsymbol{h}^{\mathrm{T}} \tag{9-55}$$

有

$$\begin{aligned}\dot{V}_2&=-\frac{\pi}{2\bar{p}T_s\sqrt{\bar{a}\bar{b}}}(\bar{a}V_1^{1-\bar{p}}+\bar{b}V_1^{1+\bar{p}})+\frac{1}{\gamma}\frac{\gamma\pi}{2^{2+\bar{p}}\bar{p}T_s\sqrt{\bar{a}\bar{b}}}\|\boldsymbol{S}\|^{2+p}\mathrm{tr}(\tilde{\boldsymbol{w}}^{\mathrm{T}}\hat{\boldsymbol{w}})\\&=-\frac{\pi}{2\bar{p}T_s\sqrt{\bar{a}\bar{b}}}(\bar{a}V_1^{1-\bar{p}}+\bar{b}V_1^{1+\bar{p}})+\frac{\pi}{2^{2+\bar{p}}\bar{p}T_s\sqrt{\bar{a}\bar{b}}}\|\boldsymbol{S}\|^{2+p}\mathrm{tr}(\tilde{\boldsymbol{w}}^{\mathrm{T}}\hat{\boldsymbol{w}})\end{aligned}$$

设极限学习机最优权重的上界为 $w_{\max}$，即 $\|\boldsymbol{w}^*\|_{\mathrm{F}}\leqslant w_{\max}$，又由式（9-55）可知，$\hat{\boldsymbol{w}}$ 呈指数递减，所以 $\|\hat{\boldsymbol{w}}(t)\|\leqslant\|\hat{\boldsymbol{w}}(0)\|$，则极限学习机外权向量的跟踪误差有界，即 $\|\tilde{\boldsymbol{w}}\|_{\mathrm{F}}\leqslant\tilde{w}_{\max}$。根据 Schwarz 不等式有

$$\mathrm{tr}\left[\tilde{\boldsymbol{w}}^{\mathrm{T}}(\boldsymbol{w}^{*}-\tilde{\boldsymbol{w}})\right]\leqslant\|\tilde{\boldsymbol{w}}\|_{\mathrm{F}}\|\boldsymbol{w}^{*}\|_{\mathrm{F}}-\|\tilde{\boldsymbol{w}}\|_{\mathrm{F}}^{2}\leqslant\|\tilde{\boldsymbol{w}}\|_{\mathrm{F}}\,w_{\max}-\|\tilde{\boldsymbol{w}}\|_{\mathrm{F}}^{2}=\|\tilde{\boldsymbol{w}}\|_{\mathrm{F}}\,(w_{\max}-\|\tilde{\boldsymbol{w}}\|_{\mathrm{F}})$$

式中 $\|\bullet\|_{\mathrm{F}}$ 表示 F 范数。则

$$\begin{aligned}
\dot{V}_2&=-\frac{\pi}{2\bar{p}T_{\mathrm{s}}\sqrt{\bar{a}\bar{b}}}(\bar{a}V_1^{1-\bar{p}}+\bar{b}V_1^{1+\bar{p}})+\frac{\pi}{2^{2+\bar{p}}\,\bar{p}T_{\mathrm{s}}\sqrt{\bar{a}\bar{b}}}\|\boldsymbol{S}\|^{2+p}\ \mathrm{tr}(\tilde{\boldsymbol{w}}^{\mathrm{T}}\hat{\boldsymbol{w}})\\
&=-\frac{\pi}{2\bar{p}T_{\mathrm{s}}\sqrt{\bar{a}\bar{b}}}(\bar{a}V_1^{1-\bar{p}}+\bar{b}V_1^{1+\bar{p}})+\frac{\pi}{2^{2+\bar{p}}\,\bar{p}T_{\mathrm{s}}\sqrt{\bar{a}\bar{b}}}2^{1+\bar{p}}(\frac{1}{2}\boldsymbol{S}^{\mathrm{T}}\boldsymbol{S})^{1+\bar{p}}\mathrm{tr}[\tilde{\boldsymbol{w}}^{\mathrm{T}}(\boldsymbol{w}^{*}-\tilde{\boldsymbol{w}})]\\
&\leqslant-\frac{\pi}{2\bar{p}T_{\mathrm{s}}\sqrt{\bar{a}\bar{b}}}(\bar{a}V_1^{1-\bar{p}}+\bar{b}V_1^{1+\bar{p}})+\frac{\pi}{2\bar{p}T_{\mathrm{s}}\sqrt{\bar{a}\bar{b}}}V_1^{1+\bar{p}}\|\tilde{\boldsymbol{w}}\|_{\mathrm{F}}\,(w_{\max}-\|\tilde{\boldsymbol{w}}\|_{\mathrm{F}})\\
&\leqslant-\frac{\pi}{2\bar{p}T_{\mathrm{s}}\sqrt{\bar{a}\bar{b}}}(\bar{a}V_1^{1-\bar{p}}+\bar{b}V_1^{1+\bar{p}})+\frac{\pi}{2\bar{p}T_{\mathrm{s}}\sqrt{\bar{a}\bar{b}}}V_1^{1+\bar{p}}\|\tilde{\boldsymbol{w}}\|_{\mathrm{F}}\,w_{\max}\\
&\leqslant-\frac{\pi}{2\bar{p}T_{\mathrm{s}}\sqrt{\bar{a}\bar{b}}}[\bar{a}V_1^{1-\bar{p}}+(\bar{b}-\tilde{w}_{\max}w_{\max})V_1^{1+\bar{p}}]
\end{aligned}$$

当参数 $\bar{b}$ 满足 $k=\bar{b}-\tilde{w}_{\max}w_{\max}>0$ 时，$\dot{V}_2\leqslant-\dfrac{\pi}{2\bar{p}T_{\mathrm{s}}\sqrt{\bar{a}\bar{b}}}(\bar{a}V_1^{1-\bar{p}}+kV_1^{1+\bar{p}})\leqslant 0$，表明系统[式（9-34）]是全局渐近稳定的，且滑模面 $\boldsymbol{S}$ 渐近收敛到 0。当滑模面 $\boldsymbol{S}(t)=0$ 时，根据定理 4，轨迹跟踪误差 $\boldsymbol{e}(t)$ 将在预设时间 T_{s} 内收敛到 0。

定理 6： 针对非线性系统[式（9-34）]，对任意预设时间 T_{s}，当控制器为

$$\begin{cases}
\boldsymbol{u}=-\dfrac{\pi}{2pT_{\mathrm{s}}\sqrt{ab}}(\boldsymbol{CB})^{-1}(a\boldsymbol{S}^{1-p}+b\boldsymbol{S}^{1+p})+(\boldsymbol{CB})^{-1}(\ddot{\boldsymbol{y}}_{\mathrm{d}}(t)-\hat{\boldsymbol{F}})\\
\boldsymbol{S}=\dot{\boldsymbol{e}}+\dfrac{\pi}{2pT_{\mathrm{s}}\sqrt{ab}}(a\boldsymbol{e}^{1-p}+b\boldsymbol{e}^{1+p})\\
\hat{\boldsymbol{F}}=\hat{\boldsymbol{w}}\boldsymbol{h}(\boldsymbol{z})\\
\dot{\hat{\boldsymbol{w}}}=-\dfrac{\gamma\pi}{2^{2+\bar{p}}\,\bar{p}T_{\mathrm{s}}\sqrt{\bar{a}\bar{b}}}\|\boldsymbol{S}\|^{2+p}\ \hat{\boldsymbol{w}}+\gamma\boldsymbol{S}\boldsymbol{h}^{\mathrm{T}}
\end{cases}\tag{9-56}$$

时，非线性系统[式（9-34）]是全局渐近稳定的。当滑模面 $\boldsymbol{S}(t)$ 收敛到 0 时，轨迹跟踪误差 $\boldsymbol{e}(t)$ 将在预设时间 T_{s} 内收敛到 0。

9.3.5 数值仿真分析

以二自由度建筑机器人轨迹跟踪控制为仿真对象，建筑机器人的动力学模型为

$$\boldsymbol{D}(\boldsymbol{q})\ddot{\boldsymbol{q}}+\boldsymbol{C}(\boldsymbol{q},\dot{\boldsymbol{q}})\dot{\boldsymbol{q}}+\boldsymbol{g}(\boldsymbol{q})=\boldsymbol{u}+\boldsymbol{d}\tag{9-57}$$

式中，$\boldsymbol{q},\dot{\boldsymbol{q}},\ddot{\boldsymbol{q}}$ 分别是机械臂的关节位置、速度和加速度；矩阵 $\boldsymbol{D}(\boldsymbol{q})$ 为惯性矩阵；$\boldsymbol{C}(\boldsymbol{q},\dot{\boldsymbol{q}})$ 为向心力矩阵；$\boldsymbol{g}(\boldsymbol{q})$ 为重力向量；$\boldsymbol{u}$ 为控制输入；$\boldsymbol{d}$ 为外部干扰。

矩阵 $\boldsymbol{D}(\boldsymbol{q})$、$\boldsymbol{C}(\boldsymbol{q},\dot{\boldsymbol{q}})$ 和 $\boldsymbol{g}(\boldsymbol{q})$ 中各元素的表达式如下：

$D_{11}=m_1l_{c1}^2+m_2(l_1^2+l_{c2}^2+2l_1l_{c2}\cos q_2)+I_1+I_2$，$D_{12}=m_2(l_{c2}^2+l_1l_{c2}\cos q_2+I_2)$，

$D_{21}=m_2(l_{c2}^2+l_1l_{c2}\cos(q_1+q_2))$，$D_{22}=m_2l_{c2}^2+I_2$；

$C_{11}=h\dot{q}_2$，$C_{12}=h\dot{q}_1+h\dot{q}_2$，$C_{21}=-h\dot{q}_1$，$C_{22}=0$，$h=-m_2l_1l_2\sin(q_2)$；

$g_1=(m_1l_{c1}+m_2l_1)g\cos q_1+m_2l_{c2}g\cos(q_1+q_2)$， $g_2=m_2l_{c2}g\cos(q_1+q_2)$。

机械臂相关参数如下：机械臂质量 $m_1=10\text{kg}$， $m_2=5\text{kg}$，关节长度 $l_1=1\text{m}$， $l_2=0.5\text{m}$， $l_{c1}=0.5\text{m}$， $l_{c2}=0.25\text{m}$，转动惯量 $I_1=0.83$， $I_2=0.3$，重力加速度 $g=9.81\text{kg}\cdot\text{m}^2$。

基于机械臂参数可分别计算惯性矩阵、向心力矩阵、重力向量的名义矩阵 $\boldsymbol{D}_0,\boldsymbol{C}_0,\boldsymbol{g}_0$，参数摄动量为 $\Delta\boldsymbol{D}(\boldsymbol{q})=0.5\boldsymbol{D}_0$， $\Delta\boldsymbol{C}=0.5\boldsymbol{C}_0$， $\Delta\boldsymbol{g}=0.5\boldsymbol{g}_0$，则 $\boldsymbol{D}=\boldsymbol{D}_0+\Delta\boldsymbol{D}$， $\boldsymbol{C}=\boldsymbol{C}_0+\Delta\boldsymbol{C}$， $\boldsymbol{g}=\boldsymbol{g}_0+\Delta\boldsymbol{g}$。外部干扰为

$$\boldsymbol{d}=\begin{bmatrix}3\cos(30t)+4\sin(9t)\\-1.5\sin(6t)+3\cos(15t)\end{bmatrix}$$

建筑机器人在执行砌墙作业时，机械臂末端位置的运动轨迹必须精确跟踪期望轨迹，但并不能保证建筑机器人在每层砖的堆砌中都精确定位于期望轨迹，即便能精确定位于期望轨迹，也不能保证从初始位置开始按照期望轨迹运动。为解决该实际工程问题，可采用本节所设计的扩充期望轨迹跟踪控制策略，以实现建筑机器人机械臂末端位置对期望轨迹的精确跟踪。设机械臂两个关节位置的期望指令为 $\boldsymbol{q}_\text{d}=[\sin(3t),\cos(3t)]$，建筑机器人的初始角度 $\boldsymbol{q}(0)$ 和初始角速度 $\dot{\boldsymbol{q}}(0)$ 随机产生，本次仿真的初始角度和初始角速度的取值范围为 $q_i(0),\dot{q}_i(0)\in[-6,6]$。

控制参数为 $a=0.001$， $b=130$， $p=0.6$， $\gamma=0.1$，极限学习机的参数连接权重 $\boldsymbol{a}_i$ 和节点阈值 b_i 随机产生，节点个数 $\tilde{N}=4$，激活函数 $g(\boldsymbol{x})=\dfrac{1}{1+\text{e}^{-ax+b}}$，仿真时间为 20s。

预设时间 $T_\text{s}=2$，基于 MATLAB R2018a 编程软件进行数值仿真，仿真结果如图 9-8～图 9-11 所示。

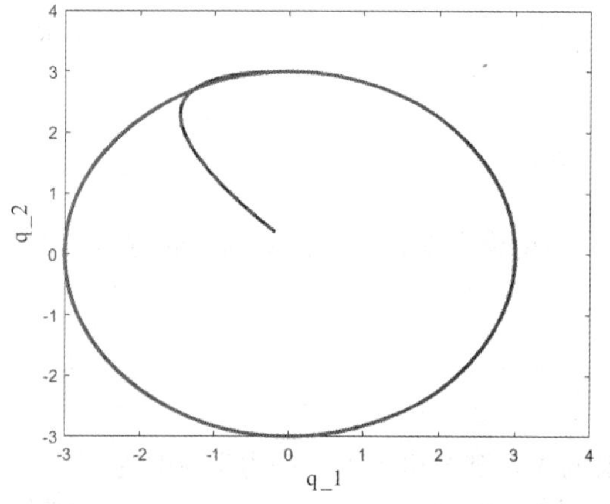

图 9-8　角度跟踪平面图（$T_\text{s}=2\text{s}$）

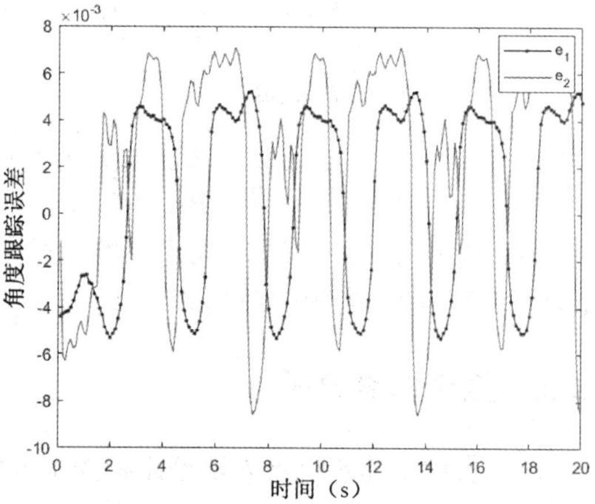

图 9-9　角度跟踪误差变化趋势（$T_\text{s}=2\text{s}$）

图 9-8 显示了建筑机器人角度跟踪的到达阶段（圆外部分）和期望轨迹精确跟踪阶段（圆上部分）。通过图 9-8 可以看出，在存在外部干扰和内部参数摄动的条件下，建筑机器人的实际角度从 $t=0$ 时刻起就按照扩充期望轨迹 $\overline{\boldsymbol{q}}_\text{d}$ 运动，并在预设时间 $T_\text{s}=2\text{ s}$ 后按照实际工程要求的期望轨迹 $\boldsymbol{q}_\text{d}=[\sin(3t),\cos(3t)]$ 运动，满足了建筑机器人严格按照给定期望轨迹 $\boldsymbol{q}_\text{d}$ 运动的工程应用需求。建筑机器人从 $t=0$ 时即严格按照扩充期望轨迹运动，首先基于本节所

给出的扩充期望轨迹参数设置规律，将扩充期望轨迹的初始值自动定位在建筑机器人的实际初始位置，使角度跟踪误差初始值 $\boldsymbol{e}(0)=0$ 得以满足，再基于本节所设计的预设时间收敛滑模面和滑模自适应控制器的特性，使得角度跟踪误差在整个运行时间内恒为 0。

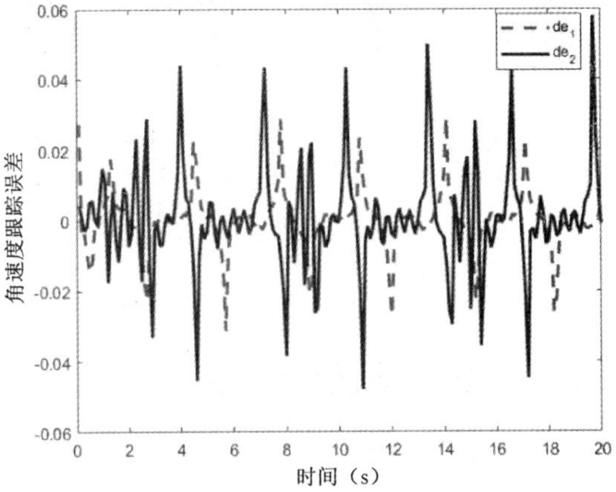

图 9-10　角速度跟踪误差变化趋势（$T_s=2$s）

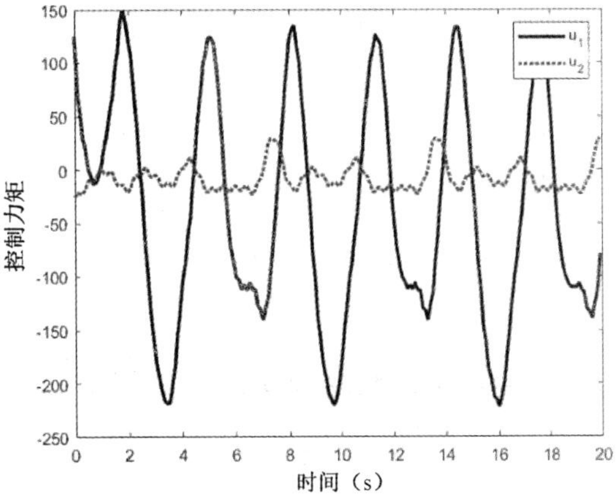

图 9-11　控制力矩变化趋势（$T_s=2$s）

图 9-9 显示了整个仿真过程中的角度跟踪误差变化趋势，除初始时刻的角度跟踪误差超过 0.01，其他时刻的角度跟踪误差均小于 0.01。图 9-10 显示了建筑机器人的角速度跟踪误差变化趋势，虽然角速度跟踪误差存在一定的振荡，但整个仿真时间内，角速度跟踪误差均小于 0.08，说明在本节的控制策略下，建筑机器人能以较高的跟踪精度，精确跟踪期望轨迹，并且对外部干扰和内部参数摄动具有较强的鲁棒性。

图 9-11 显示了控制力矩的变化趋势。整个控制过程中，控制力矩 u_1 的幅值相对较大，最大值达到 250N·m，控制力矩 u_2 的幅值相对较小，为 0～50N·m。图 9-11 显示，在最初角度调整阶段出现较大力矩，但随后逐渐减小，并在预设时间 $T_s=2$ s 之后呈周期性变化，主要原因是在预设时间 $T_s=2$ s 后，实际期望轨迹为圆形，运动轨迹呈周期性变化。在建筑机器人实现对给定期望轨迹 $\boldsymbol{q}_d$ 的精确跟踪后，虽然系统存在一定的内部参数摄动和外部干扰，但并没有影响控制力矩的变化，更验证了本节的控制策略对内部参数摄动和外部干扰具有较强的鲁棒性。

缩短扩充期望轨迹的运行时间，能有效降低额外功耗。为验证控制策略的有效性，调整预设时间 $T_s=0.1$ s，在其他参数设置不变的情况进行数值仿真，仿真结果如图 9-12～图 9-15 所示。

在相同仿真环境和相同控制参数下，当预设收敛时间 $T_s=0.1$ s 时，基于本节所设计的控制策略，依然能保证建筑机器人的实际角度精确跟踪扩充期望轨迹，表明预设时间减少并不影响建筑机器人对期望轨迹的跟踪效果。通过对比分析可以看出，当预设时间 T_s 从 2s 减少到 0.1s 时，角度跟踪误差的精度更高，从原来的最大值 0.01 降低到 0.0004 以下，角速度最大跟踪误差从 0.06 降低到 0.017，角度和角速度跟踪误差的精度至少提升了一个量级。

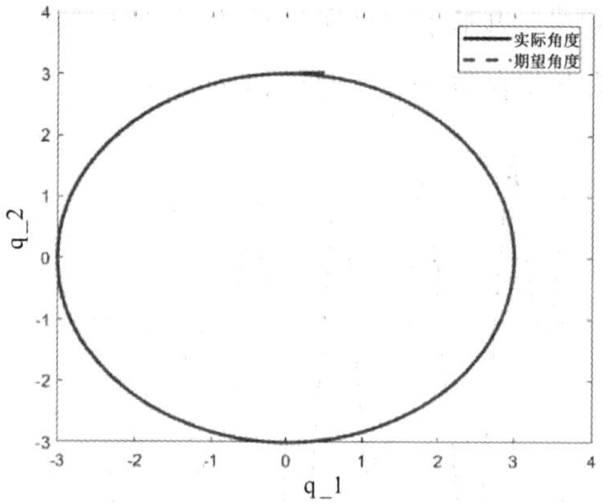

图 9-12　角度跟踪平面图（$T_s = 0.1\text{s}$）

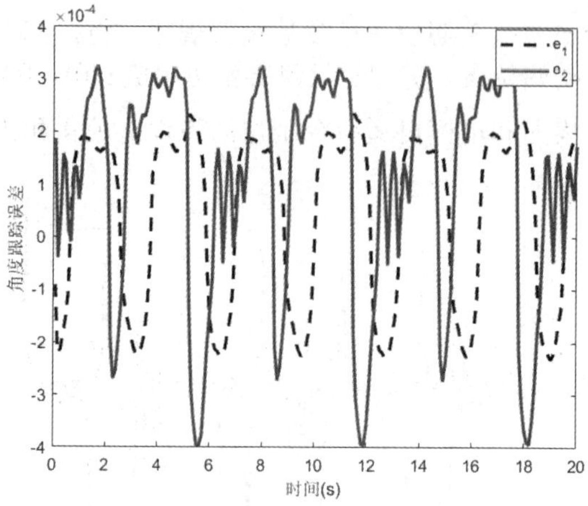

图 9-13　角度跟踪误差变化趋势（$T_s = 0.1\text{s}$）

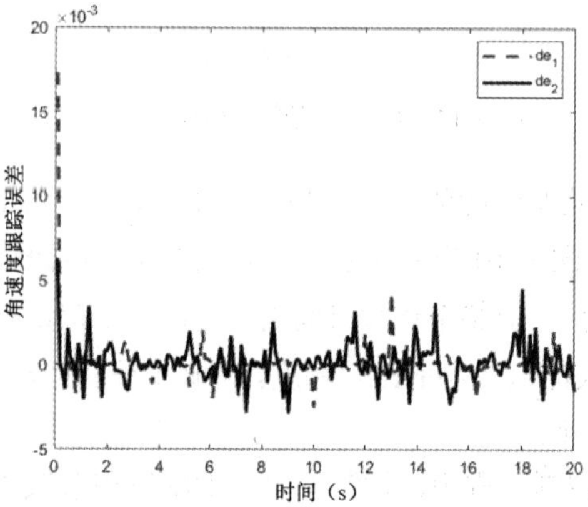

图 9-14　角速度跟踪误差变化趋势（$T_s = 0.1\text{s}$）

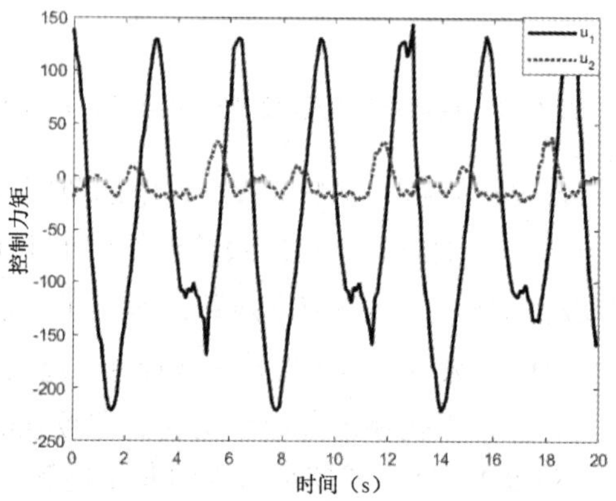

图 9-15　控制力矩变化趋势（$T_s = 0.1\text{s}$）

仿真程序如下：

```
clear all
clc
close all
pack
global u qd Dqd   INIT
INIT=[(rand(1,4)-0.5).*12 ]';                                %机械臂末端位置初始角度和角速度
esti_init=[0.1 0.1 0.1 0.1 0.1 0.1 0.1 0.1 ]'; %ELM 初始权值
x0=[INIT;esti_init];                                         %所有初始值
T=20                                                         %仿真时间
%==================================================
  XX =[];  UU =[];  edata=[]; omig_d=[];
   tao = 0.1; %
     for n = 1:1:T/tao
         n
         range = [n-1,n]*tao ;
         y0   =  x0;
```

```
        options=odeset('reltol',1e-8,'abstol',1e-8);
        [tin,y]=ode45(@controller,range,y0);
         x0=y(end,:);
         X(n)  = tin(end);
         Y(n,:)  = y(end,:);
         U(n,:)  =u;
        QQD(n,:)= qd;
         DQQD(n,:)= Dqd;
     end
%==================================================
t=X;
U_input=U;
x=Y;
FIGG_index=1;n             %图 1
figure(FIGG_index)         %作末端角度的图
   subplot(2,1,1)
   plot(t,x(:,1),'r--','linewidth',2);
   hold on
   plot(t,QQD(:,1),'b.-','linewidth',2);
      xlabel('time(s)');
   ylabel('q_1 ');
   subplot(2,1,2)
   plot(t,x(:,2),'r--','linewidth',2);
   hold on
   plot(t,QQD(:,2),'b.-','linewidth',2);
   xlabel('time(s)');
   ylabel('q_2 ');
FIGG_index=FIGG_index+1;    %图 2  角度与期望轨迹跟踪三维图
figure(FIGG_index)
grid on
plot3(x(:,1),x(:,2),t,'b.-','linewidth',2)
hold on
plot3(QQD(:,1),QQD(:,2),t,'r--','linewidth',2)
FIGG_index=FIGG_index+1;    %图 3  角度与期望轨迹跟踪二维图
figure(FIGG_index)
grid on
plot(x(:,1),x(:,2),'b.-','linewidth',2)
hold on
plot(QQD(:,1),QQD(:,2),'r--','linewidth',2)
FIGG_index=FIGG_index+1;    %图 4 角度跟踪误差
figure(FIGG_index)
plot(t,(x(:,1)-QQD(:,1)),'b.-');
 max((x(:,1)-QQD(:,1)))
hold on
plot(t,(x(:,2)-QQD(:,2)),'r-');
 max(abs(x(:,2)-QQD(:,2)))
   xlabel('time(s)');
```

```
   ylabel('角度跟踪误差 ');
FIGG_index=FIGG_index+1;    %图 5 角速度跟踪误差图
figure(FIGG_index)
tt3= ( DQQD(:,1)-x(:,3));
tt4= ( DQQD(:,2)-x(:,4));
   plot(t,tt3,'r--','linewidth',2);
 hold on
    plot(t,tt4,'b-','linewidth',2);
    xlabel('time(s)');
   ylabel('角速度跟踪误差 ');
FIGG_index=FIGG_index+1;    %图 6 控制力矩图
figure(FIGG_index)
tt1=0:T/length(U_input(:,1)):T;
plot(tt1(1:end-1),U_input(:,1),'k -','linewidth',2);
hold on
plot(tt1(1:end-1),U_input(:,2),'r:','linewidth',2);
xlabel('time(s)');
ylabel('控制力矩 ');
sum(abs(U))

%%%%%%%%%%%%%控制器函数%%
function  dx=controller(t,x)
global u qd Dqd  INIT
dx=zeros(length(x),1);
Ts=2;
%%%%%%%%%%%%%%%%%%%%%%%%%%
m1=10;m2=5;L1=1;L2=0.5;Lc1=0.5;Lc2=0.25;I1=0.83;I2=0.3;g=9.81;h=-m2*L1*L2*sin
(x(2));
D11= m1*Lc1^2+m2*(L1^2+Lc2^2+2*L1*Lc2*cos(x(2)))+I1+I2;
D12= m2*(Lc2^2+L1*Lc2*cos(x(2)))+I2;
D21= m2*(Lc2^2+L1*Lc2*cos(x(2)+x(1)));
D22= m2*Lc2^2+I2;
D0=[D11  D12;  D21  D22];
dert_D=diag(diag(D0)*0.5);D=D0+dert_D;
C11=h*x(4);C12=h*x(3)+h*x(4);C21=-h*x(3);C22=0;
C0=[C11  C12;  C21  C22];
dert_C=diag(diag(C0)*0.5);
C=C0+dert_C;
G1=(m1*Lc1+m2*L1)*g*cos(x(1))+m2*Lc2*g*cos(x(1)+x(2));
G2=m2*Lc2*g*cos(x(1)+x(2));
G0=[G1;  G2];
dert_G=G0*0.5;
G=G0+dert_G;
%%%%%%%%%%%%外部干扰%%%%%%%%%%%
 omid=3;
 d=1*[3*cos(10*omid*t)+4*sin(3*omid*t)
      -1.5*sin(2*omid*t)+3*cos(5*omid*t) ];%外部干扰
```

```
%%%%%%%%%%%% %期望轨迹 %%%%%%%%%%%%%%%%%%%%%%%%%
  AA=[3*cos(0);-3*sin(0)]./Ts-[3*sin(0);3*cos(0)]./(Ts^2)+INIT(1:2)./(Ts^2);
  AB=2.*[3*sin(0);3*cos(0)]./Ts-[3*cos(0);-3*sin(0)]-2*INIT(1:2)./Ts;
  AC=INIT(1:2);
  if t<Ts
     qd=AA.*t^2+AB.*t+AC;
     Dqd=2.*AA.*t+AB;
     DDqd=2.*AA;
  else
     qd=[3*sin(t-Ts);3*cos(t-Ts)];
     Dqd=[3*cos(t-Ts);-3*sin(t-Ts)];
     DDqd=[-3*sin(t-Ts);-3*cos(t-Ts)];
  end
%%%%%%%%%%%控制参数%%%%%%%%
a=0.001;b=250.;p=0.6;gama=0.100;
ag=[0.8147    0.5469    0.8003    0.0357
   0.9058    0.9575    0.1419    0.8491
   0.1270    0.9649    0.4218    0.9340
   0.9134    0.1576    0.9157    0.6787
   0.6324    0.9706    0.7922    0.7577
   0.0975    0.9572    0.9595    0.7431];
bg=[0.6555    0.1712    0.7060    0.0318];
a_ba=a*2^(1-0.5*p);b_ba=b*2^(1+0.5*p);p_ba=0.5*p;
%%%%%%%%%%%%%%控制器%%%%%%%%%%
e=x(1:2)-qd;%跟踪误差
De=x(3:4)-Dqd;
XXX=[x(1:4);e]';
  H=[1/(1+exp(-XXX*ag(:,1)+bg(1)))   1/(1+exp(-XXX*ag(:,2)+bg(2)))  1/(1+exp(-
XXX*ag(:,3)+bg(3)))  1/(1+exp(-XXX*ag(:,4)+bg(4))) ]';
   WW=[ x(5) x(6) x(7) x(8)
      x(9) x(10) x(11) x(12)  ];


  KK1=pi/(2*p*Ts*sqrt(a*b));
  S=De+KK1*(a.*abs(e).^(1-p).*sign(e)+b.*abs(e).^(1+p).*sign(e));
  KK2=pi/(2^(2+p_ba)*p_ba*Ts*sqrt(a_ba*b_ba));
  F=WW*H;
u=-KK1*D*(a*(abs(S)).^(1-p).*sign(S)+b*(abs(S)).^(1+p).*sign(S))+D*( DDqd-F);
  HHS=gama*KK2*(sqrt(S'*S))^(2+p).*WW+gama.*S*H';
  LZHHS=[HHS(1,:),HHS(2,:)]';
  dx(1:2)=x(3:4);    %四元数微分方程
  dx(3:4)=D\(-C*x(3:4)-G+u+d );%动力学微分方程
  dx(5:12)=LZHHS;    %ELM 外权自适应估计
```

参 考 文 献

[1] 胡寿松．自动控制原理[M]．4 版．北京：科学出版社，2000．
[2] 侯媛彬，汪梅，王立琦．系统辨识及其 MATLAB 仿真[M]．北京：科学出版社，2004．
[3] 王秀峰，卢桂章．系统建模与辨识[M]．北京：电子工业出版社，2004．
[4] 刘金琨．智能控制[M]．2 版．北京：电子工业出版社，2014．